校企合作开发教材

高等职业院校专业能力建设项目——机电类专业系列精品教材

电子技术与技能训练

主　编　张利国　杨　川
副主编　李亚妹　刘祥平
　　　　何耀威　黎韦君

西南交通大学出版社
·成　都·

图书在版编目（CIP）数据

电子技术与技能训练 / 张利国，杨川主编. —成都：西南交通大学出版社，2020.5（2021.12 重印）
高等职业院校专业能力建设项目. 机电类专业系列精品教材
ISBN 978-7-5643-7433-4

Ⅰ. ①电… Ⅱ. ①张… ②杨… Ⅲ. ①电子技术 – 高等职业教育 – 教材 Ⅳ. ①TN

中国版本图书馆 CIP 数据核字（2020）第 080147 号

高等职业院校专业能力建设项目——机电类专业系列精品教材
Dianzi Jishu yu jineng Xunlian
电子技术与技能训练
主编 张利国 杨 川

责 任 编 辑	张文越
封 面 设 计	何东琳设计工作室
出 版 发 行	西南交通大学出版社 （四川省成都市金牛区二环路北一段 111 号 西南交通大学创新大厦 21 楼）
发行部电话	028-87600564　028-87600533
邮 政 编 码	610031
网　　　址	http://www.xnjdcbs.com
印　　　刷	四川森林印务有限责任公司
成 品 尺 寸	185 mm × 260 mm
印　　　张	18.25
字　　　数	456 千
版　　　次	2020 年 5 月第 1 版
印　　　次	2021 年 12 月第 2 次
书　　　号	ISBN 978-7-5643-7433-4
定　　　价	49.00 元

课件咨询电话：028-81435775
图书如有印装质量问题　本社负责退换
版权所有　盗版必究　举报电话：028-87600562

前　　言

本书为校企合作开发教材、高等职业院校专业能力建设项目——机电类专业系列规划教材，是根据教育部最新制定的《高职高专教育电工电子技术课程教学基本要求》以及现代企业对电工电子技能人才能力要求编写的。

在我国高职高专院校教育体系中，电工基础、电子技术等相关课程是作为电子、电气、机电等专业的技术基础课程而开设的，本书在概观电子技术这一课程的教学目标和教学内容的基础上，认真分析和深入探讨了该课程先进的教学理念以及正确的教学方法和手段，融入了许多与实际紧密结合的应用案例或者实训项目，特别是结合了全国职业院校技能大赛、全国大学生电子设计竞赛等技能竞赛要求学生需具备的理论知识与实践技能，以期推动高职高专的电工与电子技术课程教学的良性发展，为我国相关行业领域培养出更好更优秀的电工电子技术人才。

本书内容力争做到深入浅出、通俗易懂，强调理论与实践技能相结合，从而达到良好的学习效果。根据高职高专培养目标的要求以及现代科学技术发展的需要，本书分为3个部分：模拟电子技术部分、数字电子技术部分、技能训练部分，共计16个章节。全书主要内容有：半导体二极管及其应用、半导体三极管与场效应管基础知识、分离元件放大器、集成运算放大器及其应用、功率放大器、直流稳压电源、数制与码制、基本门电路与布尔代数、集成逻辑门电路、组合逻辑电路基础、触发器与时序逻辑电路、555定时器及其应用、电子电路的设计思路与方法、Altium Designer与手工制板、电子技术基础实验、综合扩展提高实验等。通过这些理论知识与实践技能的学习，学生应具备识别与选用电子元器件的能力，电子电路识图与绘图的能力，对电子电路进行基本分析、计算的能力，对典型电路进行设计、调试、检测与维修的职业能力和职业素养，以及用电子技术解决实际问题的能力等。

本书注重吸收了新技术、新内容，并增加了实践性非常强的Altium Designer与手工制板等实践技能，本书设计学时为128理论学时加64实训学时，读者可根据实际情况进行教学内容的选择、调整，特别是综合扩展提高实验部分，建议可增加单独的综合实训课时来完成。

本书由重庆机电职业技术大学张利国、杨川担任主编并统稿，李亚妹、刘祥平、黎韦君、何耀威担任副主编。具体分工为：张利国指导全书的编写，并编写了模拟电子技术部分；杨川负责总体策划、对全书进行统稿，并编写了数字电子技术部分以及技能训练部分第13、14章，李亚妹、刘祥平、黎韦君、何耀威等编写了技能训练部分第15、16章。

本书特别邀请了重庆理工大学理论电工电子教研室主任杨奕教授详细地审阅了书稿,杨奕教授提出了许多宝贵意见;重庆理工大学万文略教授、陈鸿雁教授等专家学者对全书的修改工作提出了很多建设性的意见。在此,对他们表示衷心的感谢!

由于编写时间较紧,加之我们水平有限,书中疏漏和不足之处恳请读者和同行批评指正。

编　者

2019 年 12 月于重庆

目 录

第1篇 模拟电子技术篇

第1章 半导体二极管及其应用 ·· 2
1.1 半导体与PN结 ·· 2
1.2 半导体二极管 ·· 6
1.3 二极管的应用 ··· 10
课后练习 ·· 16

第2章 半导体三极管与场效应管 ······································ 19
2.1 三极管的结构、符号和类型 ······································ 19
2.2 三极管的电流放大作用 ·· 21
2.3 三极管的共发射极特性曲线 ······································ 22
2.4 三极管的主要参数 ·· 25
2.5 场效应管 ·· 25
2.6 三极管的开关应用 ·· 27
课后练习 ·· 28

第3章 分离元件放大器 ·· 29
3.1 放大器概述 ·· 29
3.2 放大器的分析方法 ·· 31
3.3 静态工作点的稳定的放大电路分析 ································ 39
3.4 放大器的三种基本接法 ·· 43
3.5 多级放大器 ·· 47
3.6 放大器中的负反馈 ·· 47
课后练习 ·· 48

第4章 集成运算放大器及其应用 ······································ 51
4.1 集成电路与运算放大器简介 ······································ 51
4.2 差动放大电路 ··· 55

4.3 集成运放的应用 … 59
课后练习 … 70

第 5 章 功率放大电路 … 74
5.1 功率放大器的一般问题 … 74
5.2 乙类互补对称功率放大电路 … 76
5.3 甲乙类互补对称功率放大电路 … 81
5.4 集成功率放大器 … 84
5.5 功率器件 … 85
课后练习 … 89

第 6 章 直流稳压电源 … 92
6.1 整流滤波电路 … 92
6.2 线性稳压电路 … 97
6.3 开关电源电路 … 102
课后练习 … 105

第 2 篇　数字电子技术篇

第 7 章 数制与码制 … 108
7.1 数字电路概述 … 108
7.2 常用的数制与码制 … 110
课后练习 … 114

第 8 章 基本门电路与布尔代数 … 115
8.1 逻辑代数的基本概念 … 115
8.2 逻辑函数的化简 … 122
8.3 逻辑功能的硬件语言描述（HDL） … 130
课后练习 … 131

第 9 章 集成逻辑门电路 … 133
9.1 集成 TTL 门电路的主要特性和参数 … 133
9.2 集成 CMOS 门电路的主要特性和参数 … 140
9.3 各类门电路应用时的注意事项 … 142

9.4　可编程逻辑器件（PLD） ··143
课后练习 ··147

第 10 章　组合逻辑电路 ···148

10.1　组合逻辑电路的分析 ··148
10.2　组合逻辑电路的设计 ··150
10.3　常用的组合逻辑电路 ··154
课后练习 ··166

第 11 章　触发器与时序逻辑电路 ··169

11.1　基本触发器 ··169
11.2　时钟控制电平触发器 ··170
11.3　边沿触发器 ··174
11.4　二进制计数器 ··180
11.5　非二进制计数器 ···183
11.6　中规模集成计数器 ··187
11.7　寄存器和移位寄存器 ··192
课后练习 ··199

第 12 章　555 定时器及其应用 ···202

12.1　定时器概述 ··202
12.2　555 定时器 ··203
12.3　单稳态触发器 ··204
12.4　用 555 定时器构成的施密特触发器 ······································207
12.5　多谐振荡器 ··208
课后练习 ··210

第 3 篇　技能训练篇

第 13 章　电子电路的设计思路与方法 ··212

13.1　模拟电子电路的设计方法 ··212
13.2　模拟电子电路的安装 ··217
13.3　模拟电子电路的调试 ··219
13.4　电子电路的故障分析与处理 ···223

第 14 章　Altium Designer 与手工制板 ·········· 226

14.1　Altium Designer 介绍 ·········· 226
14.2　创建一个新的 PCB 工程 ·········· 226
14.3　创建一个新的电气原理图 ·········· 227
14.4　创建一个新的 PCB 文件 ·········· 229
14.5　输出文件，制作电路板 ·········· 232
14.6　手工电子线路板制作简介 ·········· 235
14.7　手工制板流程 ·········· 235
14.8　蚀刻概述与反应机理 ·········· 236
14.9　蚀刻过程中常出现的问题及其处理方法 ·········· 238

第 15 章　电子技术基础实验 ·········· 240

15.1　二极管性能测试 ·········· 240
15.2　三极管特性测试 ·········· 242
15.3　基本放大电路（共射极）·········· 245
15.4　集成运放电路及其应用 ·········· 250
15.5　基本逻辑芯片应用 ·········· 252
15.6　数码显示电路 ·········· 254
15.7　组合逻辑电路的设计与测试 ·········· 258

第 16 章　综合扩展提高实验 ·········· 261

16.1　有源滤波器 ·········· 261
16.2　水位控制及报警电路 ·········· 263
16.3　音频放大器 ·········· 264
16.4　简易数字电压表的设计 ·········· 265
16.5　数控音量高效功率放大器 ·········· 268
16.6　省电防骚扰门铃 ·········· 270
16.7　交通灯控制电路的设计 ·········· 272
16.8　智力竞赛抢答器 ·········· 276

参考文献 ·········· 283

第1篇　模拟电子技术篇

第 1 章　半导体二极管及其应用

半导体器件是构成电子电路的基本元件，也是核心元件。由于二极管是各种半导体器件及其应用电路的基础，所以本章首先介绍半导体的基本知识和半导体二极管的结构、工作原理、特性曲线、主要参数等，为学习后续各章提供必要的基础知识。

1.1　半导体与 PN 结

半导体器件是电子电路中应用最普遍的基本元件，是由经过特殊加工且性能可控的半导体材料制成的。

1.1.1　本征半导体

1. 半导体材料

所谓半导体，是指导电能力介于导体和绝缘体之间的一种物质。最常用的半导体材料是硅（Si）和锗（Ge）。

半导体的真正应用价值并不在于其导电能力与导体或绝缘体在数值上的差异（如电阻率的大小等），最主要的是它具有如下两种独特性质：

① 当半导体受到外界光和热的激发时，其导电能力会发生显著变化（即光敏与热敏特性）。

② 在纯净的半导体中加入微量的杂质，其导电能力也会有显著的增加（即掺杂特性）。

2. 本征半导体及其导电作用

（1）本征半导体。

本征半导体是完全纯净的、结构完整的半导体晶体，如图 1-1（a）所示。

在热力学温度为 0 K（即 -273.15 ℃）时，本征半导体中的价电子不能挣脱共价键的束缚，不能自由移动。此时，本征半导体是不能导电的。当温度升高或受光照射时，价电子以热运动的形式不断地从外界获取能量，少数价电子获得足够大的能量从而挣脱共价键的束缚，成为自由电子，如图 1-1（b）（B 处）所示，这种现象称为本征激发。

（2）两种载流子。

当价电子挣脱共价键的束缚成为自由电子后，就同时在原来共价键的相应位置上留下一个空位，这个空位称为空穴。空穴是一种带正电荷的载流子，其电量与电子电量相等。如图 1-1（b）所示，其中 A 处为空穴，B 处为自由电子。显然，自由电子和空穴是成对出现的，所以称为电子空穴对。

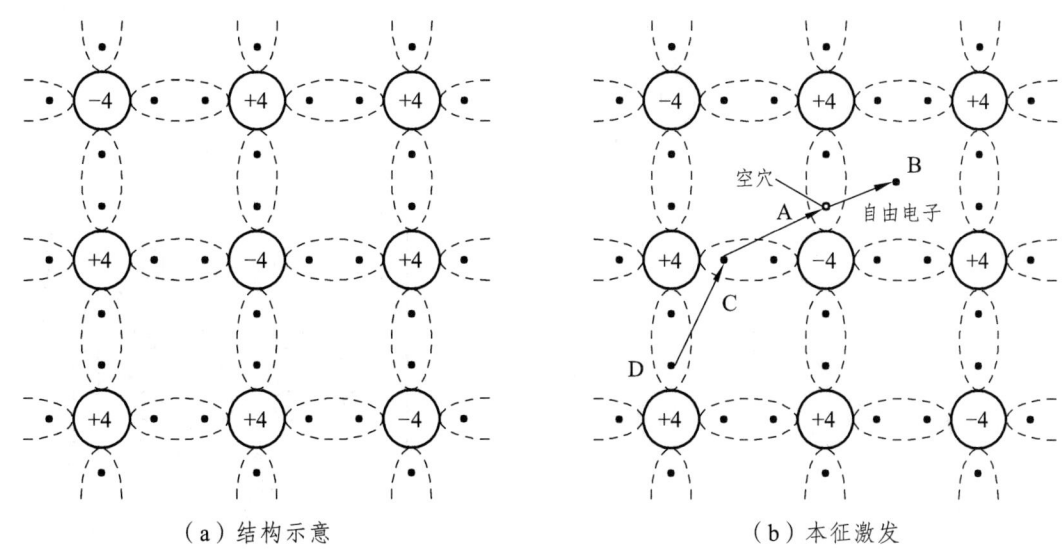

（a）结构示意　　　　　　　　　　　　　　（b）本征激发

图 1-1　本征半导体

可见，在本征半导体中存在两种载流子：带负电荷的自由电子和带正电荷的空穴。金属导体中只有一种载流子，即自由电子，这是二者的一个重要区别。但由于本征激发产生的电子空穴对的数目很少，载流子浓度很低，因此，本征半导体的导电能力仍然很弱。

在本征激发产生电子空穴对的同时，自由电子在运动中因能量的损失有可能和空穴相遇，重新被共价键束缚起来，电子空穴对消失，这种现象称为"复合"。显然，在一定的温度下，激发和复合都在不停地进行，但最终将达到动态平衡。换言之，在一定的温度下，本征半导体中载流子的浓度是一定的，并且自由电子与空穴的浓度相等。

综上所述，一方面，本征半导体中载流子的浓度很低，故导电性能很差；另一方面，因载流子的浓度与环境温度有关，所以其导电性能受环境温度影响。半导体材料对温度的敏感性既可以用来制作热敏器件，又是造成半导体器件热稳定性差的原因。

1.1.2　杂质半导体

通过扩散工艺，在本征半导体中掺入微量合适的杂质，就会使半导体的导电性能发生显著改变，形成杂质半导体。根据掺入杂质的化合价不同，杂质半导体可分为 N 型半导体和 P 型半导体。

1. N 型半导体

在纯净的硅（或锗）晶体中掺入微量的 5 价磷元素，就形成了 N 型半导体。杂质磷原子有 5 个价电子，它以 4 个价电子与周围的硅（或锗）原子形成共价键，多余的一个价电子处于共价键之外，很容易成为自由电子，而磷原子本身因失去电子变成带正电荷的离子，如图 1-2 所示。

由于这种杂质原子可以提供自由电子，因此称为施主杂质。通常，掺杂所产生的自由电子浓度远大于本征激发所产生的自由电子或空穴的浓度，所以杂质半导体的导电性能远超过本征半导体。

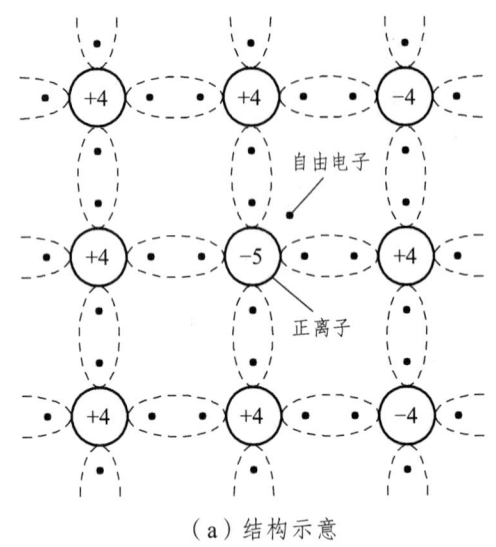
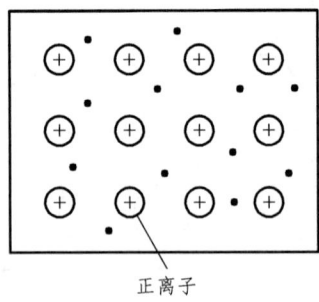

（a）结构示意　　　　　　　　（b）离子和载流子（不计本征激发）

图 1-2　N 型半导体

显然，在 N 型半导体中，自由电子浓度远大于空穴浓度，所以称自由电子为多数载流子（简称多子），空穴为少数载流子（简称少子）。多子的浓度取决于所掺杂质的浓度，而少子是由本征激发产生的，因此少子的浓度与温度或光照度密切相关。

2. P 型半导体

在纯净的硅（或锗）晶体中掺入微量的 3 价硼元素，就形成了 P 型半导体。由于硼原子只有 3 个价电子，它与周围的硅（或锗）原子形成共价键时，因缺少一个电子而产生一个空位（即空穴）。在室温下它很容易吸引邻近硅原子的价电子来填补，于是杂质硼原子变为带负电荷的离子，而邻近硅原子的共价键中则出现了一个空穴，如图 1-3 所示。

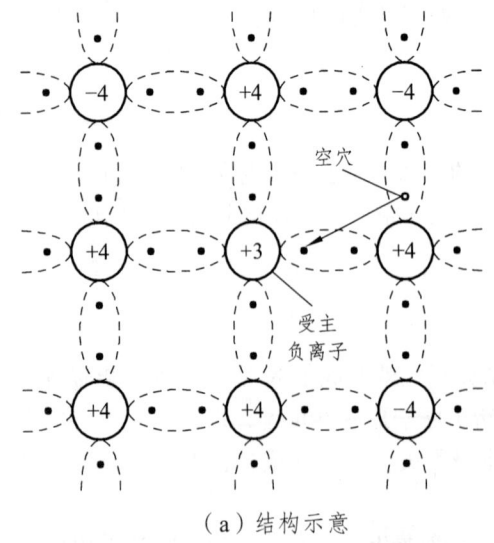
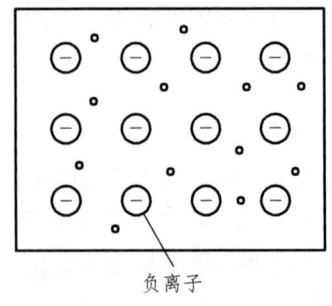

（a）结构示意　　　　　　　　（b）离子和载流子（不计本征激发）

图 1-3　P 型半导体

由于这种杂质原子能吸收电子，因此称为受主杂质。显然，在 P 型半导体中，空穴是多子，而自由电子是少子。

关于掺杂的概念在这里还可以作一些引申。如果半导体中的同一区域既有施主杂质，又有受主杂质，则其导电类型（N 型还是 P 型）取决于浓度大的杂质。因此，若在 N 型半导体中掺入浓度更大的受主杂质，则可将其变为 P 型半导体；反之亦然。这种因杂质的相互作用而改变半导体类型的过程，称为杂质补偿，它在半导体器件的制造中得到了广泛的应用。

1.1.3 PN 结

如果将 P 型半导体和 N 型半导体制作在同一块本征半导体基片上，在它们的交界面就会形成一层很薄的特殊导电层，即 PN 结。PN 结是构成各种半导体器件的基础。

1. PN 结的形成

（1）多子的扩散运动。

如图 1-4（a）所示，由于 N 区的电子多空穴少，而 P 区则空穴多电子少，在交界面两侧就出现了浓度差，从而引起了多数载流子的扩散运动。N 区的电子向 P 区扩散，而 P 区的空穴也要向 N 区扩散。扩散到相反区域的载流子将被大量复合，在交界面附近载流子的浓度就会下降，仅留下不能移动的杂质离子，从而形成了一个很薄的空间电荷区，这就是 PN 结，又称为耗尽层，如图 1-4（b）所示。

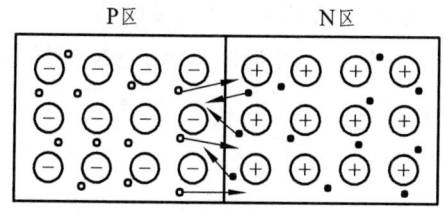
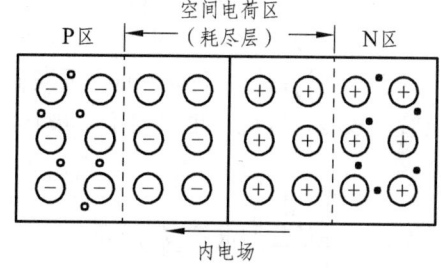

（a）载流子的扩散运动　　　　　　　（b）平衡状态下的 PN 结

图 1-4　PN 结的形成

（2）少子的漂移运动。

空间电荷区出现的同时，也产生了一个由 N 区指向 P 区的内电场。显然，内电场将阻止多子的扩散，因此空间电荷区又称为势垒区或阻挡层。另外，内电场将引起少数载流子的漂移运动，P 区的电子向 N 区运动，而 N 区的空穴向 P 区运动。

因此，在交界面两侧同时存在扩散和漂移这两种方向相反的运动。显然，在无外电场或其他激发作用下，扩散和漂移将达到动态平衡，空间电荷区的宽度基本保持不变。此时，扩散电流与漂移电流大小相等、方向相反，流过 PN 结的总电流为零。

2. PN 结的单向导电性

若在 PN 结两端外加电压，即给 PN 结加偏置，就会破坏原来的平衡状态，PN 结中将有电流流过。而当外加电压极性不同时，PN 表现出截然不同的导电性能，即呈现出单向导电性。

（1）正向导通。

若 PN 结的 P 端接电源正极、N 端接电源负极，则这种接法称为正向偏置，简称正偏，如图 1-5（a）所示。正偏时，PN 结变窄，流过较大的正向电流（主要为多子的扩散电流），其方向由 P 区指向 N 区。此时 PN 结对外电路呈现较小的电阻，这种状态称为正向导通。

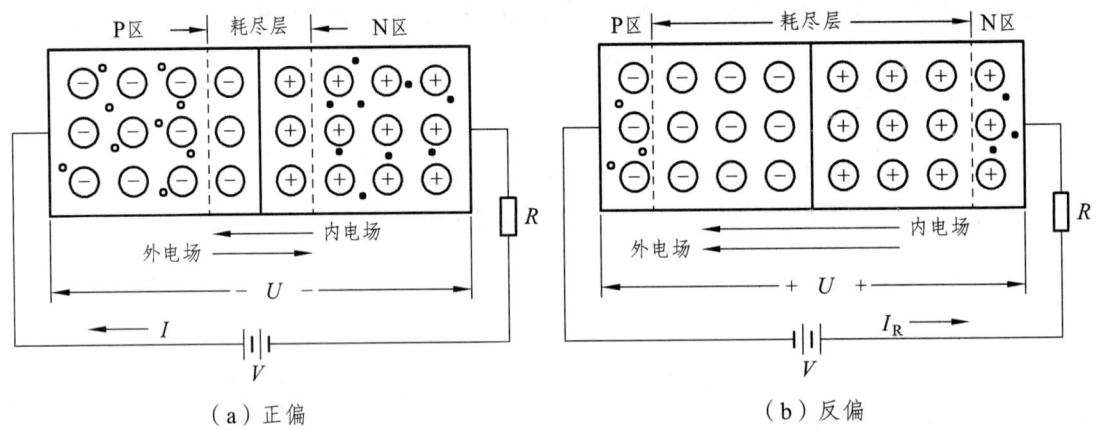

（a）正偏　　　　　　　　　　　　　　（b）反偏

图 1-5　外加电压时的 PN 结

（2）反向截止。

若 PN 结的 P 端接电源负极、N 端接电源正极，则这种接法称为反向偏置，简称反偏，如图 1-5（b）所示。反偏时，PN 结变宽，流过较小的反向电流（主要为少子的漂移电流），其方向由 N 区指向 P 区。此时 PN 结对外电路呈现较高的电阻，这种状态称为反向截止。

综上所述，PN 结正向导通、反向截止，这就是 PN 结的单向导电性。由于 PN 结是构成二极管的核心，因此它也决定了二极管的单向导电性。

1.2　半导体二极管

1.2.1　晶体二极管的结构和特性

1. 二极管的结构和符号

晶体二极管的基本结构如图 1-6 所示。采用掺杂工艺，使硅或锗晶体的一边形成 P 型半导体区，另一边形成 N 型半导体区，在它们的交界面就形成 PN 结。将 PN 结用外壳封装起来，并加上电极引线就构成了晶体二极管，简称二极管。从 P 区引出的电极为正极，从 N 区引出的电极为负极。通常在外壳上都印有标志以便区分正负电极。

二极管的文字符号为 D（或 VD），图中箭头指向为二极管正向电流的方向。

2. 二极管的单向导电性与伏安特性

加在二极管两端的电压和流过二极管的电流之间的关系就称为二极管的伏安特性。描述其关系的曲线称为伏安特性曲线，如图 1-7 所示。

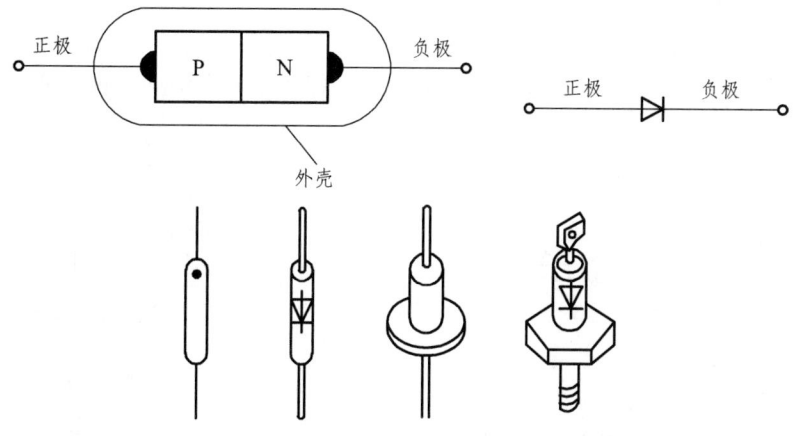

图 1-6 二极管的结构和图形符号

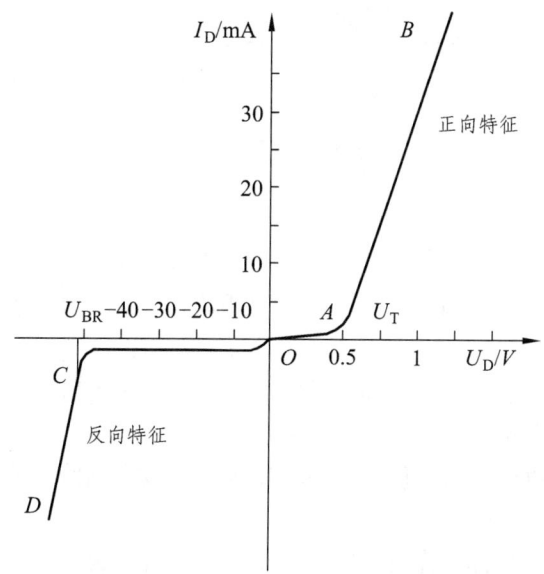

图 1-7 二极管的伏安特性曲线

（1）加正向电压时二极管导通。当二极管正极电位高于负极电位时，此时的外加电压称为正向电压，二极管处于正向偏置状态，简称正偏。二极管正偏时，内部呈现较小的电阻，可以有较大的电流通过，二极管的这种状态称为正向导通状态。

（2）加反向电压时二极管截止。当二极管正极电位低于负极电位时，此时的外加电压称为反向电压，二极管处于反向偏置状态，简称反偏。二极管反偏时，内部呈现很大的电阻，几乎没有电流通过，二极管的这种状态称为反向截止状态。

二极管在加正向电压时导通，加反向电压时截止，这就是二极管的单向导电性。

1.2.2 二极管的分类、型号、主要参数

1. 二极管的分类

（1）按所用材料不同，二极管可分为硅二极管和锗二极管两大类。硅管受温度影响较小，

工作较为稳定。

（2）按制造工艺不同，二极管可分为点接触型、面接触型和平面型三种，如图1-8所示。

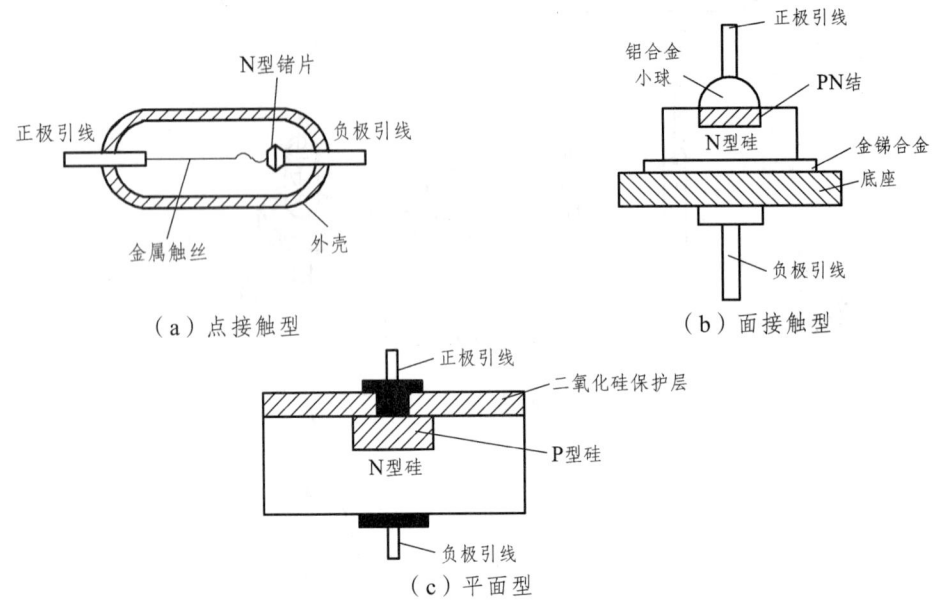

图1-8　二极管内部结构示意图

点接触型二极管的特点是：PN结面积小，结电容小，允许通过的电流小，常用于高频电路和小功率整流电路。

面接触型二极管的特点是：PN结面积大，结电容大，允许通过的电流大，但只能在低频下工作，通常仅用作整流管。

平面型二极管则有两种：结面积较小的可作为脉冲数字电路中的开关管，结面积较大的可用于大功率整流电路。

（3）按用途分类，二极管有普通二极管、整流二极管、稳压二极管、开关二极管、热敏二极管、发光二极管、光电二极管、变容二极管等。

2. 二极管的型号

国产二极管的型号命名方法见表1-1。

表1-1　二极管的型号

第一部分		第二部分		第三部分		第四部分	第五部分
用数字表示器件的电极数目		用拼音字母表示器件的材料和极性		用汉语拼音字母表示器件的类型		用数字表示器件的序号	用汉语拼音字母表示规格号
符号	意义	符号	意义	符号	意义	符号	意义		
2	二极管	A	N型锗材料	P	普通管	C	参量管	反映二极管参数的差别	反映二极管承受反向击穿电压的高低，如A、B、C、D…，其中A承受的反向击穿电压最低，B稍高……
		B	P型锗材料	Z	整流管	U	光电器件		
		C	N型硅材料	W	稳压管	N	阻尼管		
		D	P型硅材料	K	开关管	BT	半导体特殊器件		
		E	化合物	L	整流堆				

国外晶体管型号命名方法与我国不同,例如,凡以"1N"开头的二极管都是美国制造或以美国专利在其他国家制造的产品,以"1S"开头的则为日本注册产品。国外晶体管型号后面数字为登记序号,通常数字越大,产品越新,如 1N4001、1N5408、1S1885 等。

3. 二极管的主要参数

为定量描述二极管的性能,常采用以下主要参数。

(1)最大整流电流 I_{FM}:二极管长期运行时允许通过的最大正向平均电流。它的数值与 PN 结的面积和外部散热条件有关。实际工作时二极管的正向平均电流不得超过此值,否则二极管可能会因过热而损坏。

(2)最高反向工作电压 U_{RM}:二极管正常工作所允许外加的最高反向电压,通常取二极管反向击穿电压的 1/2~1/3。

(3)反向饱和电流 I_R:二极管未击穿时的反向电流。此值越小,二极管的单向导电性能越好。由于反向电流是由少数载流子形成的,所以它受温度的影响很大。

(4)最高工作频率 f_M:二极管工作的上限频率。超过此值时,由于结电容的作用,二极管将不能很好地体现单向导电性。二极管结电容越大,则最高工作频率越低。一般小电流二极管的 f_M 高达几百兆赫,而大电流整流管的 f_M 只有几千赫。

二极管的参数可以从二极管器件手册中查到,这些参数是我们选用器件和设计电路的重要依据。不同类型的二极管,其参数内容和参数值是不同的,即使是同一型号的二极管,它们的参数值也存在很大差异。此外,在查阅参数时还应注意它们的测试条件,当使用条件与测试条件不同时,参数也会发生变化。

当设备中的二极管损坏时,最好换上同型号的新管。如实在没有同型号管,可选用三项主要参数 I_{FM}、U_{RM}、f_M 满足要求的其他型号的二极管代替。代用管只要能满足电路要求即可,并非一定要比原管各项指标都好才行。应注意硅管与锗管在特性上是有差异的,一般不宜互相替换。

表 1-2 列出了几种典型二极管的主要参数。

表 1-2 几种典型二极管的主要参数

型号	最大整流电流 I_{FM}/mA	最高反向工作电压 U_{RM}/V	反向饱和电流 I_R/μA	最高工作频率 f_M/MHz	主要用途
2AP1	16	20		150	检波管
2CK84	100	≥30	≤1		开关管
2CP31	250	25	≤300		整流管
2CZ11D	1 000	300	≤0.6		整流管

1.2.3 二极管的简易测试

将万用表拨到"R×100"或"R×1k"电阻挡,并将两表笔短接调零。注意,此时万用表的红表笔是与表内电池的负极相连,黑表笔是与表内电池的正极相连。如图 1-9 所示,将红、黑两支表笔跨接在二极管的两端,若测得阻值较小(几千欧以下),再将红、黑表笔对调后接在二极管两端，测得的阻值较大（几百千欧），说明二极管质量良好，测得阻值较小的那一次黑表笔所接为二极管的正极。如果测得二极管的正、反向电阻都很小（接近零），说明二极管内部已短路；如果测得二极管的正、反向电阻都很大，说明二极管内部已开路。

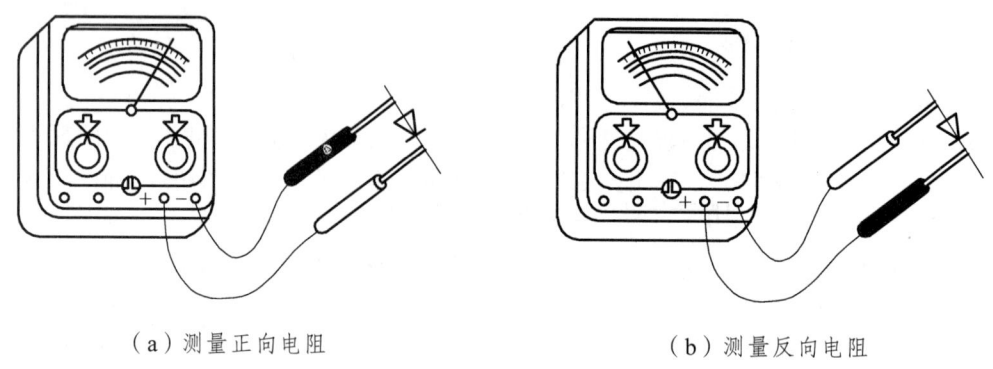

（a）测量正向电阻　　　　　　　　（b）测量反向电阻

图 1-9　二极管的简易测试

应注意的是，由于二极管正向特性曲线起始段的非线性，用"R×100"和"R×1k"挡时测得的正向电阻读数是不一样的。

如果是用数字式万用表测量二极管，则应将量程选择开关拨至"⇥"挡；红表笔插入"V·Ω"插孔，接二极管正极；黑表笔插入"COM"插孔，接二极管负极。此时显示的是二极管的正向压降，若为锗管应显示 0.150～0.300 V；若为硅管应显示 0.550～0.700 V。如果显示 000，表示二极管内部短路；如果显示 1，则表示二极管内部开路。

1.3　二极管的应用

1.3.1　稳压二极管

稳压二极管又称齐纳二极管，简称稳压管。它是一种用特殊工艺制造的面接触型硅二极管，在电路中能起稳定电压的作用。稳压管的图形符号、伏安特性曲线如图 1-10、图 1-11 所示。

稳压管的正向特性与普通硅二极管相同，但是，它的反向击穿特性更陡直。稳压管通常工作于反向击穿区，只要击穿后反向电流不超过极限值，稳压管就不会发生热击穿损坏。为此，必须在电路中串接限流电阻。稳压管反向击穿后，当流过稳压管的电流在很大范围内变化时，管子两端的电压几乎不变，从而可以获得一个稳定的电压。

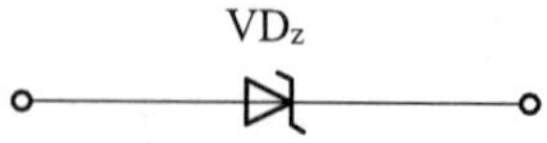

图 1-10　稳压二极管符号

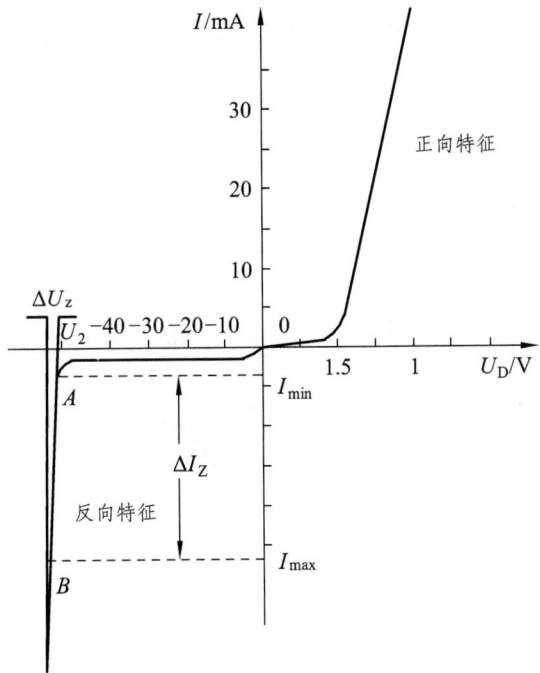

图 1-11 稳压二极管伏安特性曲线

1.3.2 整流二极管

整流二极管的主要功能是将交流电转换成脉动直流电。如图 1-12 所示为最简单的单相半波整流电路。

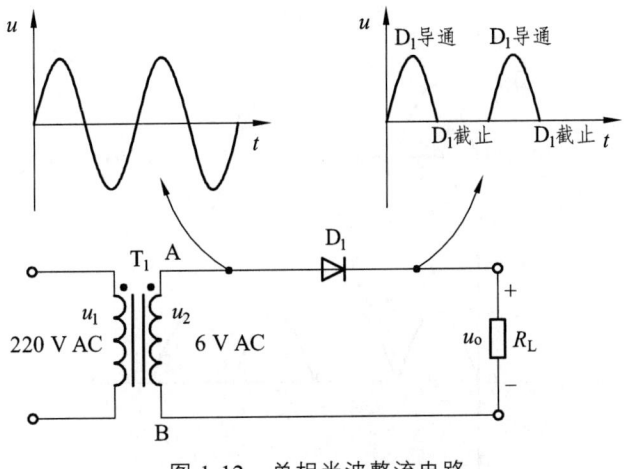

图 1-12 单相半波整流电路

当变压器二次侧交流电压 u_2 为正半周时，设 A 端为正，B 端为负，二极管 D_1 承受正向电压而导通，电流自上而下流过负载 R_L，若忽略二极管的正向压降，可认为 R_L 上的电压 u_o 与 u_2 几乎相等，即 $u_o=u_2$；当 u_2 为负半周时，B 端为正，A 端为负，二极管 D_1 承受反向电压而截止，负载 R_L 上无电流通过，$u_o=0$。

由图中 u_o 的波形可见，在输入电压为单相正弦波时，负载 R_L 上得到的只有正弦波的半个

波,故该电路称为单相半波整流电路。负载 R_L 上的半波脉动直流电压平均值可按下式估算:

$$u_0=0.45u_2$$

式中:u_2 为变压器二次侧电压有效值。

图 1-13 所示为单相桥式整流电路,由 4 个二极管接成的桥式电路以及变压器 T 和负载电阻 R_L 组成。

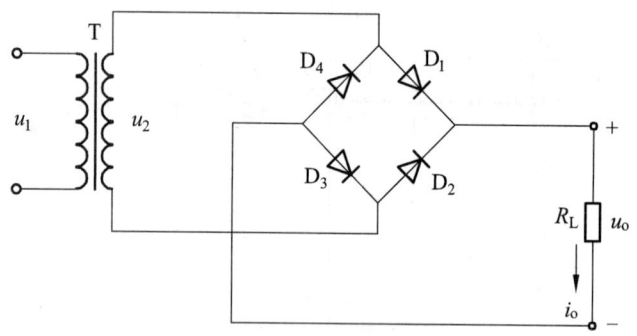

图 1-13 单相桥式整流电路

当输入电压 u_2 为正半周时,整流二极管 D_1、D_3 因加正向电压而导通,D_2、D_4 因承受反向电压而截止,此时电流 i_0 经 D_1、R_L 和 D_3 在 R_L 上产生压降 u_0。当输入电压 u_2 为负半周时,整流二极管 D_1、D_3 因承受反向电压而截止,D_2、D_4 因加正向电压而导通,电流 i_0 经 D_2、R_L 和 D_4 并在 R_L 上产生压降 u_0。由此可见,在交流信号 u_2 的一个周期内,二极管 D_1、D_3 和 D_2、D_4 轮流导通半个周期,那么通过负载电阻的电流为两个半波电流,方向相同。电路中的电压、电流波形如图 1-14 所示。因为电源的两个半波都被利用,所以该电路称为全波整流电路。

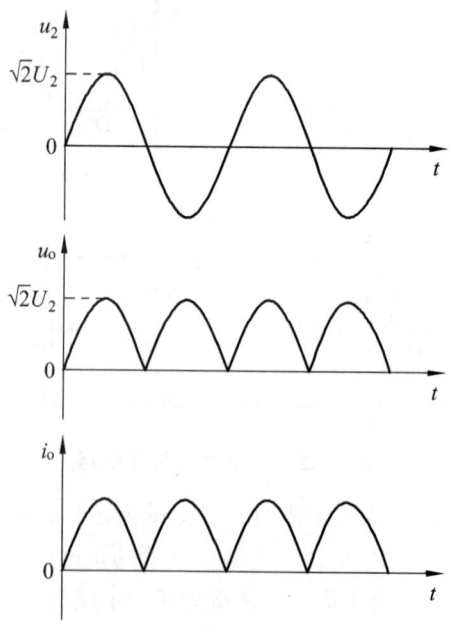

图 1-14 单相桥式整流电路

1.3.3 发光二极管

发光二极管是一种将电能转换成光能的半导体器件。可见光发光二极管根据所用材料不同，可以发出红、绿、黄、蓝、橙等不同颜色的光。此外，有些特殊的发光二极管还可以发出不可见光或激光。发光二极管的伏安特性与普通二极管相似，但正向导通电压稍大，为 1.5～2.5 V。

发光二极管常用 LED 表示。发光二极管图形符号和外形如图 1-15 所示。一般管脚引线较长者为正极，较短者为负极。如管帽上有凸起标志，靠近凸起标志的管脚为负极。有的发光二极管有三个管脚，根据管脚电压情况可发出不同颜色的光。

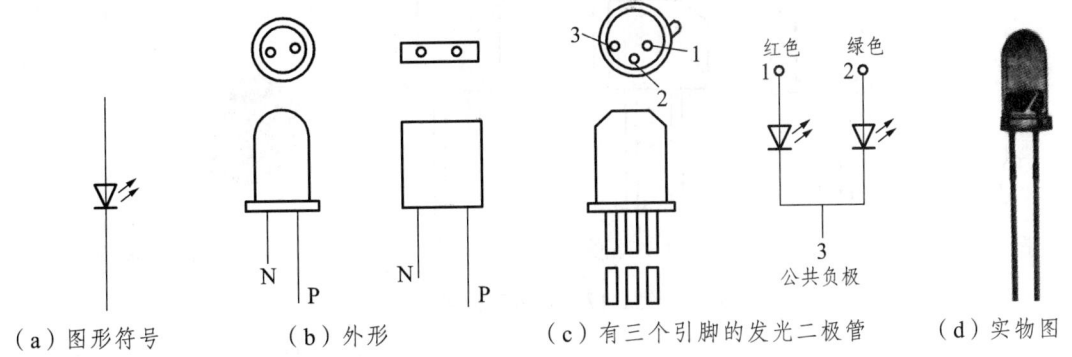

图 1-15 发光二极管

发光二极管常用作显示器件，除单个使用外，也可制成七段式或点阵式显示器。图 1-16 所示为七段式 LED 数码管的外形和电路图。

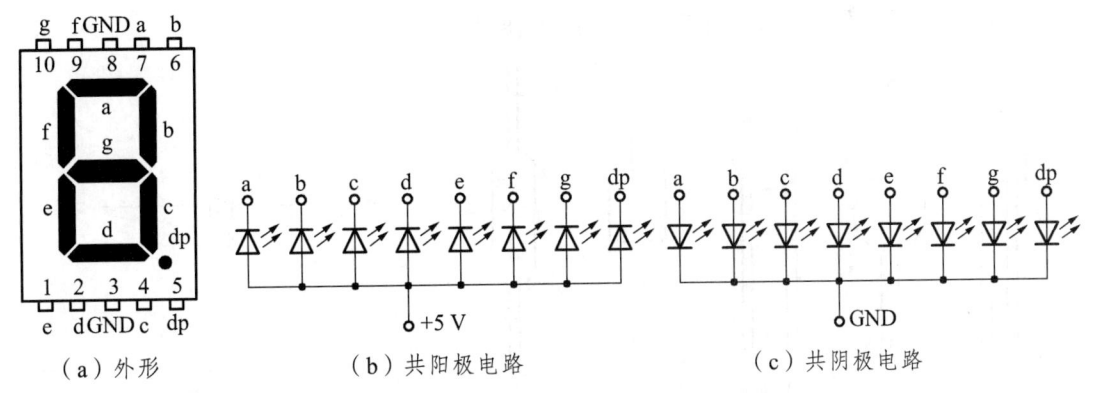

图 1-16 LED 数码管

用 500 型万用表测试发光二极管，应选 "R×10 k" 挡。当测得正向电阻小于 50 kΩ、反向电阻大于 200 kΩ 时均为正常。

如果用 368 型万用表，由于该表 "R×1" ～ "R×1 k" 挡都是使用的 3 V 电池，所以可用这几个挡测量，若二极管发光，显然管子是好的，并且与黑表笔相接的是发光二极管的正极。用数字式万用表测量时，可将发光二极管的两只管脚分别插入 h_{FE} 插座的 C、E 检测孔，若二极管发光，则在 NPN 挡插入 C 孔的管脚是正极。若二极管插入后不发光，对调管脚后再插入仍不发光，则说明管子已坏。

1.3.4 光电二极管

光电二极管又称光敏二极管。它的基本结构也是一个 PN 结,但是它的 PN 结接触面积较大,可以通过管壳上一个窗口接受入射光。光电二极管的图形符号和外形如图 1-17 所示。光电二极管工作在反偏状态,当无光照时,反向电流很小,称为暗电流;当有光照时,反向电流增大,称为光电流。光电流不仅与入射光的强度有关,而且与入射光的波长有关。如果制成受光面积大的光电二极管,则该二极管可作为一种能源,称为光电池。

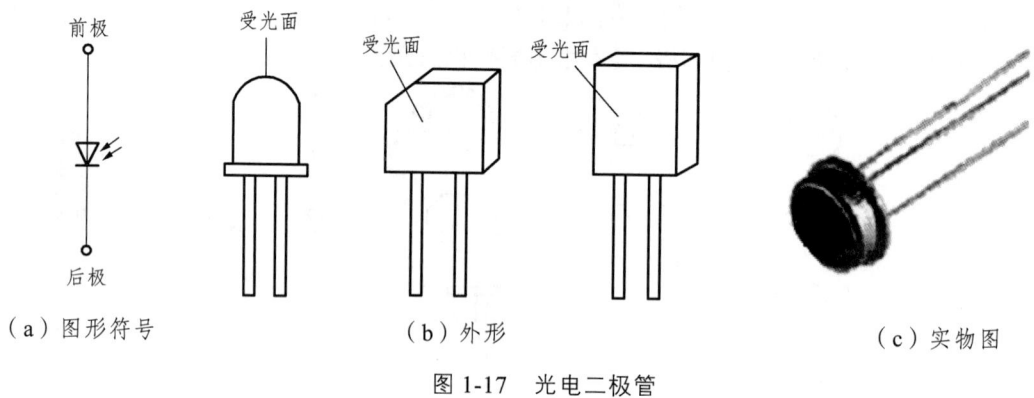

图 1-17 光电二极管

1.3.5 变容二极管

变容二极管是利用 PN 结的结电容效应设计出来的一种特殊二极管,可作为可变电容使用,常用于高频电路中的电调谐、调频、自动频率控制、稳频等场合。

变容二极管器件的外形图及电路符号如图 1-18 所示。

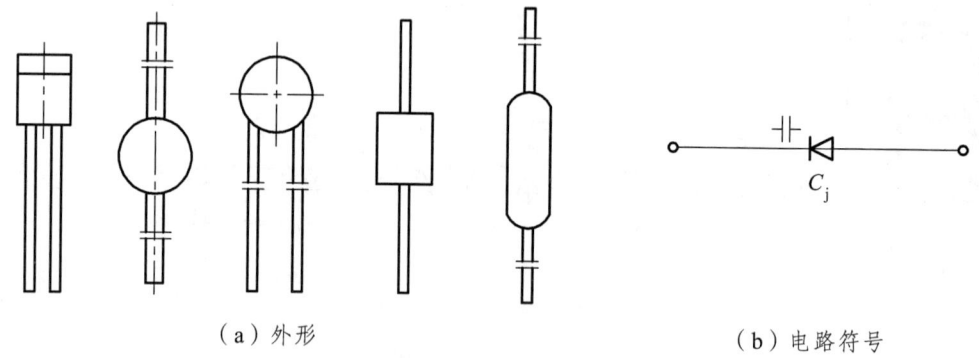

图 1-18 变容二极管的外形图及符号

利用 PN 结的势垒电容随外加反向电压变化的特点可制作变容二极管。变容二极管主要用作可变电容(受电压控制),其单向导电性已无多大实际意义。需要注意的是,变容二极管必须工作在反偏状态下,因为在正偏状态下,二极管有较大的导通电流,相当于电容两端并接了一个阻值很小的电阻,从而失去了电容应有的作用。图 1-19 所示为变容二极管的 C-U 关系曲线。

在很多无线电设备的选频或其他电路中,经常要用到调谐电路。与机械调谐电路相比,电调谐电路具有体积小、成本低、可靠性高和易与 CPU 接口相连等优点而得到广泛应用。

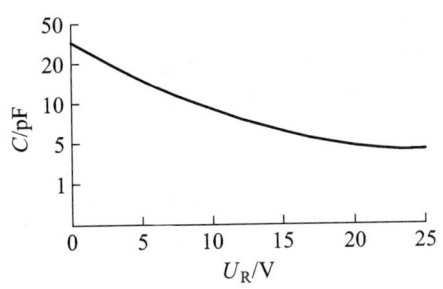

图 1-19 变容二极管 C-U 关系曲线

由变容二极管构成的简单电调谐电路（原理电路）如图 1-20 所示。在该电路中，实际的输入信号是交流电压 u_i，而不是直流电压 U。电压 U 的作用是使变容二极管处于反偏状态，同时控制变容二极管的容量大小，以控制谐振电路的谐振频率而达到选频的目的。

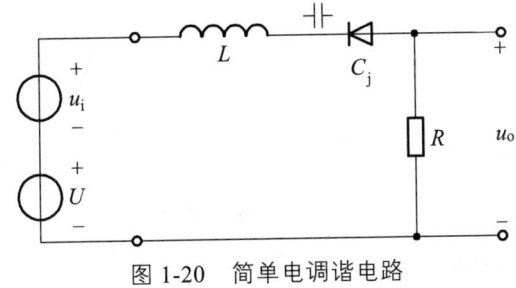

图 1-20 简单电调谐电路

1.3.6 开关电路

普通二极管常用来作为电子开关，如图 1-21 所示。图中 u_i 为交流信号（有用信息），是受控对象，其幅度一般很小，在几毫伏以下；E 为控制二极管 D 通断的直流电压，可在几伏以上。

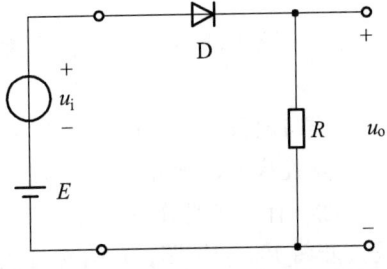

图 1-21 简单电子开关原理电路

显然，当 $E=0$ 时，由于二极管（假设为硅管）的导通电压在 0.7 V 左右，几毫伏的交流电压 u_i 不足以使其导通，因此二极管 D 截止，近似为开路，输出电压 $u_o=0$；当 E 为几伏以上时，二极管 D 导通，近似为短路，输出交流电压（不计直流）$u_o = u_i$。可见，只要简单改变直流电压 E 的大小，就可以很方便地实现对交流信号的开关控制。

1.3.7 限幅电路

限幅电路的作用是把输出信号幅度限定在一定的范围内，即当输入电压超过或低于某一参考值后，输出电压将被限制在某一电平（称作限幅电平），且不再随输入电压变化。它分为上限幅、下限幅以及双向限幅电路。

简单上限幅电路如图 1-22（a）所示。假设 $0<E<U_m$，当 $u_i<E$ 时，二极管截止，$u_o= u_i$；当 $u_i>E$ 时，二极管导通，$u_o=E$。其输入输出波形如图 1-22（b）所示。

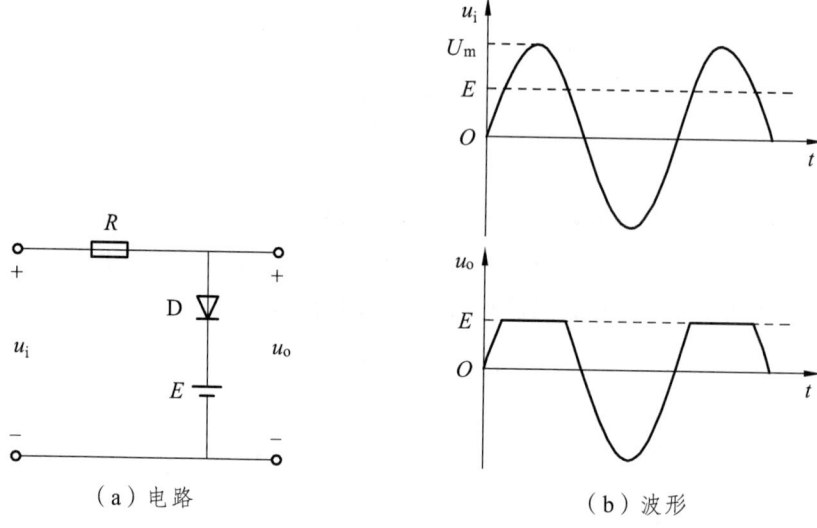

（a）电路　　　　　　　　（b）波形

图 1-22　上限幅电路

可见，该电路将输出电压的上限电平限定在某一固定值 E 上，所以称为上限幅电路。如将图中二极管的极性对调，则可得到将输出信号下限电平限定在某一数值上的下限幅电路。能同时实现上、下电平限制的电路称为双向限幅电路。

课后练习

1-1　空间电荷区是由电子、空穴还是由施主离子、受主离子构成的？空间电荷区又称为耗尽层，为什么？

1-2　如需将 PN 结二极管处于正向偏置状态，应如何确定外接电压的极性？

1-3　若 PN 结二极管处于反向偏置状态，则耗尽区的宽度是增加还是减少？为什么？

1-4　PN 结二极管的单向导电性在什么外部条件下才能显示出来？

1-5　PN 结两端存在内电场，若将 PN 结短路，问有无电流流过？

1-6　温度对二极管的正向特性影响小，对其反向特性影响大，为什么？

1-7　如何用万用表的欧姆挡来辨别一只二极管的阳、阴两极？（提示：模拟万用表的黑笔接表内直流电源的正端，而红笔接负端。）

1-8　比较硅、锗两种二极管的性能。在工程实践中，为什么硅二极管应用得较普遍？

1-9　当输入直流电压波动或外接负载电阻变动时，稳压管稳压电路的输出电压能否保持稳定？若能保持稳定，这种稳定是不是绝对的？

1-10　什么是二极管的电容效应？

1-11　光电子器件为什么在电子技术中得到越来越广泛的应用？试举例说明。

1-12 在用万用表 R×10、R×100、R×1000 三个欧姆挡测量某二极管的正向电阻时，共测得三个数值：4 kΩ、85 Ω、680 Ω。试判断它们各是哪一挡测出的。

1-13 有 A 和 B 两个小功率二极管，它们的反向饱和电流分别为 0.5 μA 和 0.01 μA，在外加相同的正向电压时电流分别为 20 mA 和 8 mA。你认为哪一个管子的综合性能较好？

1-14 为什么说在使用二极管时，应特别注意不要超过最大整流电流和最高反向工作电压？

1-15 二极管电路如图 1-23 所示，试判断图中的二极管是导通还是截止，并求出 AO 两端电压 U_{AO}（设二极管是理想的）。

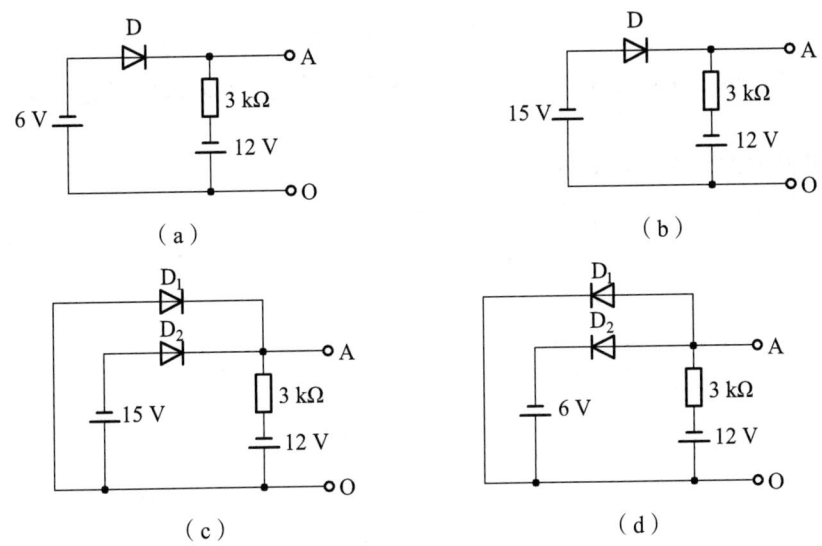

图 1-23 习题 1-15 图

1-16 在图 1-24 所示电路中，设二极管为理想的，且 $u_i=5\sin\omega t$(V)。试画出 u_o 的波形。

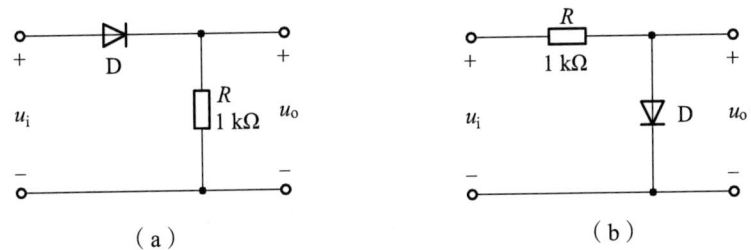

图 1-24 习题 1-16 图

1-17 电路如图 1-25 所示，已知 $u_i=5\sin\omega t$(V)，二极管导通电压 $U_D=0.7$ V。试画出 u_o 的波形。

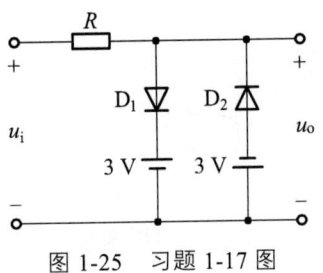

图 1-25 习题 1-17 图

1-18 电路如图 1-26 所示,设输入电压为纯交流信号,且 $u_i=12\sin\omega t$(V),稳压管的稳定电压 $U_Z=5$ V,R_L 为开路。试画出 u_o 的波形。

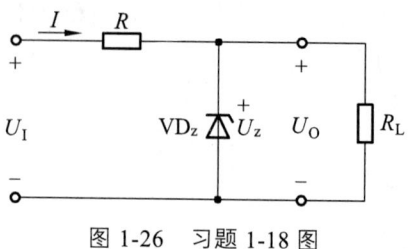

图 1-26 习题 1-18 图

1-19 在图 1-26 所示电路中,设 $u_i=15$ V,稳压管的 $I_{Zmax}=20$ mA,$I_{Zmin}=5$ mA,$U_Z=7$ V。求:

(1)R_L 开路时的限流电阻 R 的取值范围。

(2)接入负载的最小值 R_{Lmin}(设 $R=800$ Ω)。

第 2 章　半导体三极管与场效应管

三极管是半导体基本元器件之一,具有电流放大作用,是电子电路的核心元件。场效应管常用于电力电子技术中。本章主要学习三极管与场效应管的基础知识。

2.1　三极管的结构、符号和类型

2.1.1　三极管的结构和符号

在一块极薄的硅或锗基片上经过特殊的加工工艺制作出两个 PN 结构成三层半导体,对应的三层半导体分别为发射区、基区和集电区,从三个区引出的三个电极分别为发射极、基极和集电极,分别用符号 E(e)、B(b) 和 C(c) 表示,这种元件称为三极管。发射区与基区之间的 PN 结称为发射结,集电区与基区之间的 PN 结称为集电结。

需要说明的是,虽然发射区和集电区半导体类型一样,但发射区掺杂浓度比集电区高;在几何尺寸上,集电区面积比发射区大,所以,它们并不对称,发射极和集电极不可对调。

按照两个 PN 结的组合方式不同,三极管分为 NPN 型和 PNP 型两大类,其结构和图形符号如图 2-1 所示。三极管的文字符号用 T 表示,图形符号中,箭头方向表示发射结正向偏置时发射极电流的方向。发射极箭头朝外的是 NPN 型三极管,发射极箭头朝里的是 PNP 型三极管。

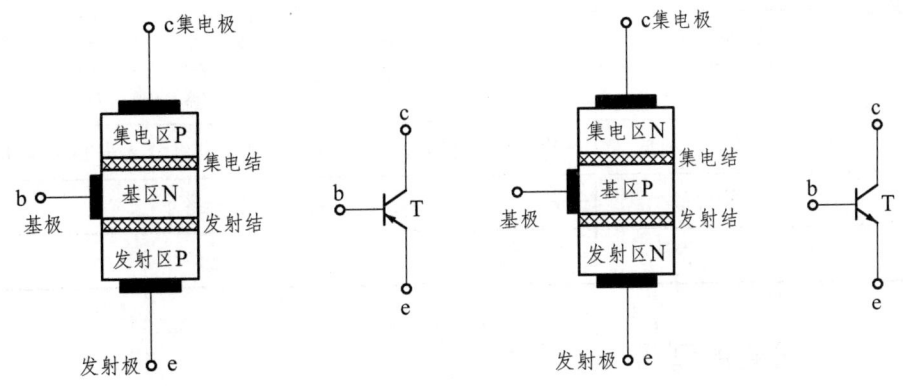

图 2-1　三极管的结构示意图和表示符号

三极管的功率大小不同,它们的体积和封装形式也不一样。常见的三极管外形如图 2-2 所示。

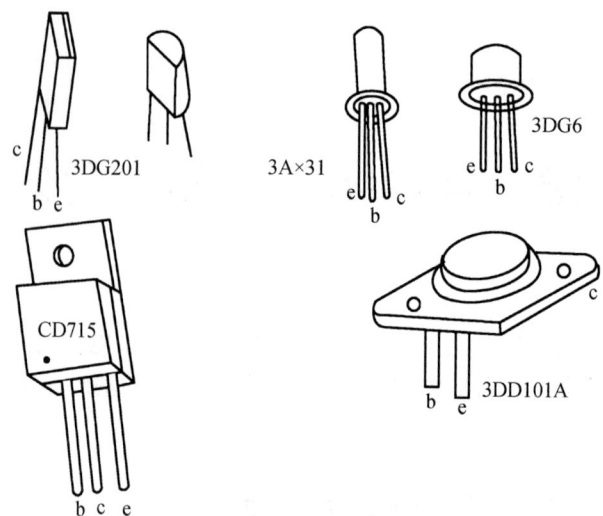

图 2-2 常见国产三极管的外形

2.1.2 三极管的类型

三极管按不同的分类方法可分为多种，如表 2-1 所示。

表 2-1 三极管的类型

分类方法	种类	应用
按极性分	NPN 型三极管	目前常用的三极管，电流从集电极流向发射极
	PNP 型三极管	电流从发射极流向集电极
按材料分	硅三极管	热稳定性好，是常用的三极管
	锗三极管	反向电流大，受温度影响较大，热稳定性差
按工作频率分	低频三极管	工作频率比较低，用于直流放大、音频放大电路
	高频三极管	工作频率比较高，用于高频放大电路
按功率分	小功率三极管	输出功率小，用于功率放大器末前级放大电路
	大功率三极管	输出功率较大，用于功率放大器末级放大电路（输出级）
按用途分	放大管	应用在模拟电路中
	开关管	应用在数字电路中

2.1.3 三极管的型号

三极管的型号如表 2-2 所示。

表 2-2 三极管的型号

第一部分（数字）		第二部分（拼音）		第三部分（拼音）		第四部分（数字）	第五部分（拼音）
电极数		材料和极性		类型			
符号	意义	符号	意义	符号	意义		
3	三极管	A	PNP 型锗材料	X	低频小功率管	序号	规格号
		B	NPN 型锗材料	G	高频小功率管		
		C	PNP 型硅材料	D	低频大功率管		
		D	NPN 型硅材料	A	高频大功率管		
				K	开关管		

国外半导体三极管以"2N"或"2S"开头："2"表示有两个 PN 结，"N"和"S"的含义与二极管型号相同。

2.2 三极管的电流放大作用

2.2.1 三极管的工作电压

三极管要实现放大作用，必须满足一定的外部条件，即发射结加正向电压，集电结加反向电压。由于 NPN 型和 PNP 型三极管极性不同，所以外加电压的极性也不同，如图 2-3 所示。

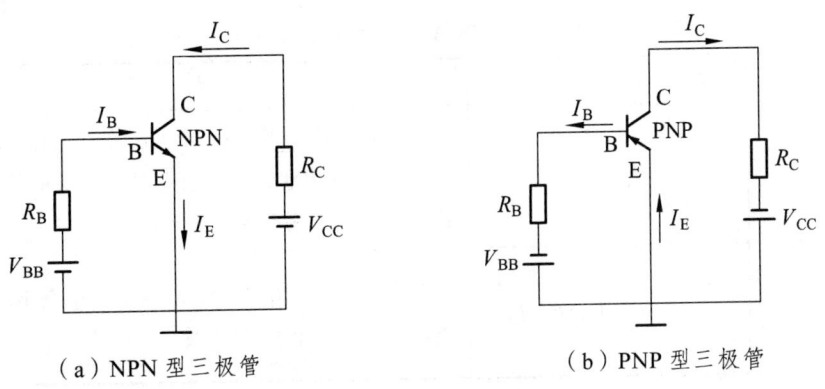

（a）NPN 型三极管　　　　　　　（b）PNP 型三极管

图 2-3 三极管的工作电压

对于 NPN 型三极管，C、B、E 三个电极的电位必须符合：$U_C>U_B>U_E$；对于 PNP 型三极管，电源的极性与 NPN 型相反，应符合：$U_C<U_B<U_E$。

2.2.2 三极管的电流放大作用

以 NPN 型三极管为例，实验电路接成如图 2-4 所示。电路接通后，三极管各电极都有电流通过，即流入基极的电流 I_B、流入集电极的电流 I_C 和流出发射极的电流 I_E。

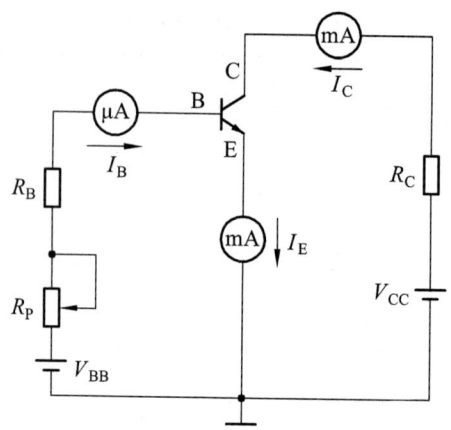

图 2-4　三极管电流分配实验电路

通过调节电位器 R_P 的阻值，调节基极的偏压，可调节基极电流 I_B 的大小。每取一个 I_B 值，从毫安表可读取集电极电流 I_C 和发射电流 I_E 的相应值，实验数据见表 2-3。

表 2-3　三极管的电流放大作用

电流	1	2	3	4	5	6
I_B/mA	0	0.01	0.02	0.03	0.04	0.05
I_C/mA	0.01	0.056	1.14	1.74	2.33	2.91
I_E/mA	0.01	0.057	1.16	1.77	2.37	2.96

通过实验数据分析，三极管三个电极电流具有如表 2-4 所示的关系。

表 2-4　三极管三个电极电流关系

电流关系		说　明
集电极与基极电流关系	$I_C=\beta I_B$	集电极电流是基极电流的 β 倍，三极管的电流放大系数 β 一般大于几十，由此说明只要用很小的基极电流，就可以控制较大的集电极电流
三个电极电流之间的关系	$I_E=I_B+I_C=(1+\beta)I_B$	三个电流中，I_E 最大，I_C 其次，I_B 最小。I_E 和 I_C 相差不大，它们远比 I_B 大得多

综合以上情况，可得如下结论：
（1）三极管电流放大作用的条件是：发射结加正向电压，集电结加反向电压。
（2）三极管电流放大的实质是：用较小的基极电流控制较大的集电极电流。

2.3　三极管的共发射极特性曲线

三极管各极上的电压和电流之间的关系，也可以通过伏安特性曲线直观地描述。三极管的特性曲线主要有输入特性曲线和输出特性曲线两种,可以用晶体管特性图示仪直接观察,也可通过图 2-5 所示实验电路来测试。

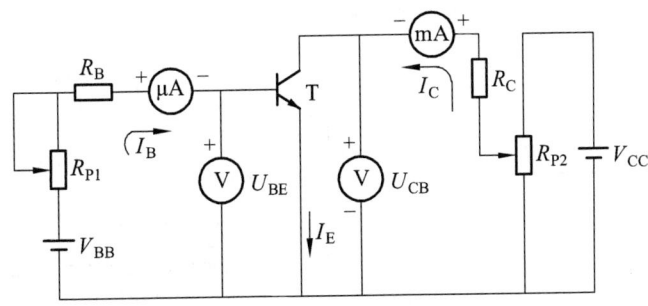

图 2-5 三极管特性曲线测试电路

2.3.1 输入特性

输入特性是指在 U_{CE} 一定的条件下,加在三极管基极与发射极之间的电压 u_{BE} 和它产生的基极电流 i_B 之间关系的曲线,如图 2-6 所示。

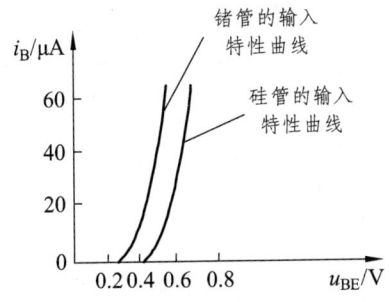

图 2-6 三极管的输入特性曲

三极管的输入特性曲线与二极管的正向特性曲线相似,当发射结上所加正向电压 U_{BE} 小于死区电压时不产生 I_B,当发射结的正向电压 U_{BE} 大于死区电压时产生 I_B,这时三极管处于放大状态,发射结两端电压 u_{BE},硅管为 0.7 V,锗管为 0.3 V。

2.3.2 输出特性

输出特性是指在 I_B 一定的条件下,集电极与发射极之间的电压 u_{CE} 与集电极电流 i_C 之间的关系曲线,如图 2-7 所示。

每条曲线可分为线性上升、弯曲、平坦三部分,如图 2-7(a)所示。不同 I_B 值对应不同的曲线,从而形成曲线簇。各条曲线上升部分很陡,几乎重合,平直部分则按 I_B 值由小到大从下往上排列,I_B 的取值间隔均匀,相应的特性曲线在平坦部分也均匀,且与横轴平行,如图 2-7(b)所示。

三极管的输出特性曲线分为三个区域,不同的区域对应着三极管的三种不同工作状态,如表 2-5 所示。在模拟电子电路中,三极管一般工作在放大状态,作为放大管使用;在数字电子电路中，三极管常作为开关管使用，工作于饱和和截止状态。

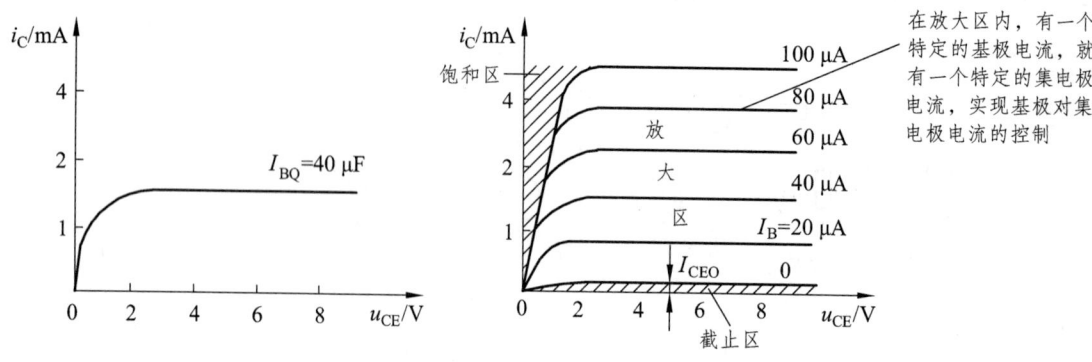

（a）基极电流为一定值时的输出特性曲线　　　　　（b）输出特性曲线

图 2-7　三极管的输出特性曲线

表 2-5　输出特性曲线的三个区域

区域	截止区	放大区	饱和区
范围	$I_B=0$ 曲线以下区域，几乎与横轴重合	平坦部分线性区，几乎与横轴平行	曲线上升和弯曲部分
特征	$I_B=0$，$I_C=I_{CEO}\approx 0$	（1）当 I_B 一定时，I_C 的大小与 U_{CE} 基本无关（但 U_{CE} 的大小则随 I_C 的大小而变化），具有恒流特性。 （2）I_C 受 I_B 控制，具有电流放大作用，$I_C=\beta I_B$，$\Delta I_C=\beta \Delta I_B$	（1）各电极电流都很大，I_C 不再受 I_B 控制。 （2）三极管饱和时的 U_{CE} 值称为饱和管压降，记作 U_{CES}，小功率硅管的 U_{CES} 约为 0.3 V，锗管的 U_{CES} 约为 0.1 V
条件	发射结反偏（或零偏），集电结反偏	发射结正偏，集电结反偏	发射结正偏，集电结正偏（或零偏）
工作状态	截止状态 集电极与发射极之间等效电阻很大，相当于开路（开关断开）	放大状态 集电极与发射极之间等效电阻线性可变，相当于一只可变电阻，电阻的大小受基极电流大小控制。基极电流大，集电极与发射极间的等效电阻小，反之则大	饱和状态 集电极与发射极之间等效电阻很小，相当于短路（开关闭合）

2.4 三极管的主要参数

三极管的参数反映了三极管的性能和安全运用范围，是正确使用和合理选择管子的依据。表 2-6 介绍了三极管的几个主要参数。

表 2-6 三极管的主要参数

类型	参数	符号	说明	选管
电流放大系数	共射极直流电流放大系数	h_{FE}	三极管集电极电流与基极电流的比值，即 $h_{FE}=I_C/I_B$，反映三极管的直流放大能力	同一只三极管，在相同的工作条件下 $h_{FE} \approx \beta$，应用中不再区分，均用 β 来表示。β 太小，放大作用差；β 太大，性能不稳定，通常选用 β 为 30~100 的管子
	共射极交流电流放大系数	β	三极管集电极电流的变化量与基极电流的变化量之比，即 $\beta=\Delta I_C/\Delta I_B$。反映三极管的交流放大能力	
极间反向电流	集电极-基极间的反向电流	I_{CBO}	发射极开路时，C-B 极间的反向电流	I_{CBO} 越小，集电结的单向导电性越好
	集电极-发射极间反向饱和电流	I_{CEO}	基极开路时（$I_B=0$），C-E 极间的反向电流，又称"穿透电流"	$I_{CEO}=(1+\beta)I_{CBO}$，反映了三极管的稳定性。选管子时，应选反向饱和电流小的管子
极限参数	集电极最大允许电流	I_{CM}	集电极电流过大时，三极管的 β 值要降低，一般规定 β 值下降到正常值的 2/3 时的集电极电流为集电极最大允许电流	选用时，应满足 $I_{CM} \geqslant I_C$，否则管子易损坏
	集电极-发射极间的反向击穿电压	$U_{(BR)CEO}$	基极开路时，加在 C 与 E 极间的最大允许电压	选用时，应满足 $U_{(BR)CEO} \geqslant U_{CE}$，否则易造成管子击穿
	集电极最大允许耗散功率	P_{CM}	集电极消耗功率的最大限额。根据三极管的最高温度和散热条件来规定最大允许耗散功率 P_{CM}，要求 $P_{CM} \geqslant I_C U_{CE}$。$P_{CM}$ 的大小与环境温度有密切关系，温度升高，则 P_{CM} 减小。对于大功率管，常在管子上加散热器或散热片，从而提高 P_{CM}	选用时，应满足 $P_{CM} \geqslant I_C U_{CE}$，否则管子会因过热而损坏

2.5 场效应管

在晶体三极管中，基极输入电流的大小直接影响输出电流的大小，这是一种电流控制型器件。场效应管则是一种电压控制型器件，它是利用输入电压产生的电场效应来控制输出电流的。场效应管按其结构的不同分为结型和绝缘栅型两大类,其中绝缘栅型由于制造工艺简单,便于实现集成化,应用更为广泛。

场效应管常用 FET 表示。

2.5.1 绝缘栅场效应管

绝缘栅场效应管简称 MOS 管,可用 MOSFET 表示。它分增强型(EMOS)和耗尽型(DMOS)两类,各类又有 P 沟道(PMOS)和 N 沟道(NMOS)两种。其结构和图形符号如图 2-8 所示。

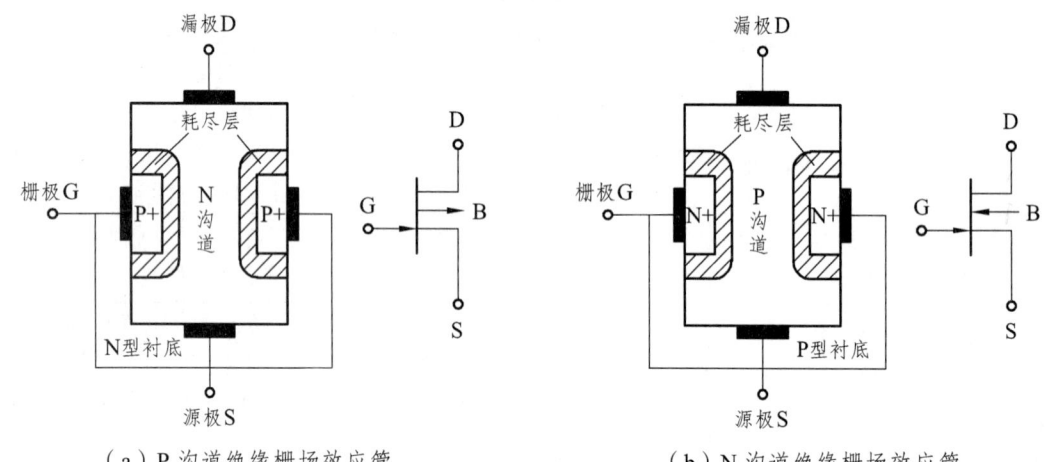

（a）P 沟道绝缘栅场效应管　　　　　（b）N 沟道绝缘栅场效应管

图 2-8　MOS 管结构图和符号

N 沟道绝缘栅场效应管是以一块掺杂浓度较低的 P 型硅片作衬底,在上面制作出两个高浓度 N 型区(图中 N+区),各引出两个电极:源极 S 和漏极 D。在硅片表面制作一层 SiO_2 绝缘层,绝缘层上再制作一层金属膜作为栅极 G。由于栅极与其他电极及硅片之间是绝缘的,所以这种管称为绝缘栅场效应管,又由于它是由金属-氧化物-半导体(Metal-Oxide-Semiconductor)所组成,故简称 MOS 场效应管。其伏安特性如图 2-9 所示。

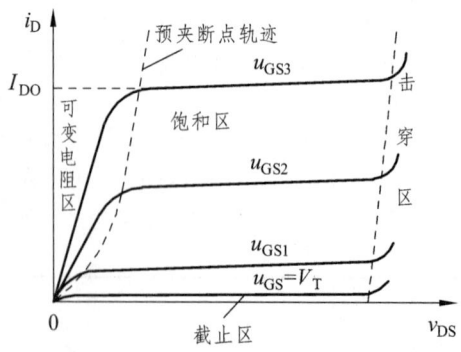

图 2-9　N 沟道增强型 MOS 管伏安特性

场效应管的 S、G、D 极对应晶体三极管的 e、b、c 极。B 表示衬底(有时也用 U 表示),一般与源极 S 相连。衬底箭头向内表示为 N 沟道,反之为 P 沟道。D 极和 S 极之间为三段断续线表示增强型,为连续线表示耗尽型。

结型场效应管的输入电阻虽然可达 $10^6 \sim 10^9 \Omega$,但在要求输入电阻更高的场合,还是不能满足要求。而且,由于它的输入电阻是 PN 结的反偏电阻,所以在高温条件下工作时,PN 结反向电流增大,反偏电阻的阻值明显下降。与结型场效应管不同,金属-氧化物-半导体场效应管(MOSFET)的栅极与半导体之间隔有二氧化硅(SiO_2)绝缘介质,使栅极处于绝缘状态(故又称绝缘栅场效应管),因而它的输入电阻可高达 $10^{15}\Omega$。它的另一个优点是制造工艺简单,适于制造大规模及超大规模集成电路。

MOS 管也有 N 沟道和 P 沟道之分,而且每一类又分为增强型和耗尽型两种,二者的区别是增强型 MOS 管在栅-源电压 $u_{GS}=0$ 时,漏-源极之间没有导电沟道存在,即使加上电压 u_{DS}(在一定的数值范围内),也没有漏极电流产生($i_D=0$)。而耗尽型 MOS 管在 $u_{GS}=0$ 时,漏-源极间就有导电沟道存在。

2.5.2 结型场效应管

1. 结构和符号

结型场效应管(JFET)也可分 P 沟道和 N 沟道两种。它所采用的是耗尽型工作方式,即当 $u_{GS}=0$ 时,$i_D \neq 0$。

2. 特性曲线

(1)转移特性曲线。如图 2-10(a)所示,当栅源电压 $u_{GS}=0$ 时,漏极电流为 I_{DSS}(漏极饱和电流);u_{GS} 负压越高,导电沟道越窄,电阻增大,i_D 减小;当 u_{GS} 达到夹断电压 U_P 时,$i_D=0$。

(2)输出特性曲线。如图 2-10(b)所示,也可分为可变电阻区、放大区和击穿区。

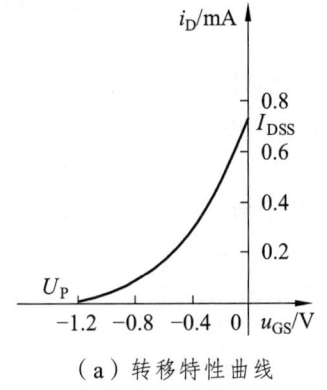
(a)转移特性曲线

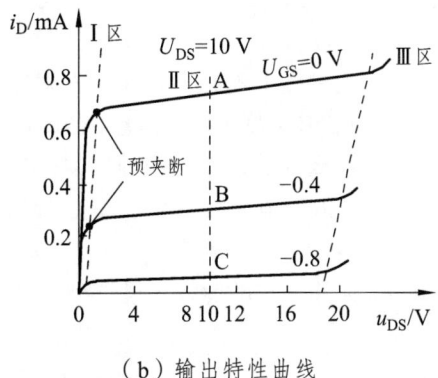
(b)输出特性曲线

图 2-10 N 沟道结型场效应管特性曲线

2.6 三极管的开关应用

三极管除了可以当作交流信号放大器之外,也可以作为开关之用。严格说起来,三极管与一般的机械接点式开关在动作上并不完全相同，它具有一些机械式开关所没有的特点。图 2-11 所示即为三极管电子开关的基本电路图。

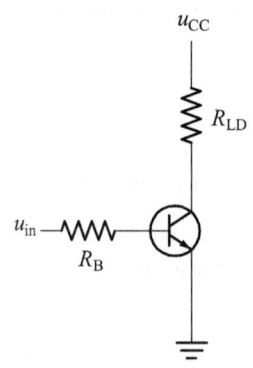

图 2-11　基本的三极管开关

由图可知，负载电阻被直接跨接于三极管的集电极与电源之间，而位居三极管主电流的回路上，输入电压 u_{in} 则控制三极管开关的开启（open）与闭合（closed）动作。当三极管呈开启状态时，负载电流便被阻断；反之，当三极管呈闭合状态时，电流便可以流通。详细地说，当 u_{in} 为低电压时，由于基极没有电流，因此集电极亦无电流，致使连接于集电极端的负载亦没有电流，而相当于开关的开启，此时三极管乃胜作于截止（cut off）区。

同理，当 u_{in} 为高电压时，由于有基极电流流动，因此使集电极流过更大的放大电流，因此负载回路便被导通，而相当于开关的闭合，此时三极管工作于饱和区（saturation）。

课后练习

2-1　既然 BJT 具有两个 PN 结，可否用两个二极管取代 PN 结以构成一只 BJT？试说明其理由。

2-2　要使 BJT 具有放大作用，发射极和集电极的偏置电压电路应如何连接？

2-3　一只 NPN 型 BJT，具有 e、b、c 三个电极，能否将 e、c 两电极交换使用？为什么？

2-4　为什么说 BJT 是电流控制器件？

2-5　BJT 的电流放大系数 α、β 是如何定义的？能否从共射极输出特性上求得 β 值，并算出 α 值？在整个输出特性上，β 或 α 值是否均匀一致？

2-6　如何用一块欧姆表（模拟型）判别一只 BJT 的三个电极 e、b、c？

第 3 章　分离元件放大器

在一些电子设备中，如音响功率放大器、电视接收机，还有一些精密仪器都需要将微弱的电信号加以放大才能得到我们所需要的信号。我们把能完成这种放大功能的电路称为放大电路（又称放大器）。

3.1　放大器概述

放大器作为电子设备中应用最广泛的电子电路，可以分为很多种类，例如，根据信号的强弱来分的电压放大器和功率放大器，根据被放大信号的频率不同来分的直流放大器、低频放大器和高频放大器，等。本章我们主要讨论的是低频小信号放大器。图 3-1 所示是放大器的方框图。它表示各种小信号放大器都可以用带有输入端和输出端的方框来表示。我们把需要放大的信号加到放大器的输入端，然后经放大器放大后再从输出端输出。通常，只要保证具备输出信号的功率大于输入信号的功率和输出信号的波形与输入信号的波形相同这两个条件，就可以说该信号已经被很好地放大了。

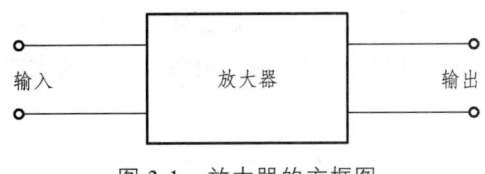

图 3-1　放大器的方框图

3.1.1　对放大器的要求

对于一个放大器来讲，如何描述和鉴别它的性能优劣呢？在这里我们对放大器列出了以下几点要求。

（1）要有足够大的放大倍数。

放大倍数是衡量放大电路放大能力的主要参数，其值为输出信号与输入信号之比。根据电信号的不同，放大倍数可分为电压放大倍数 A_v、电流放大倍数 A_i 和功率放大倍数 A_p。

在本章里我们主要讨论的是电压放大倍数 A_v，对于不同的放大器，要求的放大倍数也是不同的。在工程上常采用另一种形式来表示放大倍数的大小，即增益，它的单位是分贝（dB），是放大倍数的对数形式。

（2）要有一定宽度的通频带。

放大器往往放大的信号并不是单一频率的，而是在一定的频率范围内变化的。放大信号时，无论其频率高或低，都应该得到同样的放大，所以就要求放大器应具有一定宽度的通频带。那什么是通频带呢？放大器在放大不同频率的信号时，其放大倍数也是不同的。在一定的频率范围内，放大器的放大倍数高而且稳定，此频率范围称为中频区。而处在中频区以外的区域时，放大倍数都会大幅度下降。如图 3-2 所示。

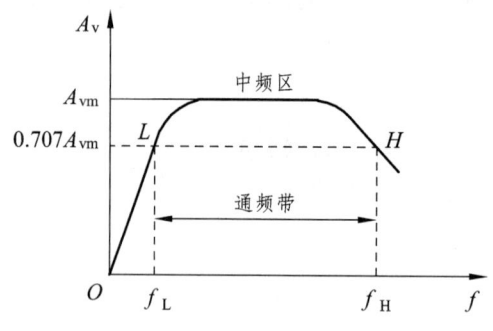

图 3-2　放大器的通频带

当信号频率升高使电压放大倍数下降到中频频率电压放大倍数的 0.707 倍时，所对应的频率称为上限截止频率 f_H；当信号频率降低使电压放大倍数下降到 0.707 倍时的频率称为下限截止频率 f_L。f_L 与 f_H 之间的频率范围就是通频带，其带宽用 B_W 表示，即 $B_W = f_H - f_L$。

（3）非线性失真要小。

放大器在放大电信号时，输出信号的波形与输入信号的波形出现了一定的差异，即波形出现畸变，这种现象就是非线性失真，它主要是由放大器中晶体管的非线性造成的。所以，在设计放大电路时，应该合理设计电路和选择元件，尽量使非线性失真减到最小。

（4）要有合适的输入输出电阻。

通常我们把需要放大的信号称为信号源，那么对于信号源所呈现的等效负载电阻，我们就可以用输入电阻 r_i 表示。也可以理解为，输入电阻就是从放大器的输入端看进去的等效电阻，如图 3-3 所示。

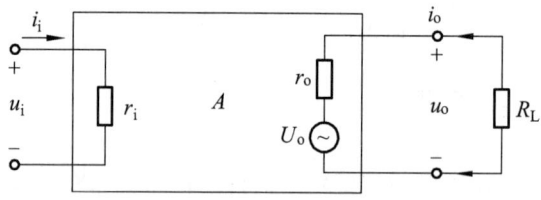

图 3-3　放大器的输入、输出电阻

可见，放大器的输入电阻 $r_i = u_i/i_i$，它的大小反映了放大器对信号源的影响程度。此值越大，放大器要求信号源提供的信号电流就越小，信号源的负担就越轻。所以说通常放大器在应用时，总是希望输入电阻大一些。同理，放大器的输出电阻则是从放大器的输出端看进去的交流等效电阻（不包括负载电阻 R_L），如图 3-3 中所示。输出电阻 r_o 越小，表示放大器带负载的能力越强，并且负载变化时，对放大器影响也小。所以通常希望输出电阻越小越好。

3.1.2 放大电路的组成

由 NPN 型三极管组成的基本放大电路如图 3-4 所示。信号从晶体管的基极、发射极输入，经放大后由集电极和发射极输出。由于发射极既作为信号的输入端又作为输出端，所以称这种放大电路形式为共发射极放大器。下面我们分别介绍组成放大器的各元件的作用。

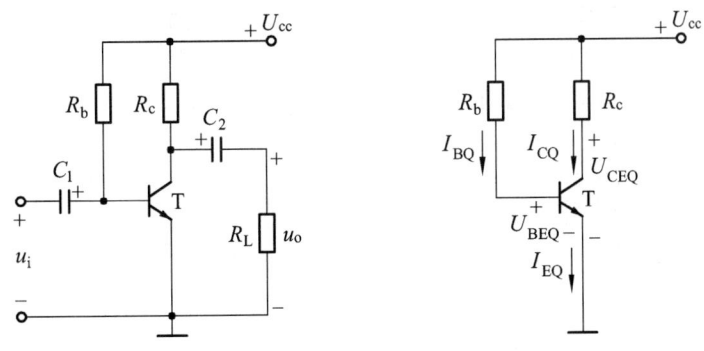

图 3-4 基本放大器

在如图 3-5 所示的电路中，当放大器的输入端加上交流输入信号 u_i 时，在放大器的输出端便可以得到图中所示与 u_i 波形正好反相并被放大的输出信号波形。

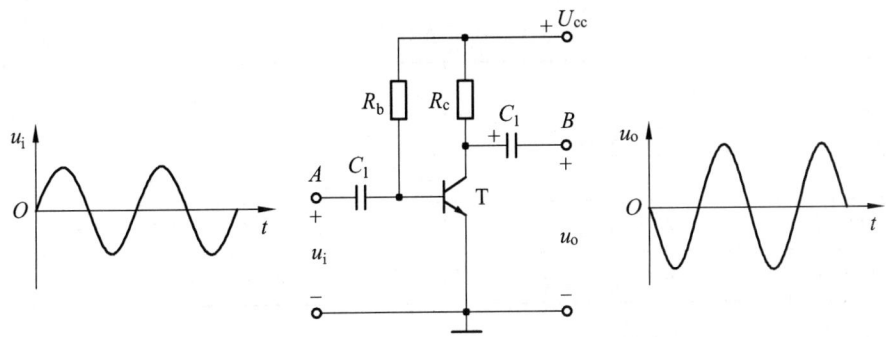

图 3-5 基本放大电路放大信号的过程

3.2 放大器的分析方法

对放大器进行定量分析时，常用的分析方法是估算法和图解法。现以共发射极放大器为例加以说明，其他接法的放大器或更为复杂的放大器也同样适用。

3.2.1 估算法

已知电路各元器件的参数，利用公式通过近似计算来分析放大器性能的方法称为估算法。在分析低频小信号放大器时，采用估算法较为简便。

当放大器输入交流信号后，放大器中总是同时存在着直流分量和交流分量两种成分。由于放大器中通常都存在电抗性元件，所以直流分量和交流分量的通路是不一样的。在进行电路分析和计算时注意把两种不同分量作用下的通路区别开来,这样将使电路的分析更方便。

1. 估算静态工作点

由于静态只研究直流,为分析方便起见,可根据直流通路进行分析。所谓直流通路是指直流信号流通的路径。因电容具有隔直作用,所以在画直流通路时,把电容看作断路。例如图 3-6(b)为图 3-6(a)基本放大器的直流通路。由直流通路可推导出有关估算静态工作点的公式,如表 3-1 所示。

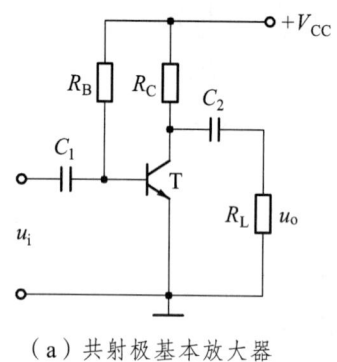
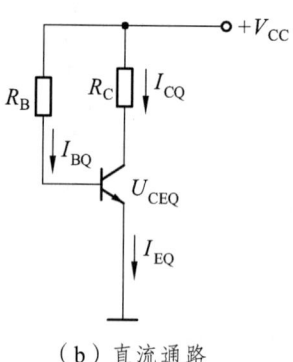

(a)共射极基本放大器　　　　　　　(b)直流通路

图 3-6　放大电路

表 3-1　估算静态工作点

静态工作点		说　明
基极偏置电流	$I_{BQ} = \dfrac{V_{CC} - U_{BEQ}}{R_B} \approx \dfrac{V_{CC}}{R_B}$	三极管 U_{BEQ} 很小（硅管为 0.7 V,锗管为 0.3 V）,与 V_{CC} 相比可忽略不计
静态集电极电流	$I_{CQ} \approx \beta I_{BQ}$	根据三极管的电流放大原理估算
静态集电极电压	$U_{CEQ} = V_{CC} - I_{CQ} R_C$	根据回路电压定律估算

2. 估算放大器的输入电阻、输出电阻和电压放大倍数

由于输入、输出电阻及电压放大倍数均只与放大器的交流量有关,为了方便计算,只需画交流通路来进行分析。所谓交流通路,是指交流信号流通的路径。在画交流通路时,因电容通交流,而直流电源的内阻又很小,所以把电容和直流电源都视为交流短路。图 3-7 中图(b)为图(a)的交流通路。为了研究问题简便起见,三极管在低频小信号时,基极和发射极间用线性电阻 r_{be} 来等效,集电极和发射极间可等效为一恒流源,恒流源的电流大小为 βi_b,方向与集电极电流 i_c 的方向相同。等效后的电路如图 3-7(c)所示。

该等效电路中

$$r_{be} = 300 + (1+\beta)\dfrac{26\ \mathrm{mV}}{I_{EQ}}$$

式中：I_{EQ} 为静态时发射极电流（mA）。一般情况下,r_{be} 在 1 kΩ 左右。

(1)输入电阻。

放大器的输入电阻是指从放大器的输入端看进去的交流等效电阻。由等效电路图 3-7(c)可得

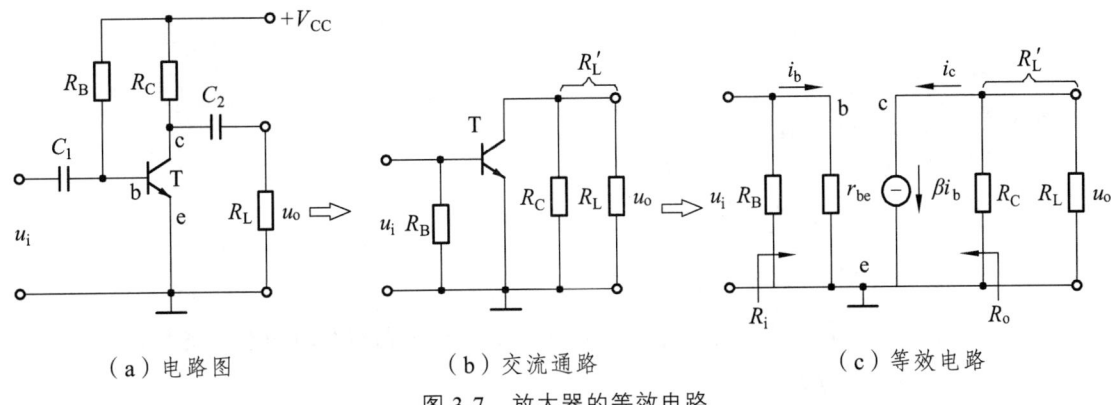

（a）电路图　　　　　（b）交流通路　　　　　（c）等效电路

图 3-7　放大器的等效电路

$$R_i = R_B /\!/ r_{be}$$

式中 "//" 表示 R_B 与 r_{be} 是并联关系。

因为　　　$R_B \gg r_{be}$

所以　　　$R_i \approx r_{be}$

对信号源来说，放大器是其负载，输入电阻 R_i 表示信号源的负载电阻，如图 3-8 所示。一般情况下，希望放大器的输入电阻尽可能大些，这样，向信号源（或前一级电路）吸取的电流小，取得的信号电压 u_i 就越大，有利于减轻信号源的负担。从上式可以看出，共发射极放大器的输入电阻是比较小的。

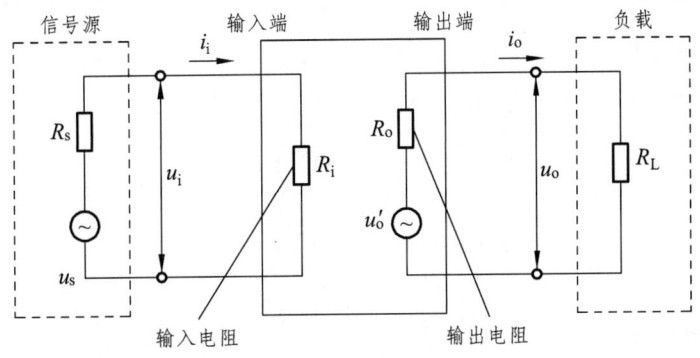

图 3-8　放大器的输入电阻和输出电阻

（2）输出电阻。

对负载来说，放大器又相当于一个具有内阻的信号源，这个内阻就是放大器的输出电阻。从放大器等效电路图 3-7（c）可看出：

$$R_o \approx R_C$$

对负载来说，放大器相当于信号源，放大器的输出电阻 R_o 是信号源的内阻，如图 3-8 所示。当负载发生变化时，输出电压发生相应的变化，放大器的带负载能力差。因此，为了提高放大器的带载能力，应设法降低放大器的输出电阻。但是，从公式可看出，共发射极放大器的输出电阻是比较大的。

（3）电压放大倍数。

放大器的电压放大倍数是指输出电压 u_o 与输入电压 u_i 的比值，即

$$A_v = u_o / u_i$$

由等效电路图 3-7（c）可看出

输入信号电压：$u_i = i_b r_{be}$

输出信号电压：$u_o = -i_c R_L' = -\beta i_b R_L'$

式中，$R_L'=R_C // R_L$ 为放大器的等效负载电阻。

则
$$A_v = -\frac{\beta R_L'}{r_{be}}$$

放大器不带负载（即空载）时，上式中 $R_L' = R_C$，即放大器空载时的电压放大倍数为

$$A_v = -\frac{\beta R_C}{r_{be}}$$

【例 3-1】在共发射极基本放大器中，设 V_{CC}=12 V，R_B=300 kΩ，R_C=2 kΩ，β=50，R_L=2 kΩ。试求静态工作点、输入电阻 R_i、输出电阻 R_o 和电压放大倍数。

解：

静态偏置电流　　　　　　　$I_{BQ} \approx \dfrac{V_{CC}}{R_B} = \dfrac{12\text{ V}}{300 \times 10 \text{ kΩ}} = 0.04 \text{ mA} = 40\ \mu\text{A}$

静态集电极电流　　　　　　$I_{CQ} \approx \beta I_{BQ} = 50 \times 0.04 \text{ mA} = 2 \text{ mA}$

静态集电极电压　　　　　　$U_{CEQ} = V_{CC} - I_{CQ} R_C = 12 \text{ V} - 2 \text{ kΩ} \times 2 \text{ mA} = 8 \text{ V}$

三极管的交流输入电阻　　　$r_{be} = 300 + (1+\beta)\dfrac{26}{I_{EQ}}\text{V} = 300 + (1+50)\dfrac{26}{2}\Omega = 950\ \Omega \approx 0.95 \text{ kΩ}$

放大器的输入电阻　　　　　$R_i \approx r_{be} = 0.95 \text{ kΩ}$

放大器的输出电阻　　　　　$R_o \approx R_C = 2 \text{ kΩ}$

等效负载电阻　　　　　　　$R_L' = \dfrac{R_C R_L}{R_C + R_L} = 1 \text{ kΩ}$

放大器的电压放大倍数　　　$A_v = -\dfrac{\beta R_L'}{r_{be}} = -\dfrac{50 \times 1}{0.95} = -53$

3.2.2　图解法

图解法是指利用三极管的输入输出特性曲线，通过作图来分析放大器性能的方法。

1. 图解分析放大器的静态工作点

（1）输入回路的图解法。

在图 3-9（a）所示电路中，由 $V_{CC} \rightarrow R_B \rightarrow$ 三极管 B 极 $\rightarrow$ 三极管 E 极 $\rightarrow$ 地构成的回路为直流输入回路。由直流输入回路，利用近似估算法可求 $I_{BQ} \approx \dfrac{V_{CC}}{R_B}$。也可根据在输入特性曲线上过 U_{BEQ} 作垂直于横轴的直线，该直线与输入特性曲线的交点即为静态工作点 Q，该点的纵轴坐标即为 I_{BQ}。

（2）输出回路的图解法。

在图 3-6（a）所示电路中，由 $V_{CC} \rightarrow R_C \rightarrow$ 三极管 C 极 $\rightarrow$ 三极管 E 极 $\rightarrow$ 地构成的回路为直

流输出回路。图 3-6（b）所示的直流通路可画成如图 3-9（a）所示的电路形式。假设它由虚线 AB 暂时隔成两部分：虚线左边是三极管，C 和 E 极间电压 U_{CE} 和集电极电流 I_C 的关系，按三极管输出特性曲线所描述的规律变化；虚线右边是集电极电阻 R_C 和电源 V_{CC} 组成的串联电路，由回路电压定律可知：

$$U_{CE} = V_{CC} - I_C R_C$$

对于一个给定的放大器来说，该方程为一直线方程式，可以在 U_{CE}-I_C 坐标系中画出这条直线，这条直线称为直流负载线，斜率为 $-1/R_C$。

画直流负载线的方法与数学上画直线的方法相同，如图 3-9（b）所示。

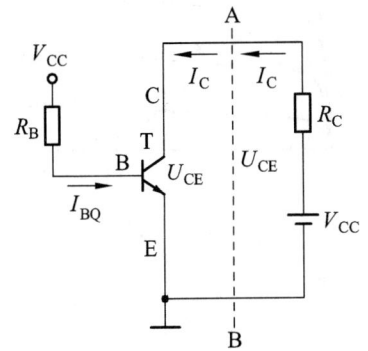

（a）直流等效电路

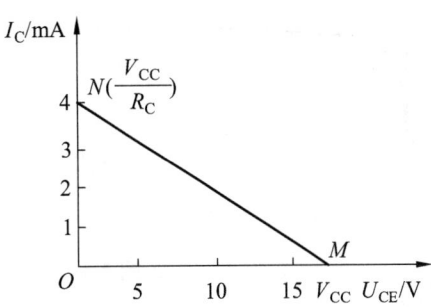

（b）直流负载线

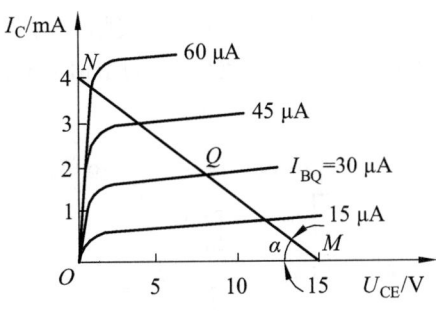

（c）图解静态工作点

图 3-9　作直流负载线确定静态工作点

直流负载线与特性曲线将有许多交点，这些交点既反映了三极管 I_C 和 U_{CE} 的关系，又反映了由 R_C 和 V_{CC} 组成的输出电路中 I_C 与 U_{CE} 之间的关系，所以把这些交点称为放大器的工作点。直流负载线与 I_{BQ} 所在的输出特性曲线的交点即为静态工作点 Q，如图 3-9（c）所示。

图解分析放大器的静态工作点的步骤为：

① 求 I_{BQ}。
② 列直流输出回路中关于 I_C 与 U_{CE} 的线性方程式。
③ 作直流负载线。
④ 直流负载线与 I_{BQ} 所在特性曲线的交点即为静态工作点 Q。

【例 3-2】在如图 3-9（a）所示电路中，已知 $V_{CC}=15$ V，$R_B=500$ kΩ，$R_C=4$ kΩ，三极管的

特性曲线如图3-9(c)所示。试利用图解法求电路的静态工作点。

解：静态基极电流 $I_{BQ} \approx \dfrac{V_{CC}}{R_B} = \dfrac{15\text{ V}}{500 \times 10\text{ k}\Omega} = 0.03\text{ mA} = 30\text{ μA}$

列出输出回路中关于 I_C 与 U_{CE} 的线性方程式 $U_{CE} = V_{CC} - I_C R_C = 15 - 4 I_C$

作直流负载线，如图3-10(a)所示。直流负载线与 I_{BQ} 所在的输出特性曲线的交点 Q 即为静态工作点，如图3-10(b)所示。$I_{BQ}=30\text{ μA}$，$I_{CQ} \approx 2\text{ mA}$，$U_{CEQ} \approx 7\text{ V}$。

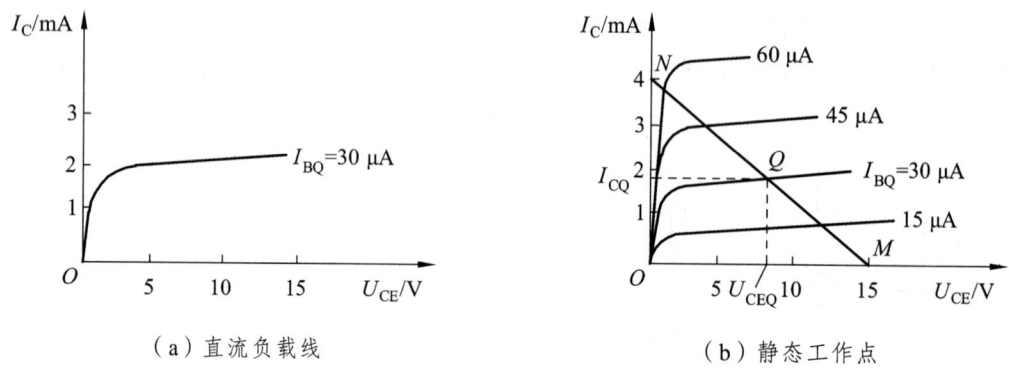

(a) 直流负载线　　　　　　　　(b) 静态工作点

图3-10　放大器的直流负载线

2. 静态工作点的调整

由以上分析可知，静态工作点的位置与 V_{CC}、R_B、R_C 的大小有关。V_{CC}、R_B、R_C 三个参数中任一个改变，静态工作点将会发生相应的变化。在实际应用中，调整静态工作点的位置，一般不采用改变 R_C 和 V_{CC} 来实现，而是通过改变 R_B 的阻值来实现。如图3-11所示电路为实际的基本放大器。

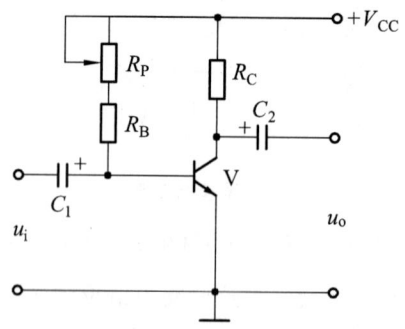

图3-11　实际的基本放大器

3. 图解分析放大器的动态工作情况

由交流通路可知 $u_{ce} = -i_c R'_L$，这是一直线方程，直线的斜率为 $-1/R'_L$，这时的直线称为交流负载线。

静态工作点 Q 是指无信号输入时的工作点，也可以理解为输入信号为零时的动态工作点，所以放大器的交流负载线经过静态工作点。

交流负载线的作法：先作交流负载线的辅助线。辅助线与横轴的交点坐标为 $N(V_{CC}, 0)$，与纵轴的交点坐标为 $L(0, V_{CC}/R_L')$，如图 3-12 所示。然后过 Q 点作辅助线的平行线，即为交流负载线。

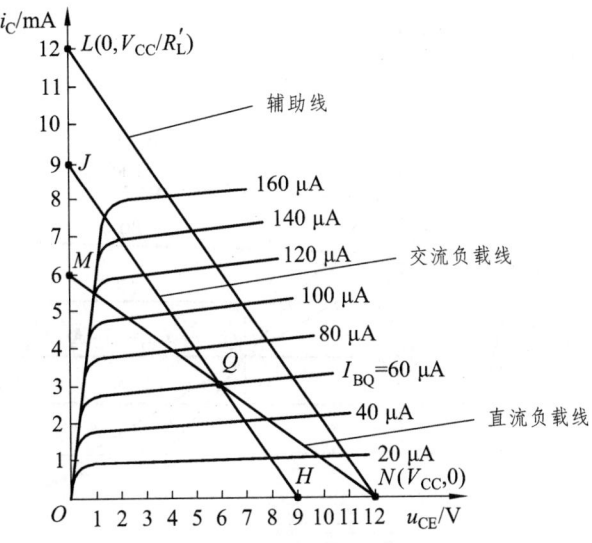

图 3-12 图解分析放大器的交流负载线

利用图解法进行动态分析的具体作法为：

（1）作直流负载线确定静态工作点。

（2）过静态工作点作交流负载线。

（3）已知输入电压 $u_i=U_{im}\sin\omega t$，在输入特性曲线上，u_{BE} 将以 U_{BEQ} 为基础，随 u_i 的变化而变化，如图 3-13 所示。可见，对应的基极电流 i_B 也将以 I_{BQ} 为基础而变化，在最大基极电流 I_{bmax} 和最小基极电流 I_{bmin} 之间变化。

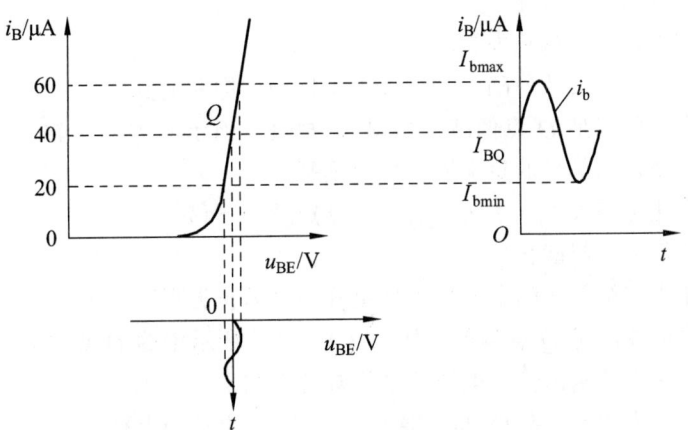

图 3-13 放大器输入图解分析

（4）在输出特性曲线上找出 I_{BQ} 及 I_{bmin} 和 I_{bmax} 对应的特性曲线和交流负载线的交点，可得到相对应的集电极电流的变化范围及集电极与发射极间电压的变化范围，如图 3-14 所示。

（5）求电压放大倍数。

根据输入交流电压 U_{im}，再由图 3-14 求出输出电压 U_{om}。

则根据电压放大倍数的定义可求出 $A_U = U_{om}/U_{im}$

由图解分析可知：u_o 与 u_i 相位相反。

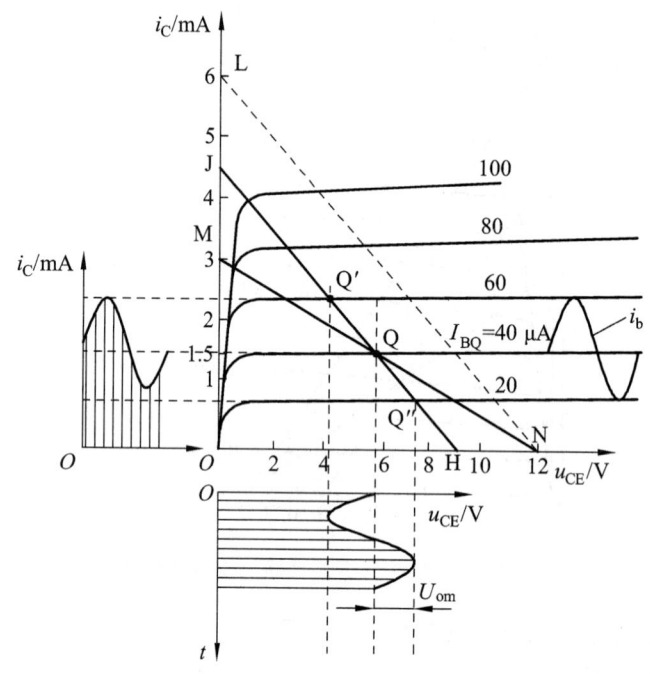

图 3-14 放大器输出图解分析

4. 波形失真与静态工作点的关系

按图 3-15（a）所示做实验。由信号发生器输入适当的正弦波信号，调整静态工作点，观察示波器上输出信号的变化情况。

（1）工作点偏高易引起饱和失真。

输出信号波形负半周被部分削平，这种现象称为"饱和失真"。

产生饱和失真的原因是 Q 点偏高，如图 3-15（b）所示的 Q' 点，输入信号的正半周的一部分进入饱和区，使输出信号的负半周被部分削平。

消除失真的方法是增大 R_B，减小 I_{BQ}，使 Q 点适当下移。

（2）工作点偏低易引起截止失真。

输出信号的正半周被部分削平，这种现象称为"截止失真"。

产生截止失真的原因是 Q 点偏低，如图 3-15（b）所示中的 Q'' 点，输入信号电压负半周有一部分进入截止区，使输出信号电压正半周被部分削平。

消除截止失真的方法是，减小 R_B，增大 I_{BQ}，使 Q 点适当上移。

饱和失真和截止失真分别是因为工作点进入饱和区和截止区（非线性区）而发生的失真。所以饱和失真和截止失真统称为非线性失真。

为使输出信号电压最大且不失真，必须使工作点有较大的动态范围，通常将静态工作点设置在交流负载线的中点附近。

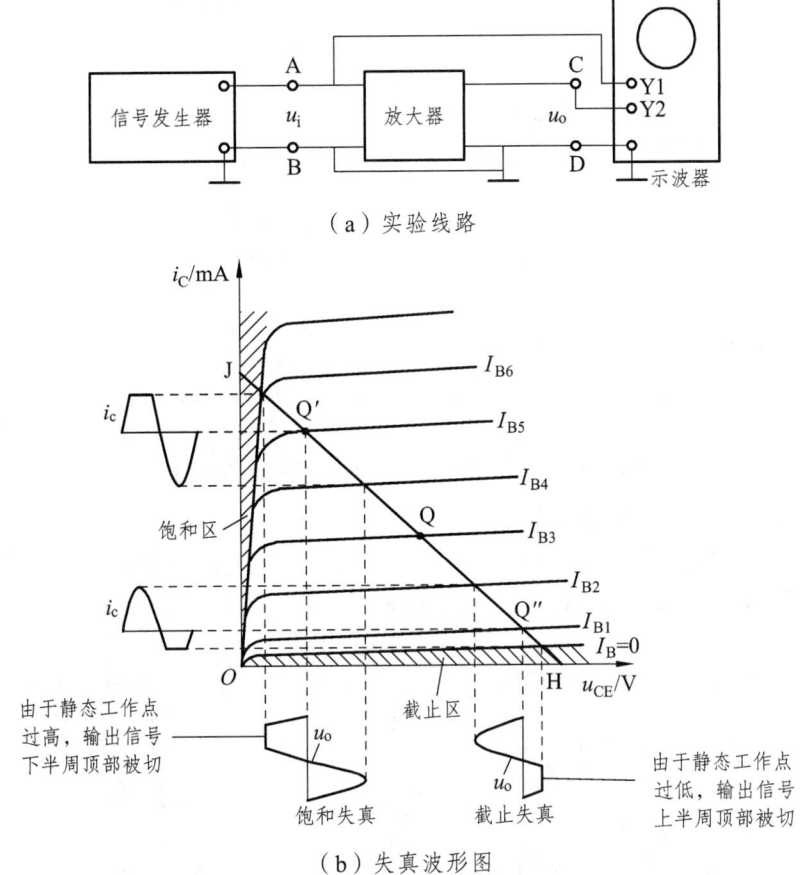

图 3-15 波形失真与静态工作点的关系

3.3 静态工作点的稳定的放大电路分析

前面介绍的共发射极基本放大器是通过调节偏置电阻 R_B 来设置静态工作点的。当偏置电阻 R_B 的阻值确定之后，I_{BQ} 就被确定了，所以，这种电路又称固定偏置电路。这种电路虽然结构简单，但它最大的缺点是静态工作点不稳定，当环境温度变化、电源电压波动，或更换晶体管时都会使原来的静态工作点改变，严重时会使放大器不能正常工作。

3.3.1 影响静态工作点稳定的主要因素

在工作点不稳定的各种因素中，温度是主要因素。因为当环境温度改变时，三极管的参数会发生变化，特性曲线也会发生相应的变化。图 3-16 所示为 3AX31 三极管在 25 ℃ 和 45 ℃ 两种情况下的输出特性曲线。由图可见，当温度升高时，I_B 的曲线升高，表示穿透电流随温度升高而增大，同时各条曲线之间间隔增大，整个曲线簇上移。如果在 25 ℃ 时静态工作点比较合适的话，则在 45 ℃ 时由于曲线上移的结果，必然使静态工作点由正常的 Q 点移到接近饱和区的 Q_1 点，使放大器不能正常工作。

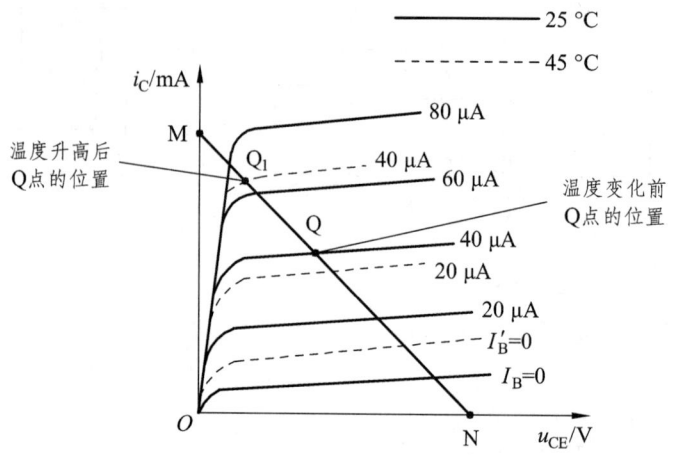

图 3-16 三极管在不同温度时的输出特曲线

怎样减小温度对静态工作点的影响呢？

要使在温度变化时，静态工作点保持稳定不变，可采用分压式射极偏置电路，如图 3-17 所示。下面讨论这个电路的结构特点和工作原理。

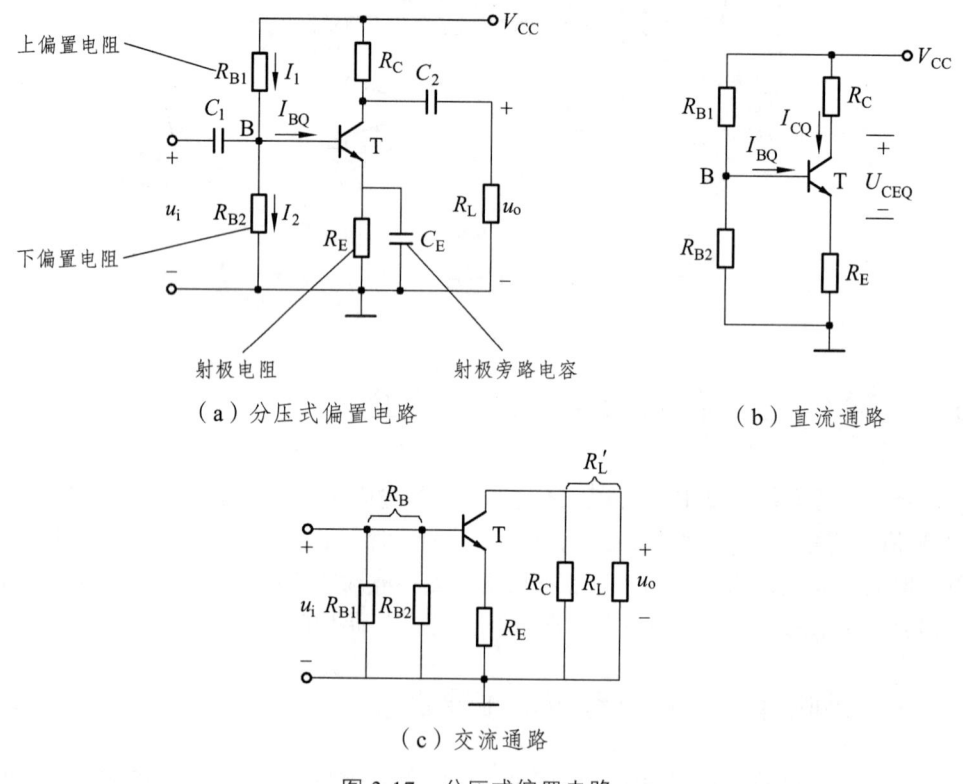

（a）分压式偏置电路　　　（b）直流通路

（c）交流通路

图 3-17 分压式偏置电路

3.3.2 电路结构特点

分压式射极放大器和前面介绍的共发射极基本放大器的区别在于：三极管基极接了两个分压电阻 R_{B1} 和 R_{B2}，发射极串联了电阻 R_E 和电容器 C_E。

（1）利用上偏置电阻 R_{B1} 和下偏置电阻 R_{B2} 组成串联分压器，为基极提供稳定的静态工作电压 U_B。

设流过 R_{B1} 的电流为 I_1，流过 R_{B2} 的电流为 I_2，则 $I_1 = I_2 + I_{BQ}$。

如果电路满足条件

$$I_2 \gg I_{BQ}$$

即可认为 $I_2 \approx I_1$，那么当 I_{BQ} 发生变化时，I_1 几乎不变。故基极电压

$$U_B = \frac{R_{B2}}{R_{B1}+R_{B2}} V_{CC}$$

由此可见，U_B 只取决于 V_{CC}、R_{B1} 和 R_{B2}，它们都不随温度的变化而变化，所以 U_B 将稳定不变。

（2）利用发射极电阻 R_E，自动使静态电流 I_{EQ} 稳定不变。

$$U_B = U_{BEQ} + U_E$$

式中：U_E 为发射极电阻 R_E 上的电压。

若满足 $\qquad U_B \gg U_{BEQ}$

则 $\qquad\qquad\qquad I_{EQ} \approx \dfrac{U_B}{R_E}$

可见静态电流 I_{EQ} 也是稳定的。

综上所述，如果电路能满足 $I_2 \gg I_{BQ}$ 和 $U_B \gg U_{BEQ}$ 两个条件，静态工作电压 U_B、静态工作电流 I_{EQ}（或 I_{CQ}）将主要由外电路参数 V_{CC}、R_{B1} 和 R_{B2} 和 R_E 决定，与环境温度、三极管的参数几乎无关。

3.3.3 工作点稳定原理

这种分压式偏置电路，为什么能使静态工作点基本上维持恒定呢？从物理过程来看，如温度升高，Q 点上移，I_{CQ}（或 I_{EQ}）将增加，而 U_B 是由电阻 R_{B1}、R_{B2} 分压固定的，I_{EQ} 的增加将使外加于三极管的 $U_{BE} = U_B - I_{EQ}R_E$ 减小，从而使 I_{BQ} 自动减小，结果限制了 I_{CQ} 的增加，使 I_{CQ} 基本恒定。以上变化过程可表示为

温度升高（$t\uparrow$）$\to I_{CQ}\uparrow \to I_{EQ}\uparrow \to U_{BE}=(U_B-I_{EQ}R_E)\downarrow \to I_{BQ}\downarrow$
$\qquad\qquad\qquad\qquad I_{CQ}\downarrow \longleftarrow$

可见这种分压式偏置电路能稳定工作点的实质是利用发射极电阻 R_E，将电流 I_{EQ} 的变化转换为电压的变化，加到输入回路，通过三极管基极电流的控制作用，使静态电流 I_{CQ} 稳定不变。

3.3.4 估算静态工作点

图 3-17（b）所示为分压式偏置电路的直流通路，通过直流通路可求出电路的静态工作点如表 3-2。

表 3-2 估算电路的静态工作点

静态工作点		说　明
静态基极电位	$U_B = \dfrac{R_{B2}}{R_{B1}+R_{B2}} V_{CC}$	因为 $I_2 \gg I_{BQ}$
静态发射极电流	$I_{EQ} \approx \dfrac{U_B}{R_E}$	因为 $U_B \gg U_{BEQ}$
静态集电极电流	$I_{CQ} \approx I_{EQ}$	集电极电流 I_{CQ} 和发射极电流 I_{EQ} 相差不大
静态偏置电流	$I_{BQ} \approx \dfrac{I_{CQ}}{\beta}$	根据三极管电流放大原理 $I_{CQ} = \beta I_{BQ}$ 估算
静态集电极电压	$U_{CEQ} = V_{CC} - I_{CQ}(R_C + R_E)$	根据回路电压定律估算

3.3.5 估算输入电阻、输出电阻和电压放大倍数

图 3-17（c）所示为分压式偏置电路的交流通路，交流通路与共发射极基本放大器的交流通路相似，等效电路也相似，其中 $R_B = R_{B1} // R_{B2}$。所以，输入电阻、输出电阻和电压放大倍数的估算公式完全相同。

【例 3-3】在图 3-17（a）中，若 $R_{B2}=2.4\text{ k}\Omega$，$R_{B1}=7.6\text{ k}\Omega$，$R_C=2\text{ k}\Omega$，$R_L=4\text{ k}\Omega$，$R_E=1\text{ k}\Omega$，$V_{CC}=12\text{ V}$，三极管的 $\beta=60$。试求：（1）放大器的静态工作点。（2）放大器的输入电阻 R_i、输出电阻 R_o 及电压放大倍数 A_u。

解：（1）估算静态工作点。

基极电压：$U_B = \dfrac{R_{B2}}{R_{B1}+R_{B2}} V_{CC} = \dfrac{2.4 \times 12}{2.4+7.6}\text{ V} = 2.88\text{ V}$

静态集电极电流：$I_{CQ} \approx I_{EQ} = \dfrac{U_B - U_{BE}}{R_E} = \dfrac{2.88-0.7}{1 \times 10^3}\text{ mA} = 2\text{ mA}$

静态偏置电流：$I_{BQ} = \dfrac{I_{CQ}}{\beta} = \dfrac{2}{60}\ \mu\text{A} \approx 33\ \mu\text{A}$

静态集电极电压：$U_{CEQ} = U_{CC} - I_{CQ}(R_C + R_E) = 12 - 2\times(1+2)\text{ V} = 6\text{ V}$

（2）估算输入电阻 R_i、输出电阻 R_o 及电压放大倍数 A_v。

$$r_{be} = 300 + (1+\beta)\dfrac{26\text{ mV}}{I_{EQ}} = 300 + (1+60)\dfrac{26}{2}\ \Omega = 1093\ \Omega \approx 1\text{ k}\Omega$$

放大器的输入电阻：$R_i \approx r_{be} = 1\text{ k}\Omega$

放大器的输出电阻：$R_o \approx R_C = 2\text{ k}\Omega$

放大器的电压放大倍数：$A_v = -\dfrac{\beta R_L'}{r_{be}}$

其中 $R_L' = \dfrac{R_C R_L}{R_C + R_L} = \dfrac{2 \times 4}{2+4}\text{ k}\Omega = 1.33\text{ k}\Omega$

$$A_v = -\frac{\beta R'_L}{r_{be}} = -\frac{60 \times 1.33}{1} \approx -80$$

分压式偏置电路的静态工作点稳定性好,对交流信号基本无削弱作用。如果放大器满足 $I_2 \gg I_{BQ}$ 和 $U_B \gg U_{BEQ}$ 两个条件,那么静态工作点将主要由电源和电路参数决定,与三极管的参数几乎无关。在更换三极管时,不必重新调整静态工作点,这给维修工作带来了很大方便,所以分压式偏置电路在电气设备中得到了非常广泛的应用。

3.4 放大器的三种基本接法

放大器有共射、共集、共基三种基本接法(又称组态)。前面已经讨论过共射放大器,本节将主要讨论共集、共基放大器,并对三种接法放大器的性能进行分析比较。

3.4.1 共集放大器

共集放大器电路如图 3-18(a)所示。图 3-18(b)、(c)分别为其直流通路和交流通路。

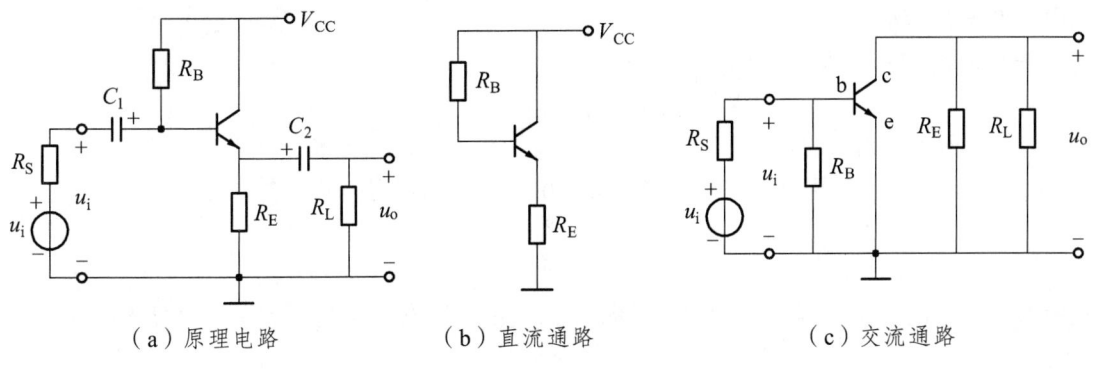

(a)原理电路　　(b)直流通路　　(c)交流通路

图 3-18　共集放大器

由图可知,输入信号是从三极管的基极与集电极之间输入,从发射极与集电极之间输出。集电极为输入与输出电路的公共端,故称共集放大器。由于信号从发射极输出,所以又称射极输出器。

1. 静态工作点的估算

分析该电路的直流通路可知

$$V_{CC} = I_{BQ}R_B + U_{BEQ} + (1+\beta)I_{BQ}R_E$$

由此可得

$$I_{BQ} = \frac{V_{CC} - U_{BEQ}}{R_B + (1+\beta)R_E}$$

$$I_{CQ} = \beta I_{BQ}$$

$$U_{CEQ} = V_{CC} - I_{EQ}R_E \approx V_{CC} - I_{CQ}R_E$$

对 I_{BQ} 计算式中的 $(1+\beta)R_E$ 也可以这样理解：把 R_E 从发射极回路折合到基极回路，电流减小到原来的 $1/(1+\beta)$，因此电阻应折合为 $(1+\beta)R_E$。

2. 电压放大倍数的估算

由交流通路可知，输出电压 u_0 和输入电压 u_i 及三极管发射管发射结电压 u_{be} 三者之间有如下关系

$$u_0 = u_i - u_{be}$$

通常 $u_{be} \ll u_i$，可认为 $u_0 \approx u_i$，所以射极输出器的电压放大倍数总是小于 1 而且接近于 1。这表明射极输出器没有电压放大作用，但射极电流是基极电流的 $(1+\beta)$ 倍，故它有电流放大作用，同时也有功率放大作用。

3. 输入电阻和输出电阻的估算

（1）输入电阻 r_i。在图 3-18（c）中，若先不考虑 R_B 的作用，则输入电阻为

$$r_i' = \frac{u_i}{i_b} = \frac{i_b r_{be} + (1+\beta) i_b R_L'}{i_b}$$

$$= r_{be} + (1+\beta) R_L'$$

式中：$R_L' = R_e // R_L$。

考虑 R_b 的作用，输入电阻应为

$$r_i = R_B // r_i' = R_B // [r_{be} + (1+\beta) R_L']$$

显然，射极输出器的输入电阻比共射放大器的输入电阻大得多。

（2）输出电阻 r_o。根据输出电阻的定义，由交流通路可得

$$r_o = R_E // \frac{r_{be} + R_S'}{1+\beta}$$

式中 $R_S' = R_S // R_B$，R_S 为信号源内阻，考虑到 $R_b \gg R_S$，所以 $R_S' \approx R_S$，若 $r_{be} \gg R_S$，则上式可简化为

$$r_o \approx R_E // \frac{r_{be}}{1+\beta}$$

若

$$R_E \geqslant \frac{r_{be}}{1+\beta}$$

则显然，射极输出器的输出电阻比共射放大器的输出电阻小得多。

4. 射极输出器的特点

综合以上分析可知，射极输出器的特点是：
（1）电压放大倍数小于 1，且接近于 1。
（2）输出电压与输入电压相位相同。
（3）输入电阻大。
（4）输出电阻小。

由于射极输出器的输出电压 u_0 和输入电压 u_i 相位相同且近似相等，可近似看作 u_0 随 u_i 的变化而变化，所以射极输出器又称为射极跟随器，或简称射随器。

5. 射极输出器的应用

射极输出器具有电压跟随作用和输入电阻大、输出电阻小的特点，且有一定的电流和功率放大作用，因而无论是在分立元件多级放大器还是在集成电路中，它都有十分广泛的应用。

（1）用作输入级，因其输入电阻大，可以减轻信号源的负担。

（2）用作输出级，因其输出电阻小，可以提高带负载的能力。

（3）用在两级共射放大器之间作为隔离级（或称缓冲级），因其输入电阻大，对前级影响小；因其输出电阻小，对后级的影响也小，所以可有效地提高总的电压放大倍数。

3.4.2 共基放大器

共基放大器电路如图 3-19 所示。图 3-19（b）、（c）分别为其直流通路和交流通路。

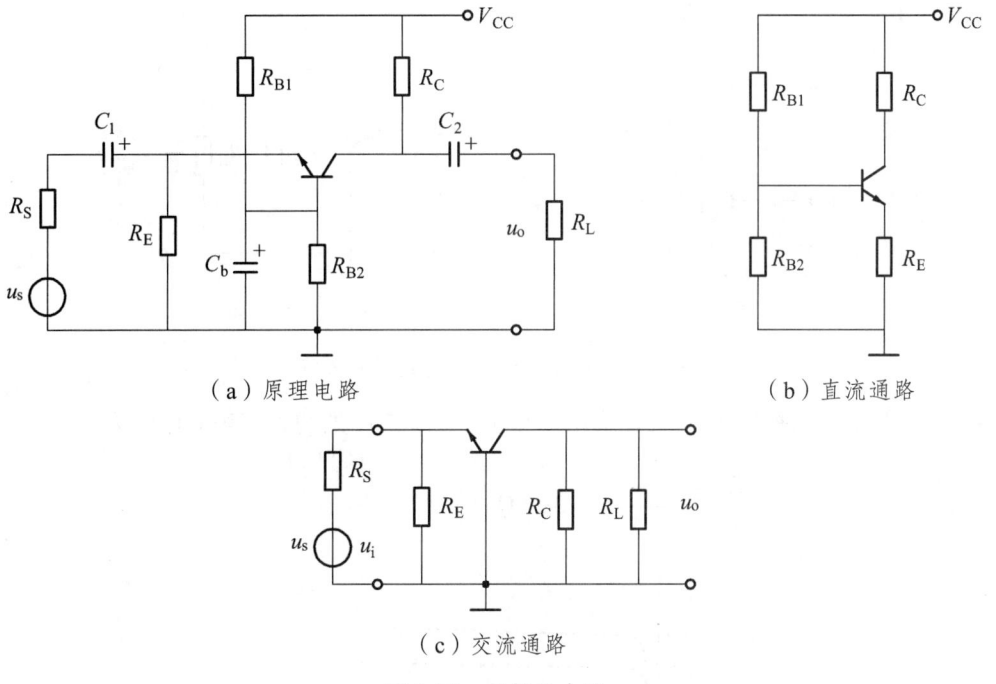

图 3-19 共基放大器

根据直流通路，可以估算它的静态工作点，方法与共射放大器的分压式偏置电路相同。由交流通路可知，基极为输入与输出的公共端。经分析推导可得，电压放大倍数

$$A_v = \frac{\beta R'_L}{r_{be}}$$

式中：$R'_L = R_C // R_L$。

输入电阻

$$r_i \approx R_E // \frac{r_{be}}{1+\beta}$$

输出电阻

$$r_o \approx R_C$$

电压放大倍数 A_v 为正值,表明共基放大器为同相放大器。从计算式来看,A_v 的数值与共射放大器相同,但这里并没有考虑信号源内阻的影响。实际上,由于共基放大器的输入电阻要比共射放大器的输入电阻小得多,因此,当共同考虑信号源内阻时,共基放大器的电压放大倍数也要比共射放大器的电压放大倍数小得多。

共基放大器的电流放大倍数 $\alpha = \dfrac{\Delta I_C}{\Delta I_E}$,其值小于 1,但接近于 1;同时,由于它的输入电阻低而输出电阻高,故共基放大器又有电流接续器之称,即将低阻输入端的电流几乎不衰减地接续到高阻输出端,其功能接近于理想的恒流源。

所谓有源负载,就是利用三极管工作在放大区时,集电极电流只受基极电流控制而与管压降无关的特性构成的电路。实际上也就是一个恒流源电路。在图 3-20 所示电路中,三极管 T_2 即为 T_1 管的有源负载。

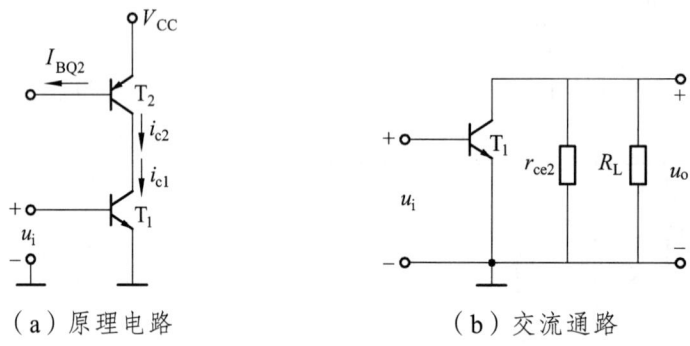

图 3-20 采用有源负载的共射放大器

T_2 管的输出特性曲线如图 3-21 所示,在静态工作点 Q 处的直流等效电阻为

$$R_{CE2} = \dfrac{U_{CEQ}}{I_{CQ}} = \dfrac{5}{1.5} \text{k}\Omega = 3.33 \, \Omega$$

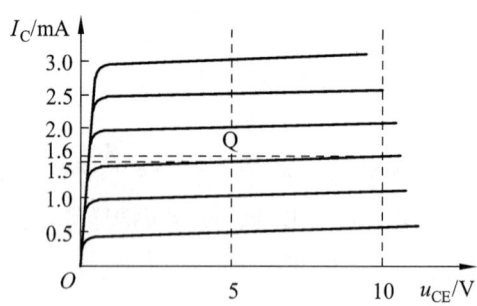

图 3-21 三极管的输出特性曲线

在工作点 Q 附近的交流等效电阻为

$$r_{ce2} = \dfrac{\Delta U_{CE}}{\Delta I_C} = \dfrac{10-5}{1.6-1.5} \text{k}\Omega = 50 \text{ k}\Omega$$

可见 T_2 管所呈现的直流电阻并不大,交流电阻却很大,这就有效地提高了放大器的电压增益。当然,负载 R_L 必须足够大,才能充分发挥有源负载的作用。

3.5 多级放大器

在实际应用中,要把一个微弱的信号放大几千倍或几万倍甚至更大,仅靠单级放大器是不够的,通常需要把若干级放大器连接起来,将信号逐级放大。多级放大器是由若干个单级放大器组成的,其组成框图如图 3-22 所示。多级放大器由输入级、中间级及输出级三部分组成。

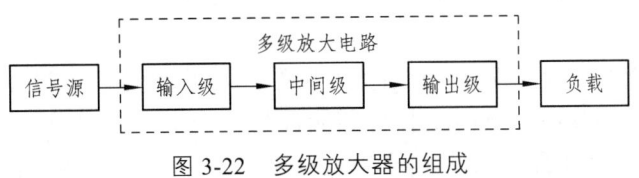

图 3-22 多级放大器的组成

各级放大器之间的连接方式,称为"耦合"。要求前级的输出信号通过耦合不失真地传输到后级的输入端。放大器级与级之间的耦合方式主要有阻容耦合、变压耦合、直接耦合和光电耦合等四种方式。实际使用中,人们将按照不同电路的需要,选择合适的级间耦合方式。

3.6 放大器中的负反馈

在放大器中,信号从输入端输入,经过放大器的放大后,从输出端送给负载,这是信号的正向传输。但在很多放大器中,常将输出信号再反向传输到输入端,这就是反馈。实用的放大器几乎都采用反馈。直流负反馈可以稳定电路的静态工作点,交流负反馈可以改善放大器的性能。

从广义上讲,凡是将输出量送回到输入端,并且对输入量产生影响的过程都称为反馈。放大器中的反馈是指把放大器输出信号(电压或电流)的一部分或全部用一定的方式送回到输入端并与输入信号(电压或电流)叠加,从而改变放大器性能的一种方法。

为了把放大器的输出信号送回到输入端,通常用电阻、电容、电感等元件组成引导反馈信号的电路,称反馈电路,又称反馈网络。反馈电路中的元件称反馈元件,带有反馈电路的放大器称为反馈放大器。

反馈放大器由基本放大器和反馈电路两部分组成,如图 3-23 所示为反馈放大器的方框图。箭头表示信号的传输方向。引入反馈后,使信号既有正向传输又有反向传输,电路形成闭合环路,因此反馈放大器通常称为闭环放大器,而未引入反馈的放大器则称为开环放大器。

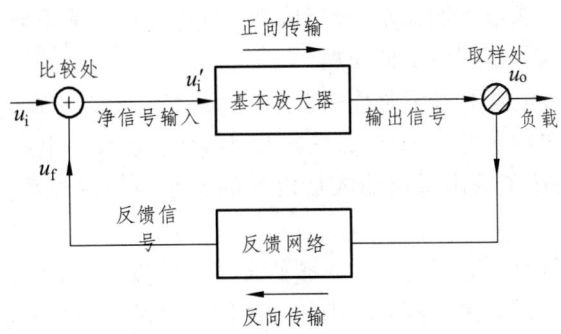

图 3-23 反馈放大器的方框图

课后练习

3-1 为什么说放大器是一种能量控制器件？一台输出功率为 5 W 的音响放大器，这 5 W 功率来自何处？当音响放大器接通电源和微音器，但无人对着微音器讲话时，喇叭无声音发出。于是有人对放大器用两句话来描述："小能量控制大能量，放大对象是变化量。"你对此有何体会？

3-2 放大电路为什么要设置合适的 Q 点？在图 3-25 所示电路中，设 R_B=300 kΩ，R_C=4 kΩ，V_{CC}=12 V。如果使 I_B=0 μA 或 80 μA，问电路能否正常工作？

3-3 在图 3-24 所示电路中，设 R_B=300 kΩ，R_C=4 kΩ，V_{CC}=12 V。若 R_L≈∞，如何确定交流负载线？

3-4 当测量图 3-25 中的集电极电压 V_{CE} 时，发现它的值与 V_{CC}=12 V 接近，问管子处于什么工作状态？试分析其原因，并排除故障使之正常工作。

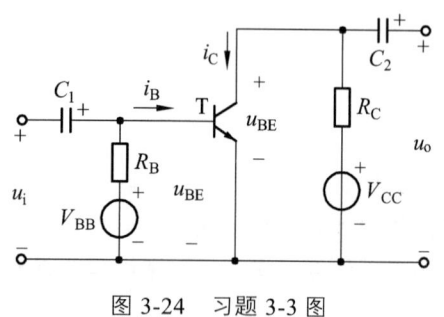

图 3-24 习题 3-3 图

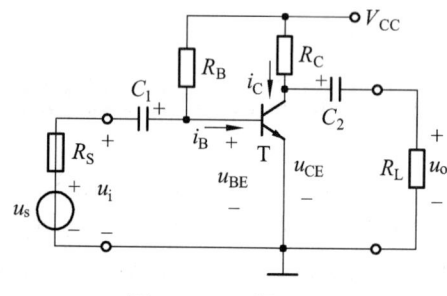

图 3-25 习题 3-4 图

3-5 BJT 的小信号模型是在什么条件下建立的？其中的受控电源的性质如何？

3-6 在画小信号等效电路时，常将电路中的直流电源短路，即把直流电源 V_{CC} 的正端看成直流正电位或交流地电位。对此你如何理解？

3-7 在简化的 BJT 小信号模型中，两个参数 r_{be} 和 β 怎样求得？若用万用表的欧姆挡测量两极 b、e 之间的电阻，是否为 r_{be}？

3-8 试比较图解分析法和小信号模型分析法的特点和应用范围。

3-9 放大电路工作点不稳定的主要原因是什么？

3-10 试列举几种稳定工作点的措施，并说明理由。

3-11 在电子设备中，如果某只 BJT 已失效，需要加以更换，但由于半导体器件特性的离散性，新换上的管子的参数（例如 β）可能偏高，Q 点与更换前不同，将向上移动，试问所讨论的稳定工作点的方法，能否解决此问题？

3-12 既然共集电极电路的电压增益小于 1（接近 1），那么它在电路中能起什么作用？

3-13 共射、共集和共基表示 BJT 的三种电路接法，而反相电压放大器，电压跟随器和电流跟随器则相应地表达了输出量与输入量之间的大小与相位关系，如何从物理概念上来理解？

3-14 一个放大电路的理想频响是一条水平线，而实际放大电路的频响一般只有在中频区是平坦的，而在低频区或高频区，其频响则是衰减的，这是由哪些因素引起的？

3-15 放大电路的通频带是怎样定义的？

3-16 多级放大电路的频带宽度为什么比其中的任一单级电路的频带窄？

3-17 测得某放大电路中 BJT 的三个电极 A、B、C 的对地电位分别为 V_A=-9 V，V_B=-6 V，V_C=-6.2 V，试分析指出 A、B、C 对应的基极 b、发射极 e、集电极 c，并说明此 BJT 是 NPN 管还是 PNP 管。

3-18 电路如图 3-26 所示。若输入信号源的 u_s 的有效值 U_s=20 mV，用直流电压表和电流表分别测得 U_{CE}=8 V，U_{BE}=0.7 V，I_B=20 μA。判断下列结论正确与否，并说明理由。

① $A_v=U_{CE}/U_{BE}$=8/0.7≈11.4。

② $R_i=U_s/I_B$=20/20=1kΩ。

③ $A_{vs}=-\beta R_C/R_i$=-50×4/1=-200。

④ $R_o=R_C//R_L$=4∥4=2kΩ。

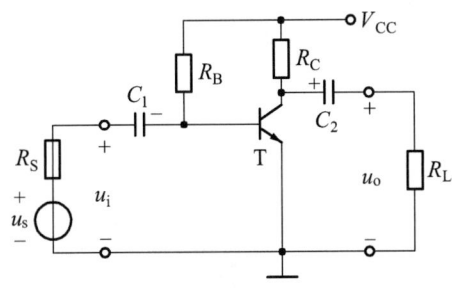

图 3-26 习题 3-18 图

3-19 在图 3-27 所示电路中，V_{CC}=10 V，R_C=10 kΩ，R_B=510 kΩ，R_L=1.5 kΩ，三极管 VT 为硅 NPN 管，其 β=50。

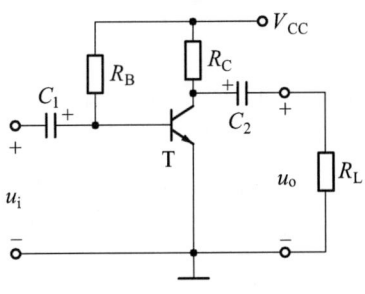

图 3-27 习题 3-19 图

① 估算工作点 Q，问 Q 点合适否？

② 欲使 I_C=2 mA，U_{CE}=2 V，在不改变 V_{CC} 和不更换管子的情况下可采取什么措施？

3-20 求图 3-28 所示的射极输出器的 A_v、R_i 和 R_o。设三极管的 U_{BE}=0.7 V，β=50，$r_{bb'}$=100 Ω。

3-21 电路如图 3-29 所示，三极管参数 U_{BE}=0.7 V，$r_{bb'}$=100 Ω，β=50，$U_{CE,sat}$=0.3 V。

① 求静态电流 I_C。

② 求分别从集电极和发射极输出时的输入电阻、输出电阻和电压放大倍数 $A_{vs1}=u_{o1}/u_s$，$A_{v2}=u_{o2}/u_s$。

③ u_{o1} 与 u_{o2} 大概是一对什么信号？

④ 求分别从集电极和发射极输出时的最大输出电压幅值 $U_{o,max1}$、$U_{o,max2}$。

⑤ 若分别在集电极和发射极到地之间接上负载 $R_L=2\ \text{k}\Omega$，问 u_{o1} 和 u_{o2} 哪个变化大？为什么？

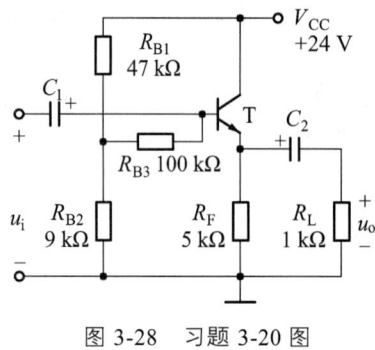

图 3-28 习题 3-20 图

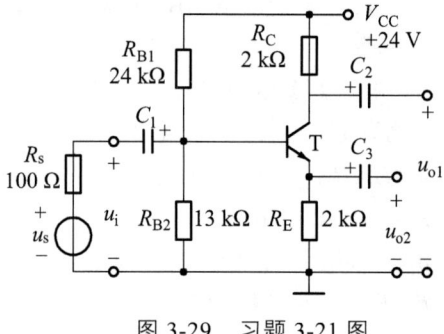

图 3-29 习题 3-21 图

第 4 章　集成运算放大器及其应用

在半导体制造工艺的基础上，把整个电路中的元器件制作在一块硅基片上，构成具有特定功能的电子电路，称为集成电路。

集成电路具有体积小、质量轻、引出线和焊接点少、寿命长、可靠性高、性能好等优点，同时成本低，便于大规模生产，因此其发展速度极为惊人。目前集成电路的应用几乎遍及所有产业的各种产品。在军事设备、工业设备、通信设备、计算机和家用电器等中都采用了集成电路。

集成电路按其功能来分，有数字集成电路和模拟集成电路。模拟集成电路种类繁多，有运算放大器、宽频带放大器、功率放大器、模拟乘法器、模拟锁相环、模/数和数/模转换器、稳压电源和音像设备中常用的其他模拟集成电路等。

在模拟集成电路中，集成运算放大器（简称集成运放）是应用极为广泛的一种，也是其他各类模拟集成电路应用的基础，因此这里首先给予介绍。

4.1　集成电路与运算放大器简介

4.1.1　集成运放概述

集成运放是模拟集成电路中应用最为广泛的一种，它实际上是一种高增益、高输入电阻和低输出电阻的多级直接耦合放大器。之所以被称为运算放大器，是因为该器件最初主要用于模拟计算机中实现数值运算。实际上，目前集成运放的应用早已远远超出了模拟运算的范围，但仍沿用了运算放大器（简称运放）的名称。

集成运放的发展十分迅速。通用型产品经历了四代更替，各项技术指标不断改进。同时，发展出了适应特殊需要的各种专用型集成运放。

第一代集成运放以 μA709（我国的 FC3）为代表，其特点是采用了微电流的恒流源、共模负反馈等电路，它的性能指标比一般的分立元件要提高。其主要缺点是内部缺乏过电流保护，输出短路容易损坏。

第二代集成运放以 20 世纪 60 年代的 μA741 型高增益运放为代表，它的特点是普遍采用了有源负载，因而在不增加放大级的情况下可获得很高的开环增益。电路中还有过流保护措施。但是输入失调参数和共模抑制比指标不理想。

第三代集成运放代以 20 世纪 70 年代的 AD508 为代表，其特点是输入级采用了"超 β 管"，且工作电流很低，从而使输入失调电流和温漂等项参数值大大下降。

第四代集成运放以 20 世纪 80 年代的 HA2900 为代表，它的特点是制造工艺达到大规模集成电路的水平，将场效应管和双极型管兼容在同一块硅片上，输入级采用 MOS 场效应管，输入电阻达 100 MΩ，而且采取调制和解调措施，成为自稳零运算放大器，使失调电压和温漂进一步降低，一般无须调零即可使用。

目前，集成运放和其他模拟集成电路正向高速、高压、低功耗、低零漂、低噪声、大功率、大规模集成、专业化等方向发展。

除了通用型集成运放外，有些特殊需要的场合要求使用某一特定指标相对比较突出的运放，即专用型运放。常见的专用型运放有高速型、高阻型、低漂移型、低功耗型、高压型、大功率型、高精度型、跨导型、低噪声型等。

4.1.2 模拟集成电路的特点

由于受制造工艺的限制，模拟集成电路与分立元件电路相比具有如下特点：

1. 采用有源器件

由于制造工艺的原因，在集成电路中制造有源器件比制造大电阻容易实现。因此大电阻多用有源器件构成的恒流源电路代替，以获得稳定的偏置电流。BJT 比二极管更易制作，一般用集-基短路的 BJT 代替二极管。

2. 采用直接耦合作为级间耦合方式

由于集成工艺不易制造大电容，集成电路中电容量一般不超过 100 pF，至于电感，只能限于极小的数值（1 μH 以下）。因此，在集成电路中，级间不能采用阻容耦合方式，均采用直接耦合方式。

3. 采用多管复合或组合电路

集成电路制造工艺的特点是晶体管特别是 BJT 或 FET 最容易制作，而复合和组合结构的电路性能较好，因此，在集成电路中多采用复合管（一般为两管复合）和组合（共射-共基、共集-共基组合等）电路。

4.1.3 集成运放的基本组成

集成运放的类型很多，电路也不尽相同，但结构具有共同之处，其一般的内部组成原理框图如图 4-1 所示，它主要由输入级、中间级、输出级和偏置电路四个主要环节组成。输入级主要由差动放大电路构成，以减小运放的零漂和其他方面的性能，它的两个输入端分别构成整个电路的同相输入端和反相输入端。中间级的主要作用是获得高的电压增益，一般由一级或多级放大器构成。输出级一般由电压跟随器（电压缓冲放大器）或互补电压跟随器组成，以降低输出电阻，提高运放的带负载能力和输出功率。偏置电路则是为各级提供合适的工作点及能源的。此外，为获得电路性能的优化，集成运放内部还增加了一些辅助环节，如电平移动电路、过载保护电路和频率补偿电路等。

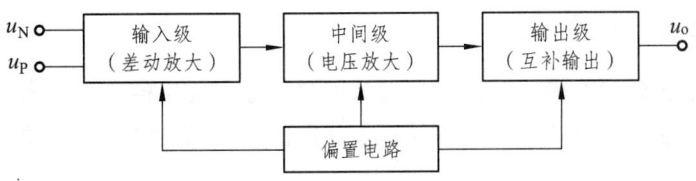

图 4-1 集成运放的组成

集成运放的电路符号如图 4-2 所示（省略了电源端、调零端等）。集成运放有两个输入端分别称为同相输入端 u_P 和反相输入端 u_N，一个输出端 u_o。其中的"−""+"分别表示反相输入端 u_N 和同相输入端 u_P。在实际应用时，需要了解集成运放外部各引出端的功能及相应的接法，但一般不需要画出其内部电路。

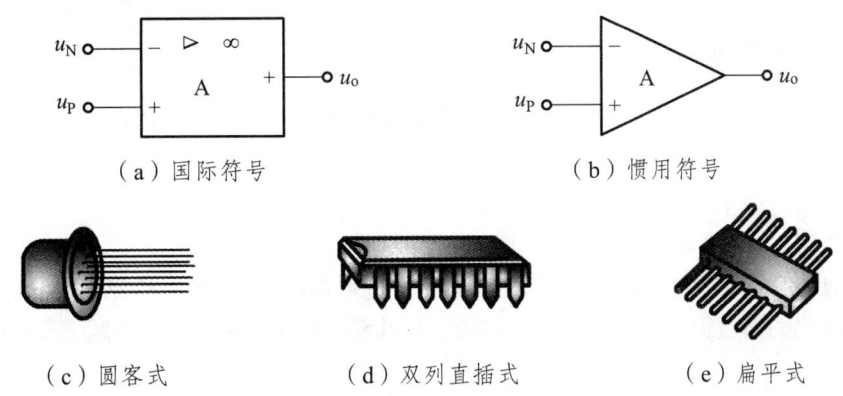

图 4-2 集成运放的电路符号及外形图

4.1.4 集成运放的主要参数

集成运放的参数正确、选择合理是使用运放的基本依据，因此了解其各性能参数及其意义是十分必要的。集成运放的主要参数有以下几种。

1. 开环差模电压增益 A_{od}

开环差模电压增益是指运放在开环、线性放大区并在规定的测试负载和输出电压幅度的条件下的直流差模电压增益（绝对值）。一般运放的 A_{od} 为 60~120 dB，性能较好的运放 A_{od} > 140 dB。

值得注意的是，一般希望 A_{od} 越大越好，实际的 A_{od} 与工作频率有关，当频率大于一定值后，A_{od} 随频率升高而迅速下降。

2. 温度漂移

放大器的零点漂移的主要来源是温度漂移，而温度漂移对输出的影响可以折合为等效输入失调电压 U_{IO} 和输入失调电流 I_{IO}，因此可以用以下指标来表示放大器的温度稳定性即温漂指标。

在规定的温度范围内，输入失调电压的变化量 ΔU_{IO} 与引起 U_{IO} 变化的温度变化量 ΔT 之比，称为输入失调电压/温度系数 $\Delta U_{IO}/\Delta T$。$\Delta U_{IO}/\Delta T$ 越小越好，一般为 ±（10~20）μV/°C。

3. 最大差模输入电压 $U_{id,max}$

这是指集成运放的两个输入端之间所允许的最大输入电压值。若输入电压超过该值,则可能使运放输入级 BJT 的其中一个发射结产生反向击穿。显然这是不允许的。$U_{id,max}$ 大一些好,一般为几到几十伏。

4. 最大共模输入电压 $U_{ic,max}$

这是指运放输入端所允许的最大共模输入电压。若共模输入电压超过该值,则可能造成运放工作不正常,其共模抑制比 K_{CMR} 将明显下降。显然,$U_{ic,max}$ 大一些好,高质量运放最大共模输入电压可达十几伏。

5. 单位增益带宽 f_T

f_T 是指使运放开环差模电压增益 A_{od} 下降到 0dB(即 $A_{od}=1$)时的信号频率,它与三极管的特征频率 f_T 相类似,是集成运放的重要参数。

6. 开环带宽 f_H

f_H 是指使运放开环差模电压增益 A_{od} 下降为直流增益的 $1/\sqrt{2}$ 倍(相当于-3 dB)时的信号频率。由于运放的增益很高,因此 f_H 一般较低,约几赫兹至几百赫兹左右(宽带高速运放除外)。

7. 转换速率 S_R

这是指运放在闭环状态下,输入为大信号(如矩形波信号等)时,其输出电压对时间的最大变化速率,即

$$S_R = \left| \frac{du_o(t)}{dt} \right|_{max}$$

转换速率 S_R 反映运放对高速变化的输入信号的响应情况,主要与补偿电容、运放内部各管的极间电容、杂散电容等因素有关。S_R 大一些好,S_R 越大,则说明运放的高频性能越好。一般运放 S_R 小于 1 V/μs,高速运放可达 65 V/μs。

需要指出的是,转换速率 S_R 是由运放瞬态响应情况得到的参数,而单位增益带宽 f_T 和开环带宽 f_H 是由运放频率响应(即稳态响应)情况得到的参数,它们均反映了运放的高频性能,从这一点来看,它们的本质是一致的。但它们分别是在大信号和小信号的条件下得到的,从结果看,它们之间有较大的差别。

8. 最大输出电压 $U_{o,max}$

最大输出电压 $U_{o,max}$ 是指在一定的电源电压下,集成运放的最大不失真输出电压的峰-峰值。

除上述指标外,集成运放的参数还有共模抑制比 K_{CMR}、差模输入电阻 R_{id}、共模输入电阻 R_{ic}、输出电阻 R_o、电源参数、静态功耗 P_C 等,其含义可查阅相关手册,这里不再赘述。

4.2 差动放大电路

4.2.1 零点漂移

集成运放电路各级之间均采用直接耦合方式。直接耦合放大电路具有良好的低频特性，可以放大缓慢变化甚至接近于零频（直流）的信号（如温度、湿度等缓慢变化的传感信号），但却有一个致命的缺点，即当温度变化或电路参数等因素稍有变化时，电路工作点将随之变化，输出端电压偏离静态值（相当于交流信号零点）而上下漂动，这种现象称为"零点漂移"，简称"零漂"。

由于存在零漂，即使输入信号为零，也会在输出端产生电压变化从而造成电路误动作，显然这是不允许的。当然，如果漂移电压与输入电压相比很小，则影响不大，但如果输入端等效漂移电压与输入电压相比很接近或很大，即漂移严重时，则有用信号就会被漂移信号严重干扰，结果使电路无法正常工作。容易理解，多级放大器中第一级放大器零漂的影响最为严重。如放大器第一级的静态工作点由于温度的变化，使电压稍有偏移时，第一级的输出电压就将发生微小的变化，这种缓慢微小的变化经过多级放大器逐步放大后，输出端就会产生较大的漂移电压。显然，直流放大器的级数越多，放大倍数越高，输出的漂移现象越严重。

因此，直接耦合放大电路必须采取措施来抑制零漂。抑制零点漂移的措施通常采用以下几种：第一是采用质量好的硅管。硅管受温度的影响比锗管小得多，所以目前要求较高的直流放大器的前置放大级几乎都采用硅管。第二是采用热敏元件进行补偿。就是利用温度对非线性元件（晶体管二极管、热敏电阻等）的影响，来抵消温度对放大电路中三极管参数的影响所产生的漂移。第三是采用差动式放大电路。这是一种广泛应用的电路，它是利用特性相同的晶体管进行温度补偿来抑制零点漂移的，将在下面介绍。

4.2.2 简单差动放大电路

差动放大电路又称为差分放大器。这种电路能有效地减少三极管的参数随温度变化所引起的漂移，较好地解决了在直流放大器中放大倍数和零点漂移的矛盾，因而在分立元件和集成电路中获得了十分广泛的应用。

1. 电路组成和工作原理

简单差动放大电路如图 4-3 所示，它由两个完全对称的单管放大电路构成，有两个输入端和两个输出端。其中三极管 T_1、T_2 的参数和特性完全相同（如 $\beta_1=\beta_2=\beta$ 等），$R_{B1}=R_{B2}=R_B$，$R_{C1}=R_{C2}=R_C$。显然，两个单管放大电路的静态工作点和电压增益等均相同。当然，实际电路总存在一定的差异，不可能完全对称，但在集成电路中，这种差异很小。

由于两管电路完全对称，因此，静态（$u_i=0$）时，直流工作点 $U_{C1}=U_{C2}$，此时电路的输出 $u_o=U_{C1}-U_{C2}=0$（这种情况称为零输入时零输出）。当温度变化引起管子参数变化时，每一单管放大器的工作点必然随之改变（存在零漂），但由于电路的对称性，U_{C1} 和 U_{C2} 同时增大或减小，并保持 $U_{C1}=U_{C2}$，即始终有输出电压 $u_o=0$，或者说零漂被抑制了。这就是差动放大电路抑制零漂的原理。

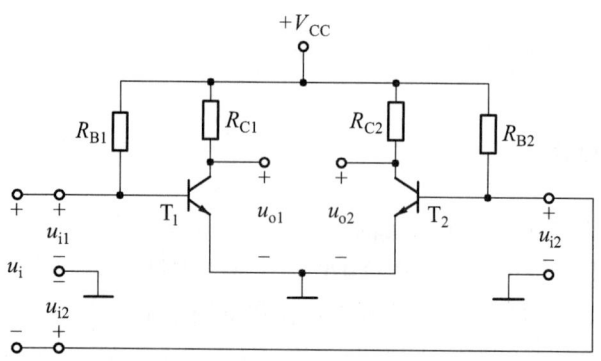

图 4-3 简单差动放大电路

设每个单管放大电路的放大倍数为 A_{u1}，在电路完全对称的情况下，有

$$A_{u1} = \frac{u_{o1}}{u_{i1}} = \frac{u_{o2}}{u_{i2}} \approx -\frac{\beta R_c}{r_{be}} \tag{4-1}$$

显然 $u_{o1}=A_{u1}u_{i1}$，$u_{o2}=A_{u1}u_{i2}$，而差动放大电路的输出取自两个对称单管放大电路的两个输出端之间（称为平衡输出或双端输出），其输出电压

$$u_o = u_{o1} - u_{o2} = A_{u1}(u_{i1} - u_{i2}) \tag{4-2}$$

由式（4-2）可知，差动放大电路输出电压与两单管放大电路的输入电压之差成正比，"差动"的概念由此而来。

实际的输入信号（即有用信号）电压通常加到两个输入端之间（称为平衡输入或双端输入），由于电路对称，因此两管的发射结电流大小相等、方向相反，此时若一管的输出电压升高，另一管则降低，且有 $u_{o1}=-u_{o2}$，所以 $u_o=u_{o1}-u_{o2}=2u_{o1}$，因此输出电压不但不会为 0，反而比单管输出大一倍。这就是差动放大电路可以有效放大有用输入信号的原理。

设有用信号输入时，两管各自的输入电压（参考方向均为 b 极指向 e 极）分别用 u_{id1} 和 u_{id2} 表示，则有 $u_{id1}=u_i/2$，$u_{id2}=-u_i/2$，$u_{id1}=-u_{id2}$。

显然，u_{id1} 与 u_{id2} 大小相等、极性相反，通常称它们为一对差模输入信号或差模信号。而电路的差动输入信号则为两管差模输入信号之差，即 $u_{id}=u_{id1}-u_{id2}=2u_{id1}=u_i$。在只有差模输入电压 u_{id} 作用时，差动放大电路的输出电压就是差动输出电压 u_{od}。通常把输入差模信号时的放大器增益称为差模增益，用 A_{ud} 表示，即

$$A_{ud} = \frac{u_{od}}{u_{id}} \tag{4-3}$$

显然，差模增益就是通常的放大器的电压增益，对于简单差动放大电路，有

$$A_{ud} = A_u = A_{u1} \approx -\frac{\beta R_c}{r_{be}} \tag{4-4}$$

差模增益 A_{ud} 表示电路放大有用信号的能力。一般情况下要求 $|A_{ud}|$ 尽可能大。

以上讨论的是差动放大电路如何放大有用信号。下面介绍它是如何抑制零漂信号（即共模信号）的。

设在一定的温度变化值 ΔT 的情况下，两个单管放大器的输出漂移电压分别为 u_{oc1} 和 u_{oc2}，

u_{oc1} 和 u_{oc2} 折合到各自输入端的等效输入漂移电压分别为 u_{ic1} 和 u_{ic2}，显然有

$$u_{oc1}=u_{oc2}, \quad u_{ic1}=u_{ic2}$$

将 u_{ic1} 与 u_{ic2} 分别加到差动放大电路的两个输入端，它们大小相等、极性相同，通常称它们为一对共模输入信号或共模信号。共模信号可以表示为 $u_{ic1}=u_{ic2}=u_{ic}$。显然，共模信号并不是实际的有用信号，而是温度等因素变化所产生的漂移或干扰信号，因此需要进行抑制。

当只有共模输入电压 u_{ic} 作用时，差动放大电路的输出电压就是共模输出电压 u_{oc}，通常把输入共模信号时的放大器增益称为共模增益，用 A_{uc} 表示，则

$$A_{uc} = \frac{u_{oc}}{u_{ic}} \tag{4-5}$$

在电路完全对称情况下，差动放大电路双端输出时的 $u_{oc}=0$，则 $A_{uc}=0$。共模增益 A_{uc} 表示电路抑制共模信号的能力。$|A_{uc}|$ 越小，电路抑制共模信号的能力也越强。当然，实际差动放大电路的两个单管放大器不可能做到完全对称，因此 A_{uc} 不可能完全等于 0。

需要指出的是，差动放大电路实际工作时，总是既存在差模信号，也存在共模信号，因此，实际的 u_{i1} 和 u_{i2} 可表示为

$$u_{i1}=u_{ic}+u_{id1}$$
$$u_{i2}=u_{ic}+u_{id2}=u_{ic}-u_{id1}$$

由上述二式容易得到：

$$u_{ic}=(u_{i1}+u_{i2})/2 \tag{4-6}$$
$$u_{id1}=-u_{id2}=(u_{i1}-u_{i2})/2$$

电路的差模输入电压

$$u_{id}=2u_{id1}=u_{i1}-u_{i2}=u_i \tag{4-7}$$

2. 共模抑制比

在差模信号和共模信号同时存在的情况下，若电路基本对称，则对输出起主要作用的是差模信号，而共模信号对输出的作用要尽可能被抑制。为定量反映放大器放大有用的差模信号和抑制有害的共模信号的能力，通常引入参数共模抑制比，用 K_{CMR} 表示。它定义为

$$K_{CMR} = \left|\frac{A_{ud}}{A_{uc}}\right| \tag{4-8a}$$

共模抑制比用分贝表示则为

$$K_{CMR} = 20\lg\left|\frac{A_{ud}}{A_{uc}}\right| \text{ (dB)} \tag{4-8b}$$

显然，K_{CMR} 越大，输出信号中的共模成分相对越少，电路对共模信号的抑制能力就越强。

4.2.3 射极耦合差动放大电路

前面所讨论的简单差动放大电路在实际应用中存在以下不足。

① 即使电路完全对称，每一单管放大电路仍存在较大的零漂，在单端输出（非对称输出，即输出取自任一单管放大电路的输出）的情况下，该电路和普通放大电路一样，没有任何抑制零漂的能力。电路不完全对称时，抑制零漂的作用明显变差。

② 每一单管放大电路存在的零漂（即工作点的漂移）可能使它们均工作于饱和区，从而使整个放大器无法正常工作。

采用射极耦合差动放大电路可以较好地克服简单差动放大电路的不足，一种实用的射极耦合差动放大电路如图 4-4（a）所示，电路中接入 $-V_{EE}$ 的目的是保证输入端在未接信号时基本为零输入（I_B、R_B 均很小），同时又给 BJT 发射结提供了正偏。其中：$R_{C1}=R_{C2}=R_C$，$R_{B1}=R_{B2}=R_B$。

由图 4-4（a）可以看出，射极耦合差动放大电路与简单差动放大电路的关键不同之处在于两管的发射极串联了一个公共电阻 R_E（因此也称为电阻长尾式差动放大电路），而正是 R_E 的接入使得电路的性能发生了明显变化。

当输入信号为差模信号时，$u_{i1}=-u_{i2}=u_{id}/2$，因此两管的发射极电流 i_{E1} 和 i_{E2} 将一个增大，另一个同量减小，即流过 R_E 的电流 $i_E=i_{E1}+i_{E2}$ 保持不变，R_E 两端的电压也保持不变（相当于交流 $i_E=0$，$u_E=0$），也就是说，R_E 对差模信号可视为短路，由此可得该电路的差模交流通路如图 4-4（b）所示。显然，R_E 的接入对差模信号的放大没有任何影响。

当输入（等效输入）信号为共模信号时，则 $u_{ic1}=u_{ic2}=u_{ic}$，因此两管的发射极电流 i_{E1} 和 i_{E2} 将同时同量增大或减小，相当于交流 $i_{E1}=i_{E2}$，即 $i_E=i_{E1}+i_{E2}=2i_{E1}$，$u_E=i_E R_E=2i_{E1}R_E$。容易看出，此时 R_E 对每一单管放大电路所呈现的等效电阻为 $2R_E$，由此可得该电路的共模交流通路如图 4-4（c）所示。显然，R_E 的接入对共模信号产生了明显影响，这个影响就是每一单管放大电路相当于引入了反馈电阻为 $2R_E$ 的电流串联负反馈。当 R_E 较大时，单端输出的共模增益也很低，有效地抑制了零漂，并稳定了静态工作点。

由图 4-4（c）可以看出，R_E 越大，共模负反馈越深，可以有效地提高差动放大电路的共模抑制比。但由于集成电路制造工艺的限制，R_E 不可能很大；另外，R_E 太大，则要求负电源电压也很高（以产生一定的直流偏置电流），这一点对电路的实现是不利的。针对上述问题，可以考虑将 R_E 用直流恒流源来代替。

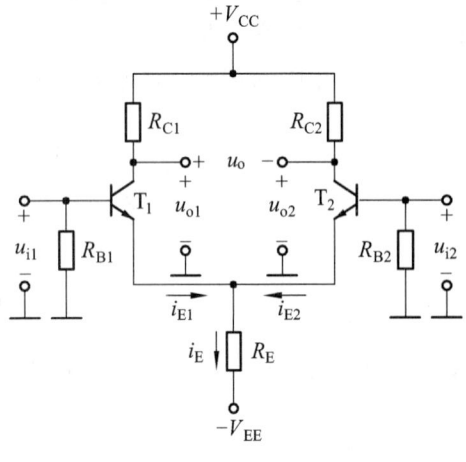

（a）基本电路

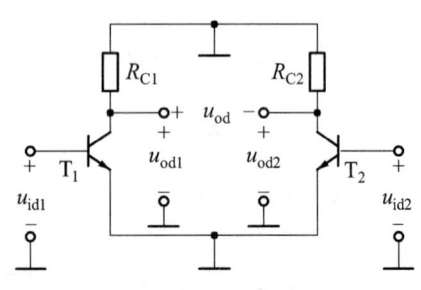

（b）差模交流通路

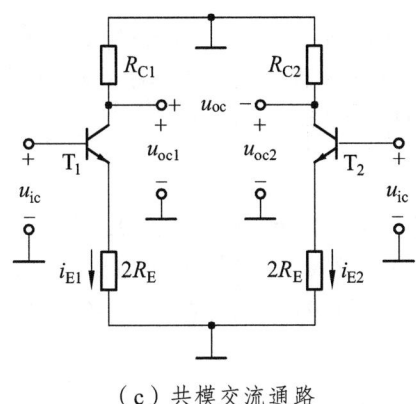

（c）共模交流通路

图 4-4　射极耦合差动放大电路

4.3　集成运放的应用

集成运放应用十分广泛，电路的接法不同，集成运放电路所处的工作状态也不同，电路也就呈现出不同的特点。因此可以把集成运放的应用分为两类：线性应用和非线性应用。

4.3.1　集成运放的线性应用

在集成运放的线性应用电路中，集成运放与外部电阻、电容和半导体器件等一起构成深度负反馈电路或兼有正反馈而以负反馈为主。此时，集成运放本身处于线性工作状态，即其输出量和净输入量成线性关系，但整个应用电路的输出和输入也可能是非线性关系。

需要说明的是，在实际的电路设计或分析过程中常常把集成运放理想化。理想运放具有以下理想参数：

① 开环电压增益 $A_{od} \rightarrow \infty$。
② 差模输入电阻 $r_{id} \rightarrow \infty$。
③ 输出电阻 $r_{od}=0$。
④ 共模抑制比 $K_{CMR} \rightarrow \infty$，即没有温度漂移。
⑤ 开环带宽 $f_H \rightarrow \infty$。
⑥ 转换速率 $S_R \rightarrow \infty$。
⑦ 输入端的偏置电流 $I_{BN}=I_{BP}=0$。
⑧ 干扰和噪声均不存在。

在一定的工作参数和运算精度要求范围内，采用理想运放进行设计或分析的结果与实际情况相差很小，误差可以忽略，但却大大简化了设计或分析过程。

集成运放实际是一种高增益的电压放大器，其电压增益为 $10^4 \sim 10^6$。另外，其输入阻抗很高，BJT 型运放达几百千欧，MOS 型运放则更高；而输出电阻较小，一般在几十欧左右，并具有一定的输出电流驱动能力，最大可为几十到几百毫安。

由于集成运放的开环增益很高，且通频带很低（几到几百赫兹，宽带高速运放除外），因此当集成运放工作在线性放大状态时,均引入外部负反馈,而且通常为深度负反馈。由前面关于深度负反馈放大器计算的讨论可知,运放两个输入端之间的实际输入(净输入)电压可以近似看成 0,相当于短路,即

$$u_P = u_N \tag{4-9}$$

但由于两输入端之间不是真正的短路,故称为"虚短"。

另外,由于集成运放的输入电阻很高,而净输入电压又近似为 0,因此,流经运放两输入端的电流可以近似看成 0(以后 i_{IN} 和 i_{IP} 都用 i_I 表示,$i_I=0$),相当于开路,即

$$i_{IN} = i_{IP} = 0 \tag{4-10}$$

但由于两输入端间不是真正的开路,故称为"虚断"。

利用"虚短"和"虚断"的概念,可以十分方便地对集成运放的线性应用电路进行快速简捷地分析。

集成运放的线性应用主要有模拟信号的产生、运算、放大、滤波等。下面首先从基本运算电路开始讨论。

1. 比例运算电路

比例运算电路是运算电路中最简单的电路,其输出电压与输入电压成比例关系。比例运算电路有反相输入和同相输入两种。

(1)反相输入比例运算电路。

图 4-5 所示为反相输入比例运算电路,该电路输入信号加在反相输入端上,输出电压与输入电压的相位相反,故得名。在实际电路中,为减小温漂提高运算精度,同相端必须加接平衡电阻 R_P 接地,R_P 的作用是保持运放输入级差分放大电路具有良好的对称性,减小温漂提高运算精度。其阻值应为 $R_P = R_1 // R_f$。后面电路同理。

由于运放工作在线性区,净输入电压和净输入电流都为零。

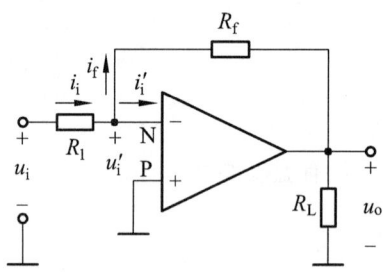

图 4-5 反相输入比例运算电路

由"虚短"的概念可知,在 P 端接地时,$u_P = u_N = 0$,称 N 端为"虚地"。

由"虚断"的概念可知 $i_i = i_f$,因此有

$$\frac{u_i}{R_1} = \frac{-u_o}{R_f}$$

该电路的电压增益 $A_{uf} = \dfrac{u_o}{u_i} = -\dfrac{R_f}{R_1}$

即
$$u_o = -\frac{R_f}{R_1}u_i \quad (4\text{-}11)$$

输出电压 u_o 与输入电压 u_i 之间成比例（负值）关系。

该电路引入了电压并联深度负反馈，电路输入阻抗（为 R_1）较小，但由于出现虚地，放大电路不存在共模信号，对运放的共模抑制比要求也不高，因此该电路应用场合较多。

值得注意的是，虽然电压增益只和 R_f 和 R_1 的比值有关，但是电路中电阻 R_1、R_P、R_f 的取值应有一定的范围。若 R_1、R_P、R_f 的取值太小，则由于一般运算放大器的输出电流一般为几十毫安，若 R_1、R_P、R_f 的取值为几欧姆的话，输出电压最大只有几百毫伏。若 R_1、R_P、R_f 的取值太大，虽然能满足输出电压的要求，但同时又会带来饱和失真和电阻热噪声的问题，通常取 R_1 的值为几百欧姆至几千欧姆，取 R_f 的值为几千至几百千欧姆。后面电路同理。

（2）同相输入比例运算电路。

图 4-6 所示为同相输入比例运算电路，由于输入信号加在同相输入端，输出电压和输入电压的相位相同，因此将它称为同相放大器。

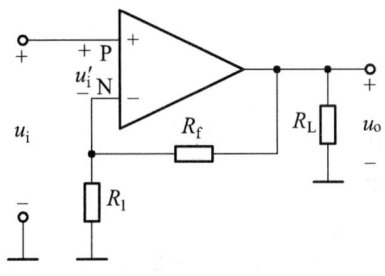

图 4-6 同相输入比例运算电路

由"虚断"的概念可知 $i_P=i_N=0$，由"虚短"的概念可知 $u_i=u_p=u_N$。

其电压增益
$$A_{uf} = \frac{u_o}{u_i} = \frac{u_o}{u_f} = 1 + \frac{R_f}{R_1}$$

即
$$u_o = \left(1 + \frac{R_f}{R_1}\right)u_i \quad (4\text{-}12)$$

同相输入电路为电压串联负反馈电路，其输入阻抗极高，但由于两个输入端均不能接地，放大电路中存在共模信号，不允许输入信号中包含有较大的共模电压，且对运放的共模抑制比要求较高，否则很难保证运算精度。

图 4-6 所示为同相输入比例运算电路，若 R_1 不接，或 R_f 短路，则组成如图 4-7 所示电路。此电路是同相比例运算的特殊情况，此时的同相比例运算电路称为电压跟随器。电路的输出完全跟随输入变化，$u_i=u_P=u_N=u_o$，$A_u=1$，具有输入阻抗大、输出阻抗小的特点，在电路中作用与分立元件的射极输出器相同，但是电压跟随性能好，常用于多级放大器的输入级和输出级。

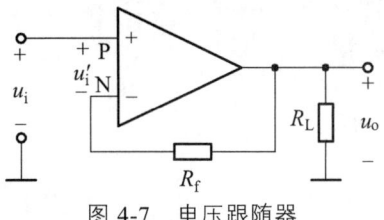

图 4-7 电压跟随器

2. 加法电路

若多个输入电压同时作用于运放的反相输入端或同相输入端，则实现加法运算；若多个输入电压有的作用于反相输入端，有的作用于同相输入端，则实现减法运算。

图 4-8 所示为加法电路，该电路可实现两个电压 u_{S1} 与 u_{S2} 相加。输入信号从反相端输入，同相端虚地，则有 $u_P=u_N=0$，又由"虚断"的概念可知 $i_I=0$。

因此，在反相输入节点 N 可得节点电流方程：

$$\frac{u_{S1}-u_N}{R_1}+\frac{u_{S2}-u_N}{R_2}=\frac{u_N-u_o}{R_f}$$

即

$$\frac{u_{S1}}{R_1}+\frac{u_{S2}}{R_2}=\frac{-u_o}{R_f}$$

整理可得

$$u_o=-\left(\frac{R_f}{R_1}u_{S1}+\frac{R_f}{R_2}u_{S2}\right)$$

若 $R_1=R_2=R_f$，则上式变为

$$u_o=-(u_{S1}+u_{S2}) \tag{4-13}$$

实现了真正意义的反相求和。

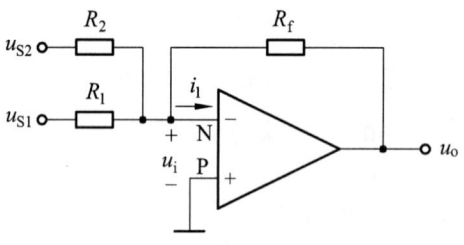

图 4-8 加法电路

图 4-8 所示的加法电路也可以扩展到实现多个输入电压相加的电路。利用同相放大电路也可以组成加法电路。

3. 减法电路

（1）减法电路（一）。

图 4-9 所示电路第一级为反相比例放大电路，设 $R_{f1}=R_1$，则 $u_{o1}=-u_{S1}$。第二级为反相加法电路，可导出

$$\begin{aligned} u_o &= -\frac{R_{f2}}{R_2}(u_{o1}+u_{S2}) \\ u_o &= \frac{R_{f2}}{R_2}(u_{S1}-u_{S2}) \end{aligned} \tag{4-14}$$

若 $R_2=R_{f2}$，则式（4-14）变为

$$u_o=u_{S1}-u_{S2} \tag{4-15}$$

即实现了两信号 u_{S1} 与 u_{S2} 的相减。

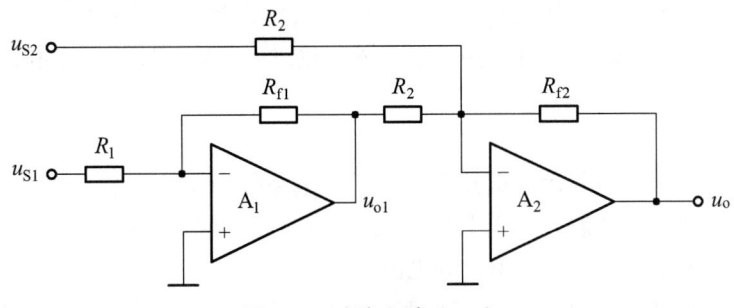

图 4-9 减法电路（一）

此电路的优点是调节比较灵活方便。由于反相输入端与同相输入端"虚地"，因此在选用集成运放时，对其最大共模输入电压的指标要求不高，此电路应用比较广泛。

（2）减法电路（二）。

电路如图 4-10 所示。该电路是反相输入和同相输入相结合的放大电路。

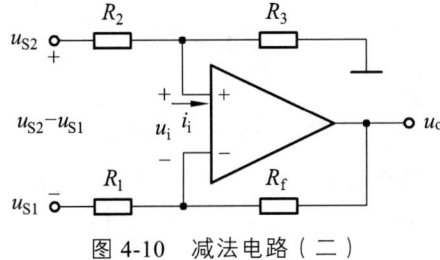

图 4-10 减法电路（二）

根据"虚短"和"虚断"的概念可知

$$u_P=u_N,\ u_i=0,\ i_i=0$$

并可得下列方程式：

$$\frac{u_{S1}-u_N}{R}=\frac{u_N-u_O}{R_f} \quad (4\text{-}16)$$

$$\frac{u_{S2}-u_P}{R_2}=\frac{u_P}{R_3} \quad (4\text{-}17)$$

利用 $u_N=u_P$，并联解式（4-16）和式（4-17）可得

$$u_o=\left(\frac{R+R_f}{R}\right)\left(\frac{R_3}{R_2+R_3}\right)u_{S2}-\frac{R_f}{R}u_{S1}$$

在上式中，若满足 $R_f/R=R_3/R_2$，则该式可简化为

$$u_o=\frac{R_f}{R}(u_{S2}-u_{S1}) \quad (4\text{-}18)$$

当 $R_f=R$ 时，有

$$u_o=u_{S2}-u_{S1} \quad (4\text{-}19)$$

式（4-19）表明，输出电压 u_o 与两输入电压之差（$u_{S2}-u_{S1}$）成比例，实现了两信号 u_{S2} 与 u_{S1} 的相减。

从原理上说,求和电路也可以采用双端输入(或称差动输入)方式,此时只用一个集成运放,即可同时实现加法和减法运算。但由于电路系数的调整非常麻烦,所以实际上很少采用。如需同时进行加法,通常宁可多用一个集成运放,而仍采用反相求和电路的结构形式。

4. 积分电路

在电子电路中,常用积分运算电路和微分运算电路作为调节环节,此外,积分运算电路还用于延时、定时和非正弦波发生电路中。积分电路有简单积分电路、同相积分电路、求和积分电路等。下面重点介绍一下简单积分电路。

简单积分电路如图 4-11 所示。反相比例运算电路中的反馈电阻由电容阻所取代,便构成了积分电路。

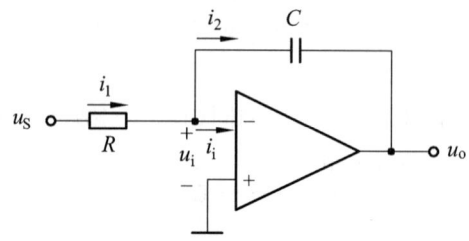

图 4-11 积分电路

根据"虚短"和"虚断"的概念有:$u_i=0$,$i_i=0$,$i_1=i_2=u_S/R$。

电流 i_2 对 C 进行充电,且为恒流充电(充电电流与电容 C 及电容上电压无关)。假设电容 C 初始电压为 0,则 $u_o = -\dfrac{1}{C}\int i_2 dt = -\dfrac{1}{C}\int i_1 dt$

$$u_o = -\frac{1}{C}\int \frac{u_S}{R} dt = -\frac{1}{RC}\int u_S dt \tag{4-20}$$

式(4-20)表明,输出电压与输入电压的关系满足积分运算要求,负号表示它们在相位上是相反的。RC 称为积分时间常数,记为 τ。

实际的积分器因集成运算放大器不是理想特性和电容有漏电等原因而产生积分误差,严重时甚至使积分电路不能正常工作。最简便的解决措施是,在电容两端并联一个电阻 R_f,引入直流负反馈来抑制上述各种原因引起的积分漂移现象,但 $R_f C$ 的数值应远大于积分时间。通常在精度要求不高、信号变化速度适中的情况下,只要积分电路功能正常,对积分误差可不加考虑。若要提高精度,则可采用高性能集成运放和高质量积分电容器。

利用积分运算电路能够将输入的正弦电压变换为输出的余弦电压,实现波形的移相;也能将输入的方波电压变换为输出的三角波电压,实现波形的变换。积分电路对低频信号增益大,对高频信号增益小,当信号频率趋于无穷大时增益为零,实现了滤波功能。

5. 微分电路

微分是积分的逆运算。将图 4-12 所示积分电路的电阻和电容元件互换位置,即构成微分电路,微分电路如图 4-12 所示。微分电路选取相对较小的时间常数 RC。

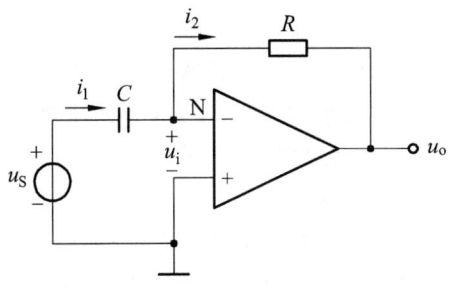

图 4-12 微分电路

同样根据"虚地"和"虚断"的概念有：$u_i=0$，$i_i=0$，$i_1=i_2$。

设 $t=0$ 时，电容 C 上的初始电压为 0，则接入信号电压 u_S 时有：

$$i_1 = C\frac{du_S}{dt}$$

$$u_o = -i_2 R = -RC\frac{du_S}{dt} \tag{4-21}$$

式（4-21）表明，输出电压与输入电压的关系满足微分运算的要求。因此微分电路对高频噪声和突然出现的干扰（如雷电）等非常敏感，故它的抗干扰能力较差，限制了其应用。

6. 有源滤波器

允许某一部分频率的信号顺利通过，而使另一部分频率的信号被急剧衰减（即被滤掉）的电子器件称为滤波器。

滤波器可分为模拟滤波器和数字滤波器两种；按照其功能，又可以分为低通、带通、高通、带阻滤波器。图 4-13 所示为四种滤波器的幅频特性。图中 f_H 为上限截止频率；f_L 为下限截止频率；f_0 为中心频率，即通带和阻带的中点。

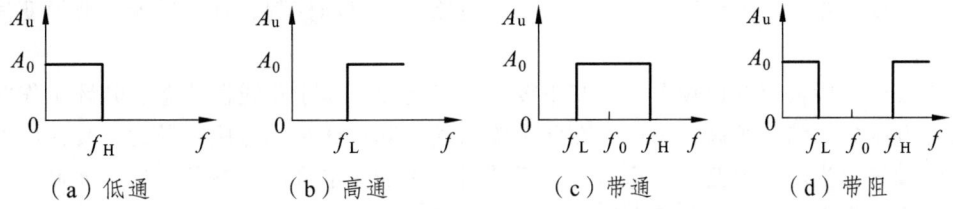

图 4-13 四种滤波器的幅频特性

滤波器具有"选频"的功能。在电子通信、电子测试及自动控制系统中，常常利用滤波器具有"选频"的功能来进行模拟信号的处理（用于数据传送、抑制干扰等）。此外，滤波器在无线电通信、信号检测和自动控制中对信号处理、数据传输和干扰抑制等方面也获得了广泛应用。

滤波器可分为有源滤波器和无源滤波器两种。一般主要采用无源元件 R、L 和 C 组成的模拟滤波器称为无源滤波器，由集成运放和 R、C 组成的滤波器称为有源滤波器。有源滤波器具有不用电感、体积小、重量轻等优点。此外，由于集成运放的开环电压增益和输入阻抗均很高，输出阻抗又很低，构成有源滤波电路后还具有一定的电压放大和缓冲作用。不过，有源滤波器的工作频率不高，一般在几千赫兹以下。在频率较高的场合，常采用 LC 无源滤波器或固态滤波器。

无源滤波器一般不存在噪声问题,而有源滤波器由于使用了放大器滤波器的噪声性能就比较突出,信噪比很差的有源滤波器也很常见。因此,使用有源滤波器时要注意以下几点:一是滤波器的电阻尽可能小一些,电容则要大一些;二是反馈量尽可能大一些,以减小增益;三是放大器的开环频率特性应该比滤波器的通频带要宽。

如图 4-14 所示为一简单的一阶 RC 有源低通滤波电路。该电路在一级无源 RC 低通滤波电路的输出端再加上一个同相比例放大器,使之与负载很好地隔离开来,由于同相比例放大器的输入阻抗很高,输出阻抗很低,因此,其带负载能力很强,同时该电路还具有电压放大作用。

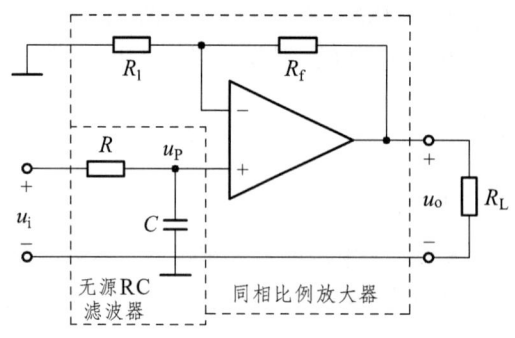

图 4-14 一阶 RC 有源低通滤波电路

4.3.2 集成运放的非线性应用

在集成运放的非线性应用电路中,运放一般工作在开环或仅正反馈状态,而运放的增益很高,在非负反馈状态下,其线性区的工作状态是极不稳定的,因此主要工作在非线性区,实际上这正是非线性应用电路所需要的工作区。

电压比较电路是用来比较两个电压大小的电路,在自动控制、越限报警、波形变换等电路中得到应用。

由集成运放所构成的比较电路,其重要特点是运放工作于非线性状态。开环工作时,由于其开环电压放大倍数很高,因此,在两个输入端之间有微小的电压差异时,其输出电压就偏向于饱和值;当运放电路引入适时的正反馈时,更加速了输出状态的变化,即输出电压不是处于正饱和状态(接近正电源电压 $+V_{CC}$),就是处于负饱和状态(接近负电源电压 $-V_{EE}$),处于运放电压传输特性的非线性区。由此可见,分析比较电路时应注意:

① 比较器中的运放,"虚短"的概念不再成立,而"虚断"的概念依然成立。

② 应着重抓住输出发生跳变时的输入电压值来分析其输入/输出关系,画出电压传输特性。

电压比较器简称比较器,它常用来比较两个电压的大小,比较的结果(大或小)通常由输出的高电平 U_{OH} 或低电平 U_{OL} 来表示。

1. 简单电压比较器

简单电压比较器的基本电路如图 4-15(a)所示,它将一个模拟量的电压信号 u_1 和一个参考电压 U_{REF} 相比较。模拟量信号可以从同相端输入,也可从反相端输入。图 4-15(a)所示的信号为反相端输入,参考电压接于同相端。

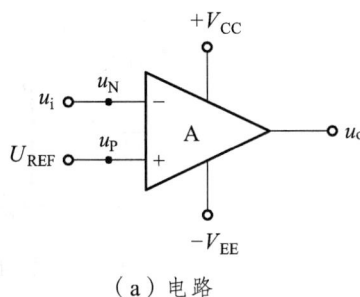 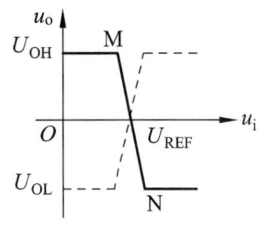

（a）电路　　　　　　　　　（b）传输特性

图 4-15　简单电压比较器的基本电路

当输入信号 $u_i < U_{REF}$ 时，输出即为高电平 $u_o = U_{OH}$（$+V_{CC}$）。

当输入信号 $u_i > U_{REF}$ 时，输出即为低电平 $u_o = U_{OL}$（$-V_{EE}$）。

显然，当比较器输出为高电平时，表示输入电压 u_i 比参考电压 U_{REF} 小；反之当输出为低电平时，则表示输入电压 u_i 比参考电压 U_{REF} 大。

根据上述分析，可得到该比较器的传输特性如图 4-15（b）中实线所示。可以看出，传输特性中的线性放大区（MN 段）输入电压变化范围极小，因此可近似认为 MN 与横轴垂直。

通常把比较器的输出电压从一个电平跳变到另一个电平时对应的临界输入电压称为阈值电压或门限电压，简称为阈值，用符号 U_{TH} 表示。对这里所讨论的简单比较器，有 $U_{TH} = U_{REF}$。

也可以将图 4-15（a）所示电路中的 U_{REF} 和 u_i 的接入位置互换，即 u_i 接同相输入端，U_{REF} 接反相输入端，则得到同相输入电压比较器。不难理解，同相输入电压比较器的阈值仍为 U_{REF}，其传输特性如图 4-15（b）中虚线所示。

作为上述两种电路的一个特例，如果参考电压 $U_{REF} = 0$（该端接地），则输入电压超过零时，输出电压将产生跃变，这种比较器称为过零比较器。

2. 迟滞电压比较器

当基本电压比较电路的输入电压若正好在参考电压附近上下波动时，不管这种波动是信号本身引起的还是干扰引起的，输出电平必然会跟着变化翻转。这表明虽然简单电压比较器结构简单，灵敏度高，但抗干扰能力差。在实际运用中，有的电路过分灵敏会对执行机构产生不利的影响，甚至使之不能正常工作。实际电路希望输入电压在一定的范围内，输出电压保持原状不变。滞回比较电路就具有这一特点。

迟滞比较器电路如图 4-16（a）所示，由于输入信号由反相端加入，因此为反相迟滞比较器。为限制和稳定输出电压幅值，在电路的输出端并接了两个互为串联反向连接的稳压二极管。同时通过 R_3 将输出信号引到同相输入端即引入了正反馈。正反馈的引入可加速比较电路的转换过程。由运放的特性可知，外接正反馈时，滞回比较电路工作于非线性区，即输出电压不是正饱和电压（高电平 U_{OH}），就是负饱和电压（低电平 U_{OL}），二者大小不一定相等。设稳压二极管的稳压值为 U_Z，忽略正向导通电压，则比较器的输出高电平 $U_{OH} \approx U_Z$，输出低电平 $U_{OL} \approx -U_Z$。

当运放输出高电平时（$u_o = U_{OH} \approx U_Z$），根据"虚断"，有 $u_N = u_P$，运放同相端输入电压为参考电压 U_{REF} 和输出电压 U_Z 共同作用的结果，利用叠加定理有：

$$u_P = \frac{R_2 u_o}{R_2 + R_3} + \frac{R_3 U_{REF}}{R_2 + R_3} = \frac{R_3 U_{REF} + R_2 u_o}{R_2 + R_3} = \frac{R_3 U_{REF} + R_2 U_Z}{R_2 + R_3}$$

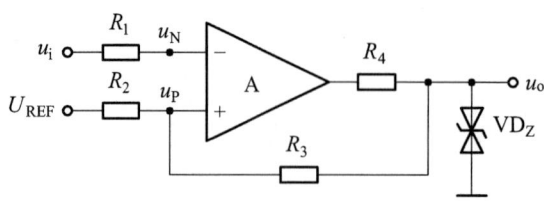 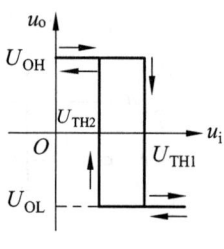

(a)反相迟滞比较器电路   (b)传输特性

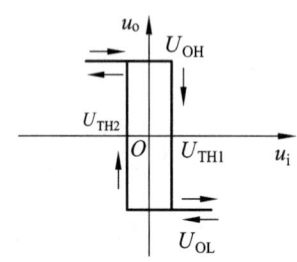 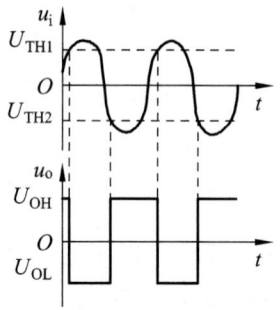

(c)$U_{REF}=0$ 时的传输特性   (d)$U_{REF}=0$ 时 U_i 与 U_o 的波形

图 4-16　迟滞比较器

又因为输入信号 $u_i = u_N$，所以此时的输入电压和 u_P 比较，令 $u_P = U_{TH1}$，U_{TH1} 称为上阈值电压。

$$U_{TH1} = \frac{R_3 U_{REF} + R_2 U_Z}{R_2 + R_3} \qquad (4\text{-}22)$$

当运放输出低电平时（$u_o = U_{OL} \approx -U_Z$），根据"虚断"，有 $u_N = u_P$，同理可得

$$u_P = \frac{R_2 u_o}{R_2 + R_3} + \frac{R_3 U_{REF}}{R_2 + R_3} = \frac{R_3 U_{REF} + R_2 u_o}{R_2 + R_3} = \frac{R_3 U_{REF} - R_2 U_Z}{R_2 + R_3}$$

令 $u_P = U_{TH2}$，U_{TH2} 称为下阈值电压。

$$U_{TH2} = \frac{R_3 U_{REF} - R_2 U_Z}{R_2 + R_3} \qquad (4\text{-}23)$$

得到了两个阈值电压，显然有 $U_{TH1} > U_{TH2}$。

当输入信号 $u_i = u_N < u_P$ 时，比较器输出高电平 $u_o = U_{OH}$，此时比较器的阈值为 U_{TH1}；当增大 u_i 直到 $u_i = u_N > U_{TH1}$ 时，才有 $u_o = U_{OL}$，输出高电平翻转为低电平，此时比较器的阈值变为 U_{TH2}；若 u_i 反过来又由较大值（$> U_{TH1}$）开始减小，则在略小于 U_{TH1} 时，输出电平并不翻转，而是减小 u_i 直到 $u_i = u_N < U_{TH2}$ 时，才有 $u_o = U_{OH}$，输出低电平翻转为高电平，此时比较器的阈值又变为 U_{TH1}。以上过程可以简单概括为，输出高电平翻转为低电平的阈值为 U_{TH1}，输出低电平翻转为高电平的阈值为 U_{TH2}。

由上述分析可得到迟滞比较器的传输特性，如图 4-16（b）所示。可见该比较器的传输特性与磁滞回线类似，故称为迟滞（或滞回）比较器。

特别是当 $U_{REF} = 0$ 时，相应的传输特性如图 4-16（c）所示，两个阈值则为

$$U_{TH1} = \frac{R_2 U_Z}{R_2 + R_3} \qquad (4\text{-}24)$$

$$U_{TH2} = \frac{-R_2 U_Z}{R_2 + R_3} \tag{4-25}$$

显然有 $U_{TH2} = -U_{TH1}$。

如图 4-16（d）所示为 $U_{REF}=0$ 的迟滞比较器在 u_i 为正弦电压时的输入和输出电压波形。显然，其输出的方波较过零比较器延迟了一段时间。

由于迟滞比较器输出高、低电平相互翻转的阈值不同，因此具有一定的抗干扰能力。当输入信号值在某一阈值附近时，只要干扰量不超过两个阈值之差的范围，输出电压就可保持高电平或低电平不变。

令两个阈值之差为 ΔU，则

$$\Delta U = U_{TH1} - U_{TH2} = \frac{2R_2 U_Z}{R_2 + R_3}$$

称为回差电压。回差电压是表明滞回比较器抗干扰能力的一个参数。

另外，由于迟滞比较器输出高、低电平相互翻转的过程是在瞬间完成的，即具有触发器的特点，因此它又称为施密特触发器。

电压比较器将输入的模拟信号转换成输出的高低电平，输入模拟电压可能是温度、压力、流量、液面等通过传感器采集的信号，因而它首先广泛用于各种报警电路；另外，电压比较器在自动控制、电子测试、模数转换、各种非正弦波的产生和变换电路中也得到广泛的应用。

3. 集成电压比较器

随着集成技术的不断发展，根据比较器的工作特点和要求，集成电压比较器得到了广泛应用，现在市场上用得比较多的产品有 LM239/LM339 系列、LM293/LM393 系列和 LM111/LM211/LM311 系列。LM293/LM393 系列为双电压比较器，LM239/LM339 系列为四电压比较器，LM111/LM211/LM311 系列为单电压比较器；它们都是集电极开路输出，均可采用双电源或单电源方式供电，供电电压从 ±5 V 到 ±15 V。LM111/LM211/LM311 的不同在于工作温度分别为 −55 ℃ 到 +125 ℃、−25 ℃ 到 +85 ℃、0 ℃ 到 70 ℃。如图 4-17 所示为 LM311 的引脚图。

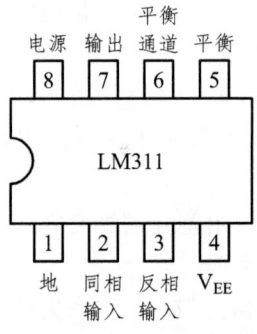

图 4-17 LM311 的引脚

图 4-18 所示为 LM311 在超声波接收器中的应用电路图。JSQ 为超声波接收器，接收发射器发射过来的超声波信号。TL082 为双集成运放，由于信号比较微弱，经过两级放大后至 LM311 电压比较器的反相输入端，调节电位器，使当没有超声波时 LM311 输出为零，当有超

声波信号时电压比较器有输出。由于是集电极开路门，输出端通过一个上拉电阻至+5V，以便和单片机 IO 口电压相匹配。

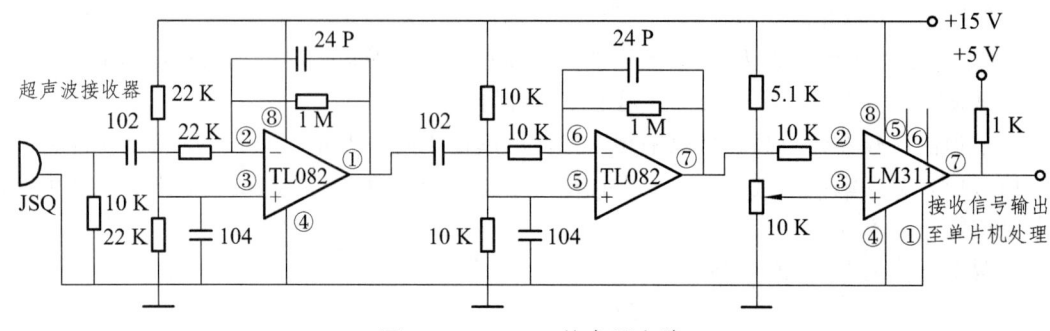

图 4-18　LM311 的应用电路

集成电压比较器除了用作比较器功能外，通过不同的接法，还可以组成不同的用途的电路，如继电器驱动电路、振荡器、电平检测电路等等。

课后练习

4-1　集成运放电路结构有什么特点？集成运放由哪几部分组成？各部分的作用是什么？

4-2　集成运算放大电路实际上是一个高增益的多级直接耦合放大电路，直接耦合放大电路存在零点漂移问题，怎样衡量放大电路的零点漂移？

4-3　放大电路产生零点漂移的主要原因是什么？有甲、乙两个直接耦合放大电路，它们的电压增益分别为 10^3 和 10^5，如果测出甲、乙两放大电路输出端的漂移电压都是 200 mV，则它们的漂移指标是否相同？两个放大电路是否都可放大 0.1 mV 的信号？

4-4　什么是差动放大电路的差模放大作用和共模抑制作用？

4-5　什么是共模抑制比？如何计算？

4-6　如何定义共模抑制比 K_{CMR}？在差分放大电路中，为什么用 K_{CMR} 作为它的重要性能指标之一？K_{CMR} 值的高低各代表什么物理意义？

4-7　图 4-4 所示差动式放大电路能抑制零点漂移的原因是什么？电阻 R_E 在电路中起什么作用？该电路为什么要采用双电源供电模式？

4-8　双端输入、双端输出差分式放大电路如图 4-4 所示。在理想条件下，当 $u_{i1}=25$ mV，$u_{i2}=10$ mV，$A_{ud}=100$，$A_{uc}=0$ 时，求差模输入电压 u_{id}、共模输入电压 u_{ic} 和输出电压 $u_o=u_{o1}-u_{o2}$ 各是多少。

4-9　集成运放的输入级为什么采用差分式放大电路？对集成运放的中间级和输出级各有什么要求？一般采用什么样的电路形式？

4-10　集成电路运放的输入失调电压 U_{IO}、输入失调电流 I_{IO} 和输入偏置电流 I_{IB} 是如何定义的？它们对运放的工作会产生什么影响？

4-11　集成运放的温度漂移能否外接调零装置来补偿？

4-12　试说明在下列情况下，应选用何种类型的集成运放？并列出器件型号和满足要求的主要性能指标。

① 作为一般交流放大电路。

② 高阻信号源（R_s=10 MΩ）的放大电路。

③ 微弱电信号（u_s=10 μV）的放大器。

4-13 电路结构由 BiFET 和全 MOSFET 组成的集成运放的输入阻抗范围各为多少？一般用于什么场合？

4-14 高精度、低漂移型，高速型，低功耗型和高压型等专用型集成电路，它们的主要性能指标是什么？由有关集成运放手册查找出器件型号，并列出主要参数值。

4-15 比例运算电路有哪些？其计算放大倍数的关键是什么？

4-16 在反相求和电路中，集成运放的反相输入端是如何形成虚地的？该电路属于何种反馈类型？

4-17 说明在差分式减法电路中，运放的两输入端为什么存在共模电压。为提高运算精度，应选用何种运放？

4-18 在分析反相加法、差分式减法、反相积分和微分电路中，所根据的基本概念是什么？KCL 是否得到应用？如何导出它们输入与输出的关系？

4-19 为减小共模信号对运算精度的影响，应选用何种运算电路和何种运放？

4-20 为减小运算电路的温度漂移，应选用何种运放？温度漂移产生的输出误差电压能否用外接人工调零电路的办法完全抵消？

4-21 为减小积分电路的积分误差，应选用何种运放？

4-22 什么叫无源和有源滤波电路？

4-23 差动放大电路中一管输入电压 u_{i1}=3 mV，试求下列不同情况下的差模分量与共模分量：① u_{i2}=3 mV；② u_{i2}=-3 mV；③ u_{i2}=5 mV；④ u_{i2}=-5 mV。

4-24 若差动放大电路输出表达式为 u_o=1000u_{i2}-999u_{i1}。求：① 共模放大倍数 A_{uc}；② 差模放大倍数 A_{ud}；③ 共模抑制比 K_{CMR}。

4-25 求图 4-19 所示电路的输出电压 u_o，设各运放均为理想的。

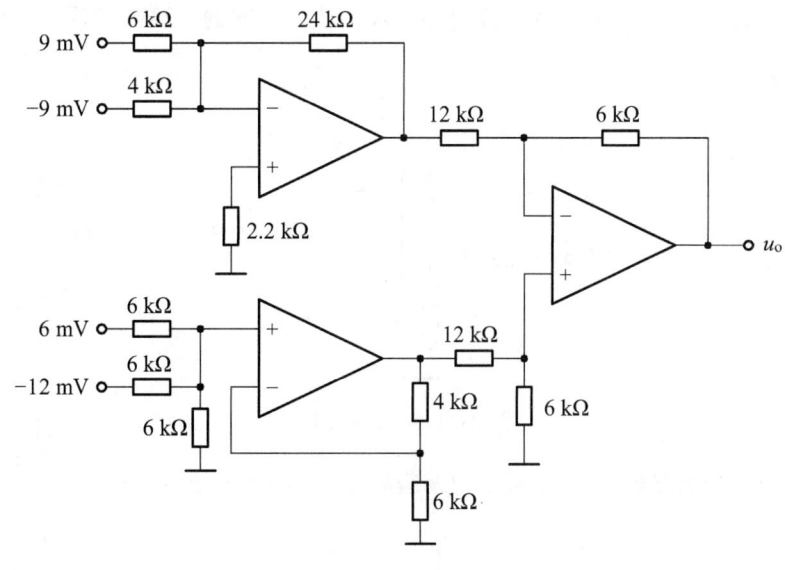

图 4-19　习题 4-25 图

4-26　求图 4-20 所示电路的输出电压 u_o，设运放是理想的。

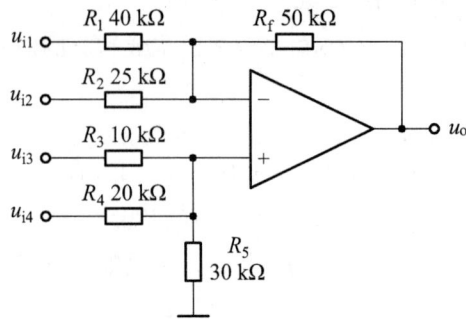

图 4-20　习题 4-26 图

4-27　画出实现下述运算的电路：$u_o=2u_{i1}-6u_{i2}+3u_{i3}-0.8u_{i4}$。

4-28　若图 4-21 所示运放是理想的，求证：

① $u_o = \dfrac{1}{RC}\int (u_{I2} - u_{I1})\mathrm{d}t$。

② 若 $u_{i1}=0$，则该电路为一同相积分器。

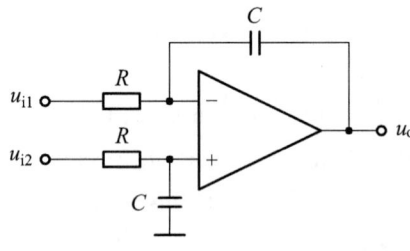

图 4-21　习题 4-28 图

4-29　图 4-22 所示为积分求和运算电路，设运放是理想的，试推导输出电压与各输入电压的关系式。

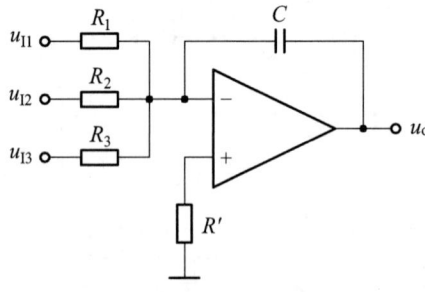

图 4-22　习题 4-29 图

4-30　实用积分电路如图 4-23 所示，设运放和电容均为理想的。

① 试求证：$u_O = -\dfrac{R_2}{R_1 RC}\int u_1 \mathrm{d}t$。

② 说明运放 A_1、A_2 各起什么作用？

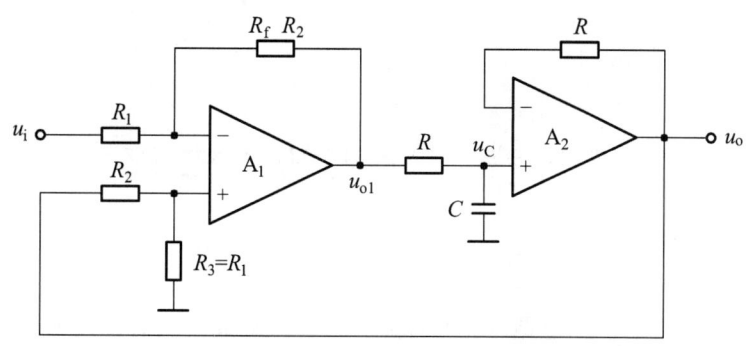

图 4-23 习题 4-30 图

4-31 求图 4-24（a）所示比较器的阈值，画出传输特性。若输入电压 u_i 波形如图 4-24（b）所示时，画出 u_o 波形（在时间上必须与 u_i 对应）。

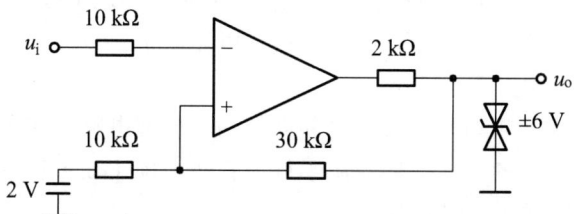 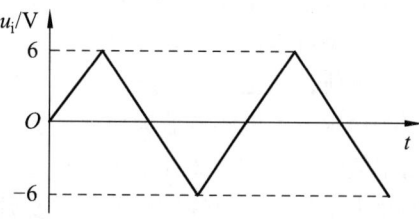

图 4-24 习题 4-31 图

第 5 章 功率放大电路

在实际的放大电路中,无论是分立元件放大器还是集成放大器,其末级都要求输出较大的功率以便驱动如音响放大器中的扬声器、电视机的显像管和计算机监视器等功率型负载。能够为负载提供足够大功率的放大电路称为功率放大电路,简称功放。

功率放大电路按构成放大电路器件的不同可分为分立元件功率放大电路和集成功率放大电路。由分立元件构成的功率放大电路,电路所用元器件较多,对元器件的精度要求也较高,输出功率可以做得比较高。采用单片的集成功率放大电路,主要优点是电路简单,设计生产比较方便,但是其耐电压和耐电流能力较弱,输出功率偏小。

功率放大电路按放大信号的频率,可分为高频功率放大电路和低频功率放大电路。前者用于放大射频范围(几百千赫兹到几十兆赫兹)的信号,后者用于放大音频范围(几十赫兹到几十千赫兹)的信号。本章主要讨论的是低频功率放大电路。

5.1 功率放大器的一般问题

5.1.1 功率放大器的特点及主要指标

从能量控制和转换的角度来看,功率放大电路和一般的放大电路没有本质的区别。但功率放大电路上既有较大的输出电压,同时也有较大的输出电流,其负载阻抗一般相对较小,输出功率要求尽可能大。因此从功率放大电路的组成和分析方法,到电路元器件的选择,都与前几章所讨论的小信号放大电路有很大的区别。低频功率放大器的主要指标有以下几项:

1. 提供尽可能高的输出功率 P_o。

功率放大器的主要要求之一就是输出功率要大。为了获得较大的输出功率,要求功率放大管(简称功放管)既要输出足够大的电压,同时也要输出足够大的电流,因此管子往往在接近极限运用状态下工作。

所谓最大输出功率,是指在输入正弦信号时,输出波形不超过规定的非线性失真指标时,放大电路最大输出电压和最大输出电流有效值的乘积,即:

$$P_o = U_o I_o = \frac{U_{om}}{\sqrt{2}} \times \frac{I_{om}}{\sqrt{2}} = \frac{1}{2} U_{om} \times I_{om}$$

2. 提供尽可能高的功率转换效率

功率放大器实质上是一个能量转换器,它将直流电源提供的功率转换成交流信号的能量提供给负载，但同时还有一部分功率消耗在功率管上并产生热量。

所谓效率就是负载得到的有用信号功率和电源提供的直流总功率的比值，其定义为

$$\eta = \frac{P_o}{P_V} \tag{5-1}$$

式中：P_o 为输出信号功率；P_V 为直流总功率。显然，η 越大越好，但总有 $0 \leqslant \eta \leqslant 1$。

设功放管的损耗功率为 P_{VT}，则有

$$P_V = P_o + P_{VT} \tag{5-2}$$

式（5-2）表明，提高效率 η 可以在保持输出功率 P_o 不变的情况下降低损耗功率 P_{VT}。

值得注意的是，效率越低，输出功率就越低，相对的消耗在电路内部的损耗功率也就越高，这部分电能使元器件和功率管的温度升高，给电路的工作造成不利。

3. 非线性失真要小

功率放大器是在大信号下工作，电压电流摆动幅度很大，所以不可避免地会产生非线性失真。而同一功率管的输出功率越大，非线性失真也就越严重。在实际应用中，我们应根据负载的不同要求来选择重点，如在音响和测量设备中应尽量减小非线性失真。而在控制继电器和驱动电机等工业控制场合，允许有一定的非线性失真，而以输出功率为主要目的。

4. 功率管的散热要好

在功率放大器中，即使最大限度地提高效率 η，仍有相当大的功率消耗在功率管上，使其温度升高。为了充分利用允许的管耗，使管子输出的功率足够大，就必须研究功率管的散热问题。为了功率管的工作安全，必须给它加装散热片。功率管装上散热片后，可使其输出功率成倍提高。

5.1.2 功率放大电路工作状态的分类

功率放大电路按放大器中三极管静态工作点设置的不同，可以分为甲类、乙类、甲乙类三种。如图 5-1 所示。

甲类功率放大电路通常将工作点设置在交流负载线的中点，放大管在整个输入信号周期内都导通，有电流流过。甲类功放的导通角为 $\theta=360°$。

在甲类放大器中，当工作点确定之后，不管有无交流信号输入，直流电源提供的功率 P_V 始终是恒定的，且为直流电压 V_{CC} 与直流电流 I_C 之积：

$$P_V = V_{CC} I_C$$

因此，由式（5-2）容易理解，当交流输出功率 P_o 越小时，管子及电阻上损耗的功率即无用功率 P_{VT} 反而越大，这种损耗功率通常以热量的形式耗散出去。也就是说，在没有信号输出时，放大器的负荷恰恰是最重的，最有可能被热击穿，显然这是极不合理的。

甲类功放的最大缺点是效率低下，可以证明在理想情况下，甲类放大电路的效率最高也只能达到 50%。实际的甲类放大器的效率通常在 10% 以下。

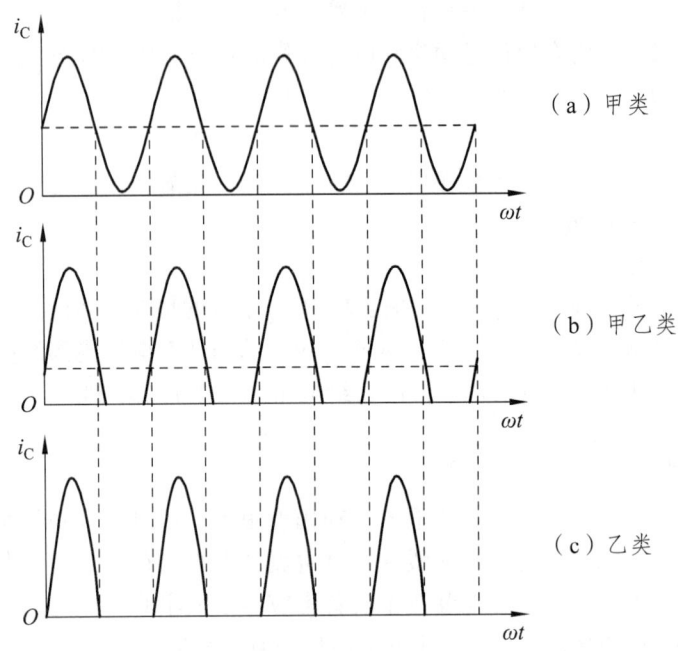

图 5-1 功率放大电路的三种工作状态

如果能做到无信号时,三极管处于截止状态,电源不提供电流,只在有信号时电源才提供电流,把电源提供的能量大部分用到负载上,整体效率就会提高很多。按照此要求设计的放大器就是乙类功率放大器。

乙类功率放大电路通常将工作点设置在截止区,放大管在整个输入信号周期内仅有半个周期导通,有电流流过。乙类功放的导通角为 $\theta=180°$。

甲乙类功率放大电路通常将工作点设置在放大区内,但很接近截止区,放大管在整个输入信号周期内有大半个周期导通,有电流流过。甲乙类功放的导通角为 $180°\leqslant\theta\leqslant360°$。

甲乙类和乙类放大器的效率较甲类放大器大大提高,因此甲乙类和乙类放大器主要用于功率放大电路中。

功率放大电路还有丙类、丁类等。丙类放大器一般用在高频发射机的谐振功率放大电路中,其导通角为 $\theta\leqslant180°$。丁类放大器工作于开关状态,由于其工作效率高而得到越来越广泛的应用。

5.2 乙类互补对称功率放大电路

5.2.1 OCL 电路的组成

乙类放大电路虽然管耗小,有利于提高效率,但存在严重的失真,只有半个周期导通,即输出信号只有半个波形。常用两个对称的乙类放大电路,一个放大正半周信号,而另一个放大负半周信号,从而在负载上得到一个合成的完整波形,这种两管交替工作的方式称为推挽工作方式，这种电路称为乙类互补对称推挽功率放大电路。

功率放大器的基本电路如图 5-2（a）所示，在该电路中，T_1 和 T_2 分别为 NPN 型管和 PNP 型管，两管的基极和发射极分别相互连接在一起，信号从基极输入，从射极输出，R_L 为负载。这个电路可以看成由图 5-2（b）、图 5-2（c）两个射极输出器组合而成。

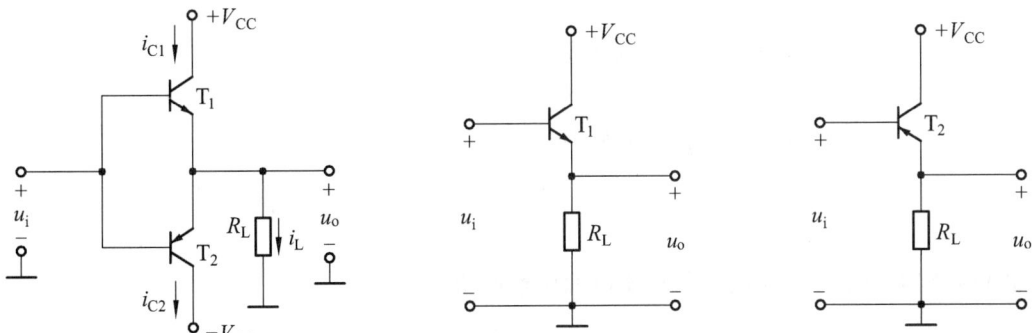

（a）基本互补对称电路　　（b）由 NPN 管组成的射极输出器　　（c）由 PNP 管组成的射极输出器

图 5-2　两射极输出器组成的基本互补对称电路

（1）静态分析。

当输入信号 $u_i=0$ 时，两个三极管都工作在截止区，此时的静态工作电流为零，负载上无电流流过，输出电压为零，输出功率为零。

（2）动态分析。

当信号处于正半周时，T_2 截止，T_1 放大，有电流通过负载 R_L；而当信号处于负半周时，T_1 截止，T_2 放大，仍有电流通过负载 R_L。负载 R_L 上流过的电流是一个完整的正弦波信号。

在电路完全对称的理想情况下，负载电阻上的直流电压为零，因此，不必采用耦合电容来隔直流，所以，该电路称为无输出电容电路（OCL 电路）。

5.2.2　OCL 电路的性能分析

参见图 5-2（a），为分析方便起见，设晶体管是理想的，两管完全对称，其导通电压 $U_{BE}=0$，饱和压降 $U_{CES}=0$，则放大器的最大输出电压振幅为 V_{CC}，最大输出电流振幅为 V_{CC}/R_L，且在输出不失真时始终有 $u_i=u_o$。

1. 输出功率 P_o

设输出电压的幅值为 U_{om}，有效值为 U_o，输出电流的幅值为 I_{om}，有效值为 I_o，则

$$P_o = U_o I_o = \frac{U_{om}}{\sqrt{2}} \times \frac{I_{om}}{\sqrt{2 R_L}} = \frac{1}{2} I_{om}^2 R_L = \frac{U_{om}^2}{2 R_L} \tag{5-3}$$

当输入信号足够大，使 $U_{om}=U_{im}=V_{CC}-U_{CES}\approx V_{CC}$ 时，可得最大输出功率

$$P_o = P_{om} = \frac{1}{2} \times \frac{U_{om}^2}{R_L} \approx \frac{V_{CC}^2}{2 R_L} \tag{5-4}$$

2. 直流电源供给的功率 P_V

由于 T_1 和 T_2 在一个信号周期内均为半周导通，因此直流电源 V_{CC} 供给的功率为

$$P_{V1} = \frac{1}{2\pi} \int_0^\pi V_{CC} \times i_{C1} \mathrm{d}(\omega t)$$

$$= \frac{1}{2\pi} \int_0^\pi V_{CC} \times I_{Cm} \sin \omega t \mathrm{d}(\omega t)$$

$$= \frac{1}{2\pi} \int_0^\pi V_{CC} \times \frac{U_{om}}{R_L} \sin \omega t \mathrm{d}(\omega t)$$

$$= \frac{V_{CC} U_{om}}{\pi R_L}$$

因为有正负两组电源供电，所以总的直流电源供给的功率为

$$P_V = \frac{2 V_{CC} U_{om}}{\pi R_L} \quad (5\text{-}5)$$

当输出电压幅值达到最大，即 $U_{om} \approx V_{CC}$ 时，得电源供给的最大功率为

$$P_{Vm} = \frac{2}{\pi} \times \frac{V_{CC}^2}{R_L} \approx 1.27 P_{om} \quad (5\text{-}6)$$

3. 效率 η

$$\eta = \frac{P_o}{P_V} = \frac{\pi}{4} \times \frac{U_{om}}{V_{CC}} \quad (5\text{-}7)$$

当输出电压幅值达到最大，即 $U_{om} \approx V_{CC}$ 时，得最高效率

$$\eta_m = \frac{P_{om}}{P_{Vm}} = \frac{\pi}{4} \approx 78.5\% \quad (5\text{-}8)$$

这个结论是假定互补对称电路工作在乙类，且负载电阻为理想值，忽略管子的饱和压降 U_{CES} 和输入信号足够大（$U_{im} \approx U_{om} \approx V_{CC}$）情况下得来的，实际效率比这个数值要低些。

4. 管耗 P_{VT}

两管的总管耗为直流电源供给的功率 P_V 与输出功率 P_o 与之差，即

$$P_{VT} = P_V - P_o = \frac{2 V_{CC} U_{om}}{\pi R_L} - \frac{U_{om}^2}{2 R_L}$$

$$= \frac{2}{R_L} \left(\frac{V_{CC} U_{om}}{\pi} - \frac{U_{om}^2}{4} \right) \quad (5\text{-}9)$$

显然，当 $u_i = 0$ 即无输入信号时，$U_{om} = 0$，输出功率 P_o、管耗 P_{VT} 和直流电源供给的功率 P_V 均为 0。

5. 最大管耗和最大输出功率的关系

当输出电压幅度最大时，虽然功放管电流最大但管压降最小，故管耗不是最大；当输出

电压为零时，虽然功放管管压降最大但集电极电流最小，故管耗也不是最大。由式（5-7）知，管耗 P_{VT} 是输出电压幅值 U_{om} 的一元二次函数，存在极值。对式（5-7）求导可得

$$dP_{VT}/dU_{om} = \frac{2}{R_L}\left(\frac{V_{CC}}{\pi} - \frac{U_{om}}{2}\right)$$

令 $dP_{VT}/dU_{om} = 0$，则 $\frac{V_{CC}}{\pi} - \frac{U_{om}}{2} = 0$

$$U_{om} = \frac{2}{\pi}V_{CC} \approx 0.6V_{CC} \tag{5-10}$$

式（5-10）表明，当输出电压 $U_{om} = \frac{2}{\pi}V_{CC}$ 时具有最大管耗。

将式（5-10）代入式（5-7）可得最大管耗为：

$$P_{VT1m} = \frac{1}{R_L}\left[\frac{\frac{2}{\pi}V_{CC}^2}{\pi} - \frac{\left(\frac{2V_{CC}}{\pi}\right)^2}{4}\right] = \frac{1}{R_L}\left[\frac{2V_{CC}^2}{\pi^2} - \frac{V_{CC}^2}{\pi^2}\right] = \frac{1}{\pi^2} \times \frac{V_{CC}^2}{R_L} \tag{5-11}$$

而最大输出功率 $P_{om} = \frac{1}{2} \times \frac{V_{CC}^2}{R_L}$，则每管的最大管耗和电路的最大输出功率具有如下的关系

$$P_{VT1m} = \frac{1}{\pi^2}\frac{V_{CC}^2}{R_L} \approx 0.2P_{om} \tag{5-12}$$

式（5-12）常用来作为乙类互补对称电路选择管子的依据，例如，如果要求输出功率为 5 W，则只要用两个额定管耗大于 1 W 的管子就可以了。

需要指出的是，上面的计算是在理想情况下进行的，实际上在选管子的额定功耗时，还要留有充分的余地。

功放管消耗的功率主要表现为管子结温的升高。散热条件越好，越能发挥管子的潜力，增加功放管的输出功率。因而，管子的额定功耗还和所装的散热片的大小有关。必须为功放管配备合适尺寸的散热器。

5.2.3 功率晶体管的选择

在选择功率晶体管时，必须考虑晶体管的最大集电极功耗 P_{CM}、最大管压降 $|V_{BR,CEO}|$、最大集电极电流 I_{CM}。

① 每只功率管的最大允许管耗 P_{CM} 必须大于实际工作时的 P_{VT1m}。

② 由于乙类互补对称功率放大电路中的一个晶体管导通时，另一个晶体管截止。当输出电压达到最大不失真输出幅度时，截止管所承受的反向电压为最大，且近似等于 $2V_{CC}$。因此，应选用击穿电压 $|V_{BR,CEO}| > 2V_{CC}$ 的功率管。

③ 通过功率晶体管的最大集电极电流为 V_{CC}/R_L，选择功率晶体管的最大允许的集电极电流应满足 $I_{CM} > V_{CC}/R_L$。

【例 5-1】已知乙类互补对称功放电路如图 5-2（a）所示，设 $V_{CC}=24$ V，$R_L=8$ Ω。试求：

① 估算其最大输出功率 P_{om} 以及最大输出时的 P_V、P_{VT1} 和效率 η，并说明该功率放大电

路对功率晶体管的要求。

② 放大电路在 $\eta=0.6$ 时的输出功率 P_o 的值。

解① 求 P_{om}。

由式（5-4）可求出

$$P_{om} = \frac{1}{2} \times \frac{V_{CC}^2}{R_L} = \frac{(24V)^2}{2 \times 8\Omega} = 36W$$

而通过晶体管的最大集电极电流，晶体管的 c、e 极间的最大压降和它的最大管耗分别为

$$I_{Cm} = \frac{V_{CC}}{R_L} = \frac{24\,V}{8\,\Omega} = 3\,A$$

$$U_{CEm} = 2V_{CC} = 48\,V$$

$$P_{VT1m} \approx 0.2P_{om} = 0.2 \times 36\,W = 7.2\,W$$

功率晶体管的最大集电极电流 I_{CM} 必须大于 3 A，功率管的击穿电压 $|V_{BR,CEO}|$ 必须大于 48 V，功率管的最大允许管耗 P_{CM} 必须大于 7.2 W。

② 求 $\eta=0.6$ 时的 P_o 值。

由式（5-6）可求出

$$U_{om} = \frac{4V_{CC}\eta}{\pi} = \frac{4 \times 24\,V \times 0.6}{\pi} \approx 18.3\,V$$

则

$$P_o = \frac{1}{2} \times \frac{U_{om}^2}{R_L} = \frac{1}{2} \times \frac{(18.3\,V)^2}{8\,\Omega} \approx 20.9\,W$$

5.2.4　OTL 电路和 BTL 电路

OCL 乙类互补对称功率放大电路的特点是：双电源供电，由于电路无须输出电容，所以电路可以放大变化较缓慢的信号，频率特性较好。但由于负载电阻直接连在两个晶体管的发射极上，假如静态工作点失调或电路内元器件损坏，负载上有可能因获得较大的电流而损坏，实际电路中可以在负载回路中接入熔断丝。

OCL 乙类互补对称功率放大电路具有很多优点，但是采用双电源的供电方式很不方便，互补对称电路也可采用单电源供电，即为 OTL 乙类互补对称功率放大电路。

OTL 乙类互补对称功率放大电路如图 5-3 所示，T_1 和 T_2 组成互补对称功放的输出电路，信号从基极输入，从发射极输出；T_1 为前置放大级，R_L 为负载，C_1 为耦合电容，C_2 为输出端所接的大电容，由于 T_1 和 T_2 对称，所以静态时大电容 C_2 上的电压为 $V_{CC}/2$，所以 C_2 可以作为一个电源使用，C_2 还有隔直流的作用。

OTL 乙类互补对称功率放大电路虽然少用一个电源，但由于大电容 C_2 的存在，电路对不同频率的信号会产生不同的相移，输出信号会产生失真。OTL 电路的分析计算方法和 OCL 基本相同，只要把前面推导出的计算公式中的 V_{CC} 换成 $V_{CC}/2$ 即可。

OCL 电路和 OTL 电路的特点是效率高，但不足是电源利用率不高，电路中负载上获得的最大输出电压值只有所加电源电压的一半，电路的输出功率将受到电源电压的限制。为了提高电源的利用率，使负载上获得较大的功率，可以采用平衡式无输出变压器电路，又称为 BTL 电路。

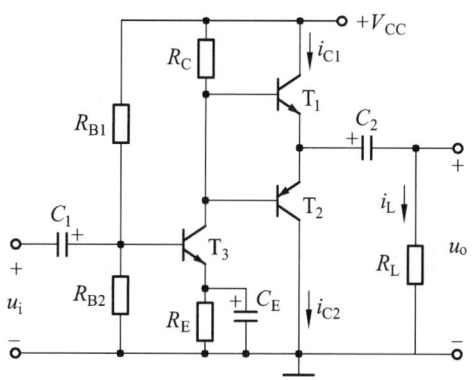

图 5-3 OTL 互补对称电路

BTL 乙类互补对称功率放大电路如图 5-4 所示，T_1 和 T_2、T_3 和 T_4 分别组成一对互补管，BTL 电路由两组对称电路组成，R_L 为负载；信号从基极输入，从发射极输出。静态时，负载上 R_L 的输出为零。输入信号 u_i 正半周时，晶体管 T_1 和 T_4 导通，输出电压最大值约为 V_{CC}；输入信号 u_i 负半周时，晶体管 T_2 和 T_3 导通，输出电压最大值约为 V_{CC}。输出功率为：

$$P_o = P_{om} = \frac{1}{2} \times \frac{U_{om}^2}{R_L} \approx \frac{V_{CC}^2}{2R_L}$$

可以证明，在同样大小的电源电压负载的情况下，BTL 电路的效率近似为 78.5%。最大输出功率是 OTL 电路的 4 倍。其输出也不需要接耦合电容。其缺点是所用的晶体管数目较多。

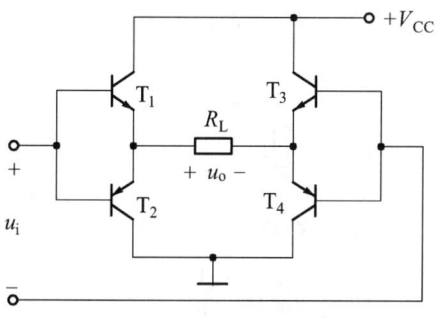

图 5-4 BTL 互补对称电路

5.3 甲乙类互补对称功率放大电路

5.3.1 乙类互补对称电路的失真

前面所讨论的乙类互补对称电路[图 5-5（a）]在实际应用中还存在一些缺陷，主要是晶体管没有直流偏置电流，因此只有当输入电压大于晶体管导通电压（硅管约为 0.7 V，锗管约为 0.2V）时才有输出电流，当输入信号 u_i 低于这个数值时，T_1 和 T_2 都截止，i_{C1} 和 i_{C2} 基本为零，负载 R_L 上无电流通过，出现一段死区，如图 5-5（b）所示。这种现象称为交越失真。解决这一问题的办法就是预先给晶体管提供一较小的基极偏置电流，使晶体管在静态时处于微弱导通状态，即甲乙类状态。

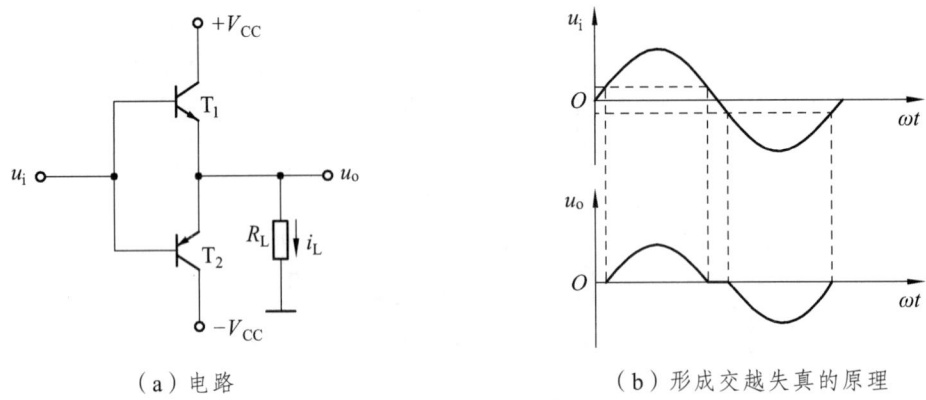

(a) 电路　　　　　　　　　　(b) 形成交越失真的原理

图 5-5　工作在乙类的双电源互补对称电路

5.3.2　甲乙类互补对称电路

1. 甲乙类双电源互补对称电路

图 5-6 所示为采用二极管作为偏置电路的甲乙类双电源互补对称电路。在该电路中，D_1、D_2 上产生的压降为互补输出级 T_1、T_2 提供了一个适当的偏压，使之处于微导通的甲乙类状态，且在电路对称时，仍可保持负载 R_L 上的直流电压为 0；而 D_1、D_2 导通后的交流电阻也较小，对放大器的线性放大影响很小。另外，T_3 通常构成驱动级，为简明起见，其基极偏置电路在这里未画出。

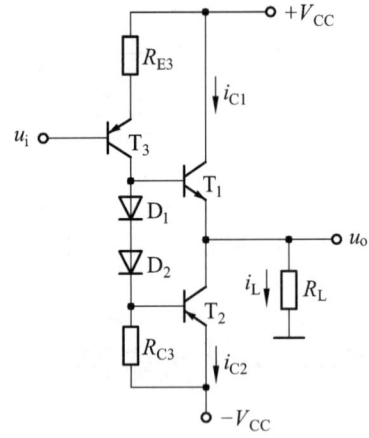

图 5-6　利用二极管进行偏置的互补对称电路

采用二极管作为偏置电路的缺点是偏置电压不易调整。图 5-7 所示为利用恒压源电路进行偏置的甲乙类互补对称电路。在该电路中，由于流入 T_4 的基极电流远小于流过 R_1、R_2 的电流，因此可求出为 T_1、T_2 提供偏压的 T_4 管的 $U_{CE4} = (1 + R_1/R_2)U_{BE4}$，而 T_4 管的 U_{BE4} 基本为一固定值，即 U_{CE4} 相当于一个不受交流信号影响的恒定电压源，只要适当调节 R_1、R_2 的比值，就可改变 T_1、T_2 的偏压值，这是集成电路中经常采用的一种方法。

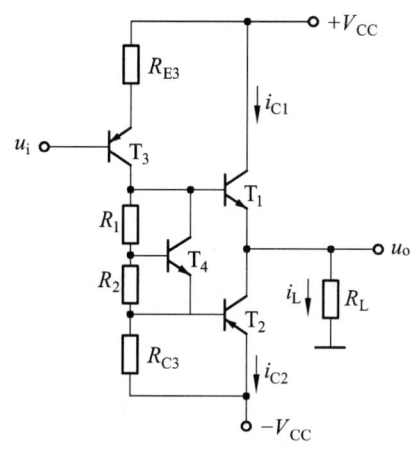

图 5-7 利用恒压源电路进行偏置的互补对称电路

2. 甲乙类单电源互补对称电路

在有些要求不高而又希望电路简化的场合，可以考虑采用一个电源的互补对称电路，如图 5-8 所示。在该电路中，C 为大电容，正常工作时，可使 N 点直流电位 $U_N=V_{CC}/2$，而大电容 C 对交流近似短路，因此 C 上的电压 $u_C \approx U_C = U_N = V_{CC}/2$。当信号 u_i 输入时，由于 T_3 组成的前置放大级具有倒相作用，因此，在信号的负半周，T_1 导电，信号电流流过负载 R_L，同时向 C 充电；在信号的正半周，T_2 导电，则已充电的 C 起着双电源电路中的 $-V_{CC}$ 的作用，通过负载 R_L 放电并产生相应的信号电流。即只要选择时间常数 $R_L C$ 足够大（远大于信号的最大周期），单电源电路就可以达到与双电源电路基本相同的效果。

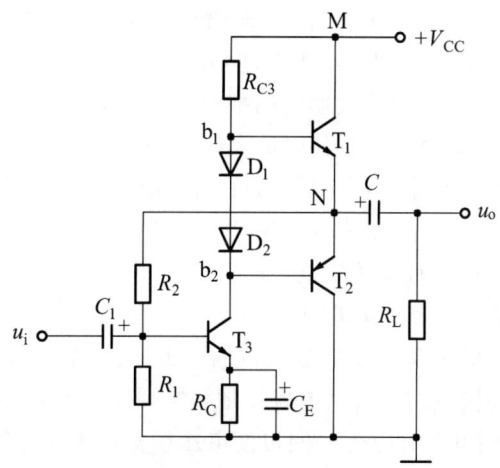

图 5-8 单电源互补对称电路

那么，如何使 N 点得到稳定的直流电压 $U_N=V_{CC}/2$？在该电路中，T_3 管的上偏置电阻 R_2 的一端与 N 点而不是与 M 点相连，即引入直流负反馈，因此只要适当选择 R_1、R_2 的阻值，就可以使 N 点直流电压稳定并容易得到 $U_N=V_{CC}/2$。值得指出，R_1、R_2 还引入了交流负反馈，使放大电路的动态性能指标得到了改善。

需要特别指出的是，采用单电源的互补对称电路，由于每个管子的工作电压不是原来的

V_{CC}，而是 $V_{CC}/2$（输出电压最大也只能达到 $V_{CC}/2$ 左右），所以前面导出的计算 P_o、P_{VT}、P_V 和 P_{VTm} 的公式中的 V_{CC} 要用 $V_{CC}/2$ 代替。

5.4 集成功率放大器

集成功率放大器由功率放大集成块和一些外部阻容元件构成。它具有线路简单、性能优越、工作可靠、调试方便等优点，额定输出功率从几瓦至几百瓦不等，已经成为音频领域中应用十分广泛的功率放大器。

集成功率放大器中最主要的组件是功率放大集成块，功率放大集成块内部通常包括有前置级、推动级和功率级等几部分电路，一般还包括消除噪声、短路保护等一些特殊功能的电路。

功率放大集成块的种类繁多，近年来市场上常见的主要有以下三家公司的产品：

① 美国国家半导体公司（NSC）的产品，其代表芯片有 LM1875、LM1876、LM3876、LM3886、LM4766、LM386 等。

② 荷兰飞利浦公司（PHILIPS）的产品，其代表芯片有 TDA15×× 系列，比较著名的有 TDA1514、TDA1521。

③ 意-法微电子公司（SGS）的产品，其代表芯片有 TDA20×× 系列，以及 DMOS 管的 TDA7294、TDA7295、TDA7296 等。

美国国家半导体公司的小功率音频功率放大集成电路 LM386 因为其外围电路比较简单，采用双列直插式封装，8 个引脚，单电源供电，电源电压范围广（4～12 V 或 5～18 V），功耗低，在 6 V 电源电压下，它的静态功耗仅为 24 mW。输入端以地位参考，同时输出端被自动偏置到电源电压的一半。频带较宽（300 kHZ），输出功率为 0.3～0.7 W，最大可达 2 W。LM386 主要应用于低电压消费类产品，特别适用于电池供电的场合。

图 5-9 所示为 LM386 集成功率放大器的内部电路，该电路由差动放大电路构成输入级，其电路形式为双端输入-单端输出结构。共射放大电路构成中间放大级，T_9 和 T_{10} 构成互补对称电路的输出级。该电路采用单电源供电的 OTL 电路形式，内部自带有反馈回路，电阻 R_7 从输出端连接至输入级，与 R_5、R_6 组成反馈网络，形成电压串联交直流负反馈，可以稳定静态工作点，减小失真。T_8、D_1、D_2 的作用是为 T_9、T_{10} 提供适当的直流偏置，以防止 T_9、T_{10} 产生交越失真。I 为恒流源，作为中间级的负载。

图 5-10（a）所示为 LM386 集成功率放大器的引脚图，2 脚为反相输入端，3 脚为同相输入端，5 脚为输出端，6 脚接电源+V_{CC}，4 脚接地，7 脚接一个旁路电容（一般取 10 μF），1 脚和 8 脚之间增加一只外接电阻和电容，便可使电压增益调为任意值（LM386 电压增益可调范围为 20～200），最大可调至 200。若 1 脚和 8 脚之间开路，则电压放大倍数为内置值 20；若 1 脚和 8 脚之间只接一个 10 μF 的电容，则电压放大倍数可达 200；如图 5-10（b）所示为 LM386 集成功率放大器的典型应用电路。图中若 R=1.2 kΩ，C=10 μF，则电压放大倍数可达 50；使用时，可通过调节电阻 R 的大小来调节电压放大倍数的大小。

LM386 在和其他电路结合使用时有可能产生自激。对于高频自激，可在输入端和地之间，引脚 8 与地之间加接一个小电容；对于低频自激，可在输入端与地之间接一电阻，同时加大电源脚（6 脚）的滤波电容。

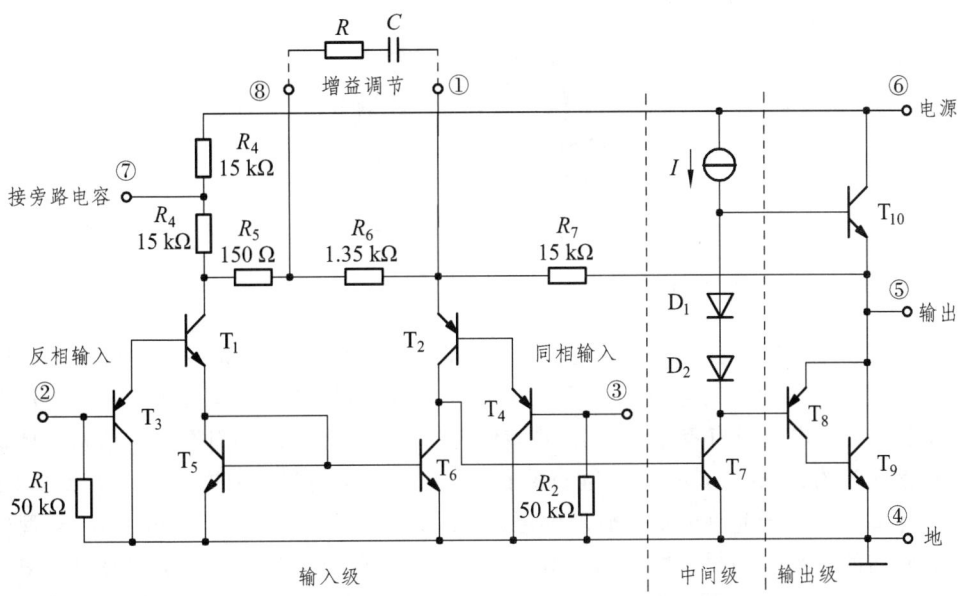

图 5-9　LM386 集成功率放大器内部电路

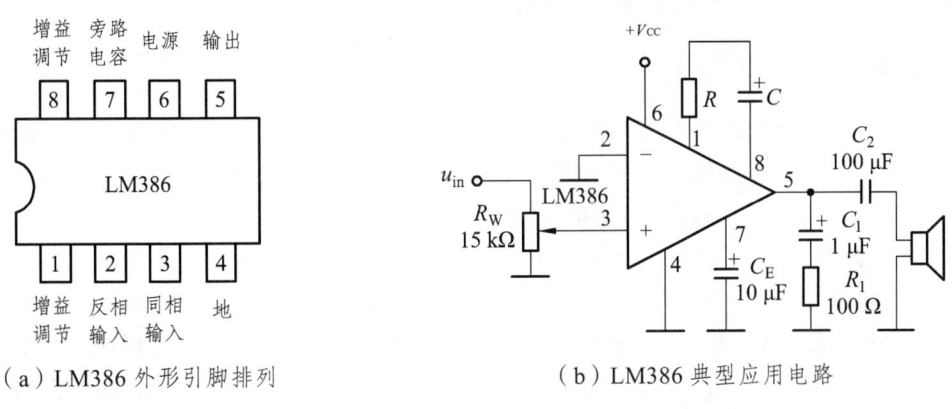

（a）LM386 外形引脚排列　　（b）LM386 典型应用电路

图 5-10　LM386 集成功率放大器的引脚图和典型应用电路

　　选择功率放大集成块时首先应注意芯片的输出功率、供电类型、最大供电电压、最小供电电压和典型供电电压值，其次考虑的因素有放大倍数（增益）的大小、效率的高低，再次要考虑芯片总谐波失真的大小、频率特性、输入阻抗和负载电阻的大小，最后还要考虑外围电路的复杂程度。

5.5　功率器件

5.5.1　功率晶体管

　　图 5-11 所示为典型的功率晶体管外形。为保证功率晶体管散热良好，通常晶体管有一个大面积的集电结并与热传导性能良好的金属外壳保持紧密接触。在很多实际应用中，还要在金属外壳上再加装散热片，甚至在机箱内功率管附近安装冷却装置，如电风扇等。

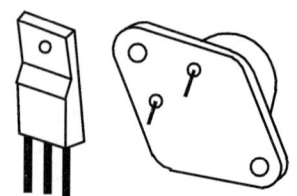

图 5-11 功率晶体管的外形

1. 功率晶体管的热击穿

在功率放大电路中，在给负载输送功率的同时，管子本身也要消耗一部分功率，这部分功率主要消耗在晶体管的集电结上（因为集电结上的电压最高，一般可达几伏甚至几十伏以上，而发射结上的电压只有零点几伏），并转化为热量使管子的结温升高。当结温升高到一定程度（锗管一般约为 90 ℃，硅管约为 150 ℃）以后，就会使管子因过热击穿而永久性损坏，因而输出功率受到管子允许的最大管耗的限制。值得注意的是，管子允许的功耗与管子的散热情况有密切的关系。如果采取适当的散热措施，就有可能充分发挥管子的潜力，增加功率管的输出功率；反之，就有可能使晶体管由于结温升高而被损坏。所以，解决好功率晶体管的散热问题，对于提高功率放大器的整机性能具有重要的意义。

2. 功率晶体管的二次击穿

在实际工作中，常发现功率晶体管的功耗并未超过允许的 P_{CM} 值，管子本身的温度也并不高（不烫手），但功率晶体管却突然失效或者性能显著下降。这种损坏有可能是由二次击穿造成的。下面就二次击穿问题进行简单介绍。

二次击穿现象可以用图 5-11 说明。当集电极电压 U_{CE} 逐渐增加时，首先出现一次击穿现象，如图 5-11 中 AB 段所示，这种击穿就是正常的雪崩击穿。当击穿出现时，只要适当限制功率晶体管的电流（或功耗），且进入击穿的时间不长，功率晶体管并不会损坏。所以一次击穿（雪崩击穿）具有可逆性。一次击穿出现后，如果继续增大 i_C 到某数值，晶体管的工作状态将以毫秒级甚至微秒级的速度移向低电压大电流区，如图 5-12 中 BC 段所示，BC 段相当于二次击穿。二次击穿的结果也是一种永久性损坏。

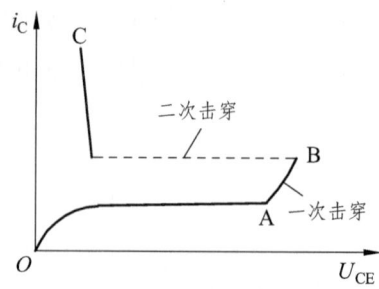

图 5-12 晶体管的二次击穿现象

产生二次击穿的原因至今尚不完全清楚。一般来说，二次击穿是一种与电流、电压、功率和结温都有关系的效应。多数人认为它的物理过程是由于流过晶体管结面的电流不均匀，造成结面局部高温（称为热斑），因而产生热击穿。这与晶体管的制造工艺有关。

晶体管的二次击穿特性对功率管,特别是外延型功率管,在运用性能的恶化和损坏方面起着重要影响,因此在电路设计参数选择时必须考虑二次击穿的因素,如增大功率余量、改善散热情况、选用较低的电源电压、不要将负载开路或短路、输入信号不要突然增大、对功率管采取适当的保护措施等。

3. 功率晶体管的安全工作区

为了保证功率管安全工作,主要应考虑功率晶体管的极限工作条件的限制,这些条件有集电极允许的最大电流 I_{CM}、集电极允许的最大电压 $U_{BR \cdot CEO}$ 和集电极允许的最大功耗 P_{CM} 等,另外还有二次击穿的临界条件。

如图 5-13 阴影线内所示为功率晶体管的安全工作区。显然,考虑了二次击穿以后,功率晶体管的安全工作范围变小了。

需要指出的是,为保证功率晶体管工作时安全可靠,实际工作时的电压、电流、功耗、结温等各变量最大值不应超过相应的最大允许极限值的 50%~80%。

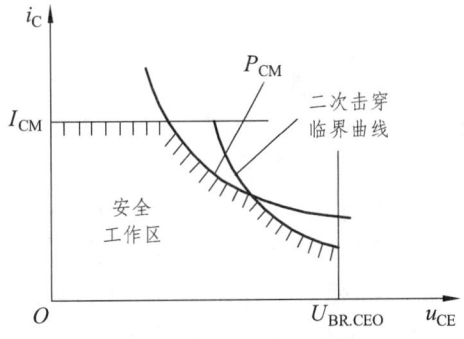

图 5-13 功率晶体管的安全工作区

5.5.2 功率 MOSFET

功率 MOSFET 的结构剖面图如图 5-14 所示。它以 N^+ 型衬底作为漏极,在其上有一层 N^- 型外延层,然后在外延层上掺杂形成一个 P 型层和一个 N^+ 型层源极区,最后利用光刻的方法沿垂直方向刻出一个 V 形槽,在 V 形槽表面有一层二氧化硅并覆盖一层金属铝,形成栅极。当栅极加正电压时,靠近栅极 V 形槽下面的 P 型半导体将形成一个 N 型反型层导电沟道(图中未画出)。可见,自由电子沿导电沟道由源极到漏极的运动是纵向的,它与第 3 章介绍的载流子是横向从源极流到漏极的小功率 MOSFET 不同。因此,这种器件被命名为 VMOSFET(简称 VMOS 管)。

参见图 5-14,由于 VMOS 管的漏区面积大,因此有利于利用散热片散去器件内部耗散的功率。同时沟道长度(当栅极加正电压时在 V 形槽下 P 型层部分形成)可以做得很短(例如 1.5 μm),且沟道间又呈并联关系(根据需要可并联多个),故允许流过的电流 I_D 很大。此外,利用现代半导体制造工艺,使 VMOS 管靠近栅极形成一个低浓度的 N^- 外延层,当漏极与栅极间的反向电压形成耗尽区时,这一耗尽区主要出现在 N^- 外延区,N^- 区的正离子密度低,电场强度低,因而有较高的击穿电压。这些都有利于 VMOS 制成大功率器件。目前制成的 VMOS 产品,耐压达 1000 V,最大连续电流值高达 200 A。

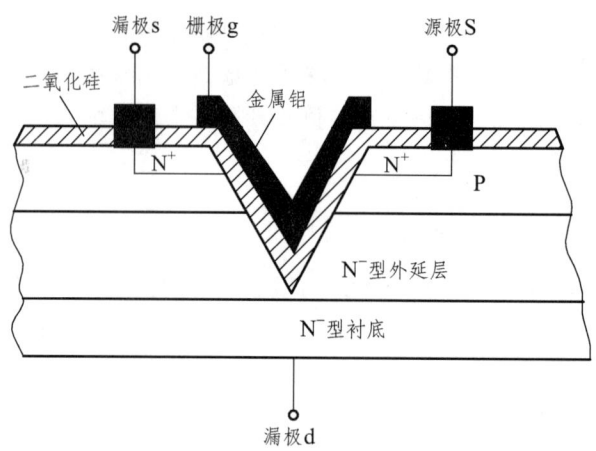

图 5-14 VMOSFET 结构剖面图

与功率 BJT 相比，VMOS 器件具有以下优点：

① 与 MOS 器件一样是电压控制电路器件，输入电阻极高，因此所需驱动电流极小，功率增益高。

② 在放大区，其转移特性几乎是线性的，g_m（跨导）基本为常数。

③ 因为漏源电阻温度系数为正，当器件温度上升时，电流受到限制，所以 VMOS 不可能有热击穿，因而不会出现二次击穿，温度稳定性高。

④ 因无少子存储问题，加上极间电容小，VMOS 的开关速度快，工作频率高，可用于高频电路（其 $f_T \approx 600$ MHz）或开关式稳压电源等。

VMOS 器件还有其他一些优点，例如导通电阻 $r_{DS,ON} \approx 3\ \Omega$。目前在 VMOSFET 的基础上又已研制出双扩散 VMOSFET，或称 DMOS 器件，这是新的发展方向之一。

5.5.3 功率模块

这里所讨论的功率模块是指由若干 BJT、MOSFET 或 BiFET（BJT-FET 组合器件）组合而成的功率部件。这种功率模块近年来发展很快，成为半导体器件的一支生力军。它的突出特点是大电流、低功耗，电压、电流范围宽，电压高达 1200 V，电流高达 400 A。现在已广泛用于不间断电源（UPS）、各种类型的电机控制驱动、大功率开关、医疗设备、换能器、音频功放等中。

功率模块包括 BJT 达林顿模块、功率 MOSFET 模块、IGBT（绝缘栅双极型三极管）模块等，按速度和功耗又可分为高速型和低饱和压降型。这里以 IGBT 模块为例，介绍功率模块的结构。

IGBT 是由具有高输入阻抗、高速的 MOSFET 和低饱和压降的 BJT 组成的。图 5-18 所示为这种 IGBT 结构的简化等效电路和器件符号。

图 5-15 中 T_2 为增强型 MOS 管，工作时，首先在施加于栅极电压之后形成导电沟道，出现 PNP 管 T_1 的基极电流，IGBT 导电；当 FET 沟道消失时，基极电流被切断，IGBT 截止。

功率模块将许多独立的大功率 BJT、MOSFET 等集合在一起封装在一个外壳中，其电极与散热片相隔离，型号不同，电路多样化，便于应用。

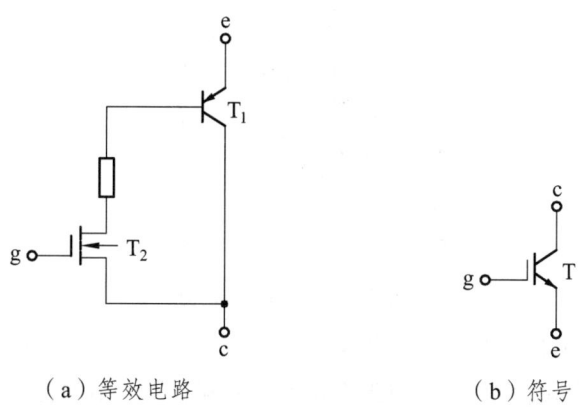

（a）等效电路　　　　　（b）符号

图 5-15　IGBT 的等效电路及符号

课后练习

5-1　如何区分晶体管是工作在甲类、乙类还是甲乙类？画出在三种工作状态下的静态工作点及相应的工作波形。

5-2　在甲类、乙类和甲乙类放大电路中，放大管的导通角分别等于多少？它们中哪一类放大电路效率高？

5-3　由于功率放大电路中的晶体管常处于接近极限工作状态，因此，在选择晶体管时必须特别注意哪三个参数？

5-4　有人说："在功率放大电路中，输出功率最大时，功放管的功率损耗也最大。"这种说法对吗？设输入信号为正弦波，对于工作在甲类的功率放大输出级和工作在乙类的互补对称功率输出级来说，这两种功放分别在什么情况下管耗最大？

5-5　与甲类功率放大电路相比，乙类互补对称功率放大电路的主要优点是什么？

5-6　乙类互补对称功率放大电路的效率在理想情况可达到多少？

5-7　设采用双电源互补对称电路，如果要求最大输出功率为 5 W，则每只功率晶体管的最大允许管耗 P_{CM} 至少应为多大？

5-8　在图 5-8 所示电路中，用二极管 D_1 和 D_2 的管压降为 T_1 和 T_2 提供适当的偏置，而二极管具有单向导电的特性，此时输入的交流信号能否通过此二极管从而也为 T_1 和 T_2 供给交流信号？说明理由。

5-9　设放大电路的输入信号为正弦波，问在什么情况下，电路的输出出现饱和及截止的失真？在什么情况下出现交越失真？用波形示意图说明这两种失真的区别。

5-10　在输入信号正弦波作用下，互补对称电路输出波形是否有可能出现线性（即频率）失真？为什么？

5-11　在单电源互补对称电路中，能用式（5-4）～（5-12）直接计算输出功率、管耗、电源供给的功率、效率并选择管子吗？

5-12　在图 5-16 所示电路中，设晶体管的 $\beta=100$，$U_{BE}=0.7$ V，$U_{CES}=0$，$I_{CEO}=0$，电容 C 对交流可视为短路，输入信号 u_i 为正弦波。

① 计算电路可能达到的最大不失真输出功率 P_{om}。

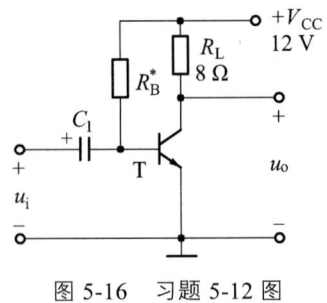

图 5-16 习题 5-12 图

② 此时 R_B 应调节到什么阻值?

③ 此时电路的效率 η 为多少? 试与工作在乙类的互补对称电路比较。

5-13 双电源互补对称电路如图 5-17 所示,已知 $V_{CC}=12\ V$,$R_L=16\ \Omega$,u_i 为正弦波。

① 求在晶体管的饱和压降 U_{CES} 可以忽略不计的条件下,负载上可能得到的最大输出功率 P_{om}。

② 每个管子允许的管耗 P_{CM} 至少应为多少?

③ 每个管子的耐压 $|U_{BR,CEO}|$ 应大于多少?

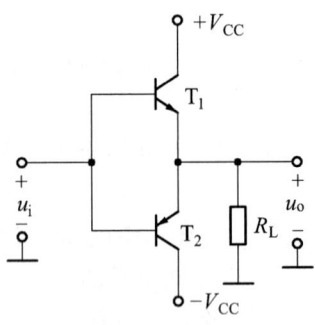

图 5-17 习题 5-13 图

5-14 参见图 5-17 所示电路,设 u_i 为正弦波,$R_L=8\ \Omega$,要求最大输出功率 $P_{om}=9\ W$,晶体管的饱和压降 U_{CES} 可以忽略不计。求:

① 正、负电源 V_{CC} 的最小值。

② 根据所求 V_{CC} 最小值,计算相应的最小值 I_{CM}、$|U_{BR,CEO}|$。

③ 输出功率最大($P_{om}=9\ W$)时,电源供给的功率 P_V。

④ 每个管子允许的管耗 P_{CM} 的最小值。

⑤ 当输出功率最大($P_{om}=9\ W$)时所要求的输入电压有效值。

5-15 参见图 5-17 所示电路,管子在输入信号 u_i 作用下,在一周内 T_1 和 T_2 轮流导通约 180°,电源电压 $V_{CC}=20\ V$,负载 $R_L=8\ \Omega$。试计算:

① 在输入信号 $U_i=10\ V$(有效值)时,电路的输出功率、管耗、直流电源供给的功率和效率。

② 当输入信号 U_i 的幅值 $U_{im}=V_{CC}=20\ V$ 时,电路的输出功率、管耗、直流电源供给的功率和效率。

5-16 一单电源互补对称电路如图 5-18 所示,设 u_i 为正弦波,$R_L=8\ \Omega$,管子的饱和压降 U_{CES} 可以忽略不计。试求最大不失真输出功率 P_{om}(不考虑交越失真)为 $9\ W$ 时,电源电压

V_{CC} 至少应为多大?

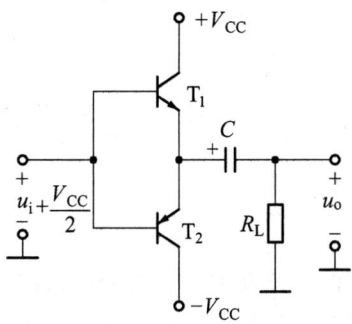

图 5-18　习题 5-16 图

5-17　参见图 5-8 所示单电源互补对称电路,设 $V_{CC}=12$ V,$R_L=8$ Ω,C 的电容量很大,u_i 为正弦波,在忽略管子饱和压降 U_{CES} 的情况下,试求该电路的最大输出功率 P_{om}。

第 6 章　直流稳压电源

直流稳压电源是一种当电网电压波动或负载改变时，能保持输出直流电压基本不变的电源装置。电子计算机、测量仪器、自动控制系统等许多电子设备和装置都要求用直流稳压电源供电。

常用的小功率直流稳压电源由电源变压器、整流电路、滤波电路、稳压电路四部分组成，图 6-1 所示是小功率直流稳压电源的结构框图。

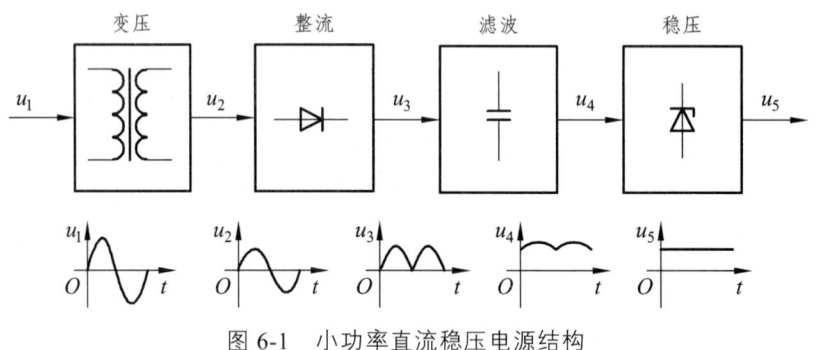

图 6-1　小功率直流稳压电源结构

6.1　整流滤波电路

利用二极管的单向导电性，将交流电变换成单向脉动直流电的电路，称为整流电路。整流电路可分为单相整流电路和三相整流电路，单相整流电路又分为半波整流、全波整流和桥式整流电路。在小功率电路中，一般采用单相桥式整流电路。

下面分析整流电路时，为简单起见，把二极管当作理想元件来处理，即认为它的正向导通电阻为零，反向电阻为无穷大。

6.1.1　单相桥式整流电路

单相桥式整流电路如图 6-2（a）所示，图中 Tr 为电源变压器，它的作用是将交流电网电压 u_1 变成整流电路要求的交流电压 $u_2 = \sqrt{2}U_2 \sin\omega t$，$R_L$ 是要求直流供电的负载电阻，4 只整流二极管 $V_1 \sim V_4$ 接成电桥的形式，故有桥式整流电路之称。图 6-2（b）是它的简化画法。

在电源电压 u_2 的正、负半周内（设 A 端为正，B 端为负时是正半周），电流通路分别用图 6-2（a）中实线和虚线箭头表示。负载 R_L 上的电压 u_o 的波形如图 6-3 所示。电流 i_o 的波形与 u_o 的波形相同。显然，它们都是单方向的全波脉动波形。

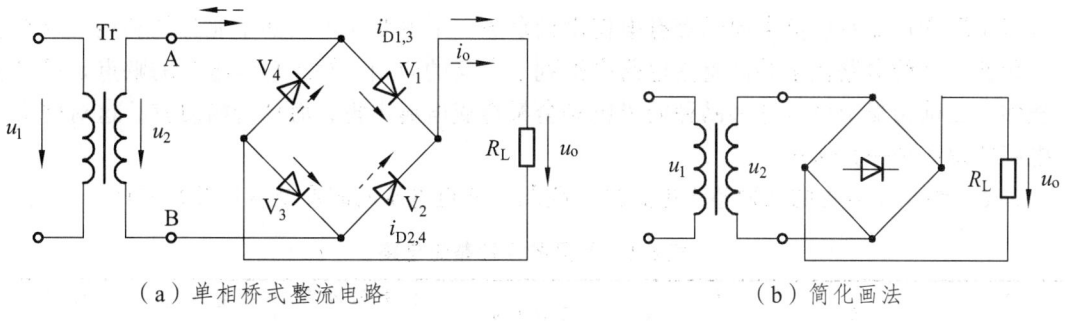

(a）单相桥式整流电路　　　　　　　　（b）简化画法

图 6-2　单相桥式整流电路图

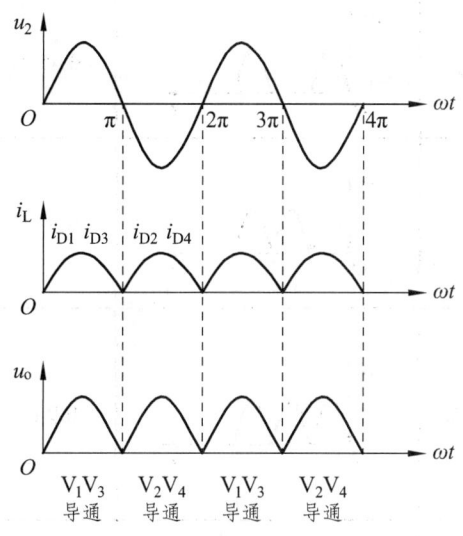

图 6-3　单相桥式整流波形

单相桥式整流电压的平均值为

$$U_o = \frac{1}{\pi}\int_0^\pi \sqrt{2}U_2 \sin\omega t\,d\omega t = \frac{2\sqrt{2}}{\pi}U_2 = 0.9U_2$$

流过负载电阻 R_L 的电流平均值为

$$I_o = \frac{0.9U_2}{R_L}$$

在桥式整流电路中，二极管 V_1、V_3 和 V_2、V_4 是两两轮流导通的，所以流经每个二极管的平均电流为

$$I_D = \frac{1}{2}I_L = \frac{0.45U_2}{R_L}$$

二极管在截止时管子承受的最大反向电压 U_{RM} 可从图 6-3（a）看出。在 u_2 正半周时，V_1、V_3 导通，V_2、V_4 截止。此时 V_2、V_4 所承受到的最大反向电压均为 u_2 的最大值，即

$$U_{RM} = \sqrt{2}U_2$$

同理，在 u_2 的负半周时 V_1、V_3 也承受同样大小的反向电压。

桥式整流电路的优点是输出电压高，纹波电压较小，管子所承受的最大反向电压较低，

同时因电源变压器在正负半周内都有电流供给负载,电源变压器得到了充分的利用,效率较高。因此,这种电路在半导体整流电路中得到了广泛的应用。桥式整流电路的缺点是用二极管较多。目前市场上已有许多品种的半桥和全桥整流电路出售,而且价格便宜,这对桥式整流电路的缺点是一大弥补。

表 6-1 给出了常见的几种整流电路的电路图、整流电压的波形及各项参数的计算公式。

表 6-1 常见的几种整流电路

类型	电路	整流电压的波形	整流电压平均值	每管电流平均值	每管承受最高反压
单相半波	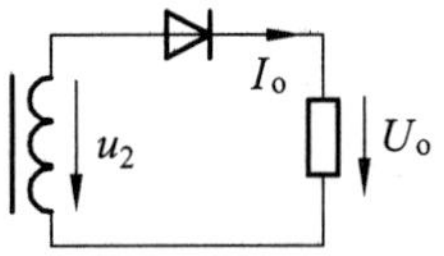	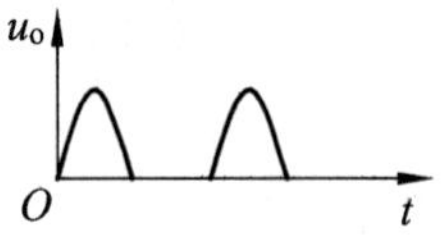	$0.45U_2$	I_o	$\sqrt{2}U_2$
单相全波	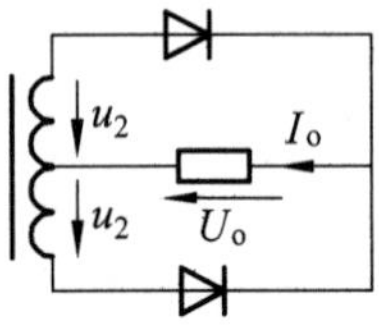	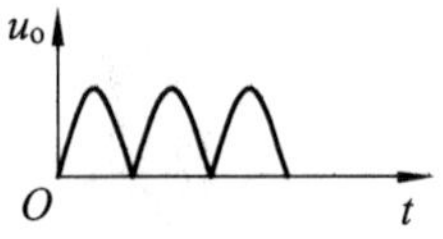	$0.9U_2$	$\frac{1}{2}I_o$	$2\sqrt{2}U_2$
单相桥式	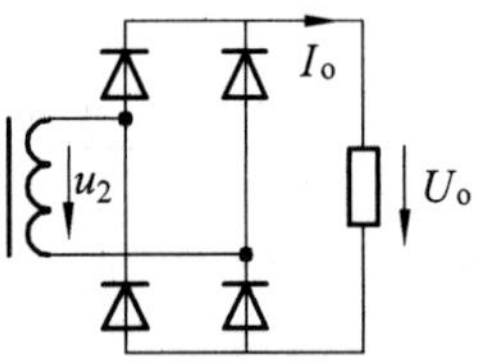	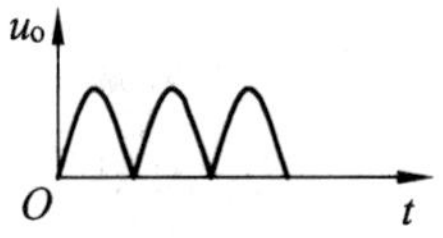	$0.9U_2$	$\frac{1}{2}I_o$	$\sqrt{2}U_2$
三相半波	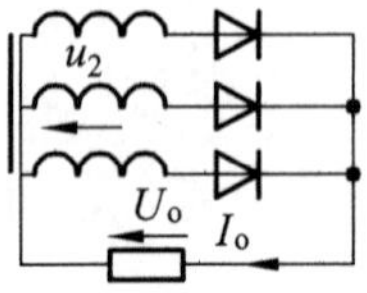	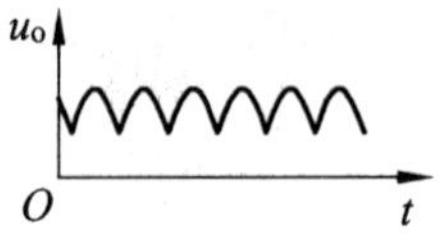	$1.17U_2$	$\frac{1}{3}I_o$	$\sqrt{3}\sqrt{2}U_2$
三相桥式	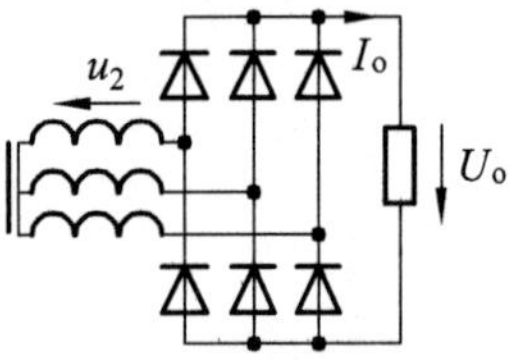	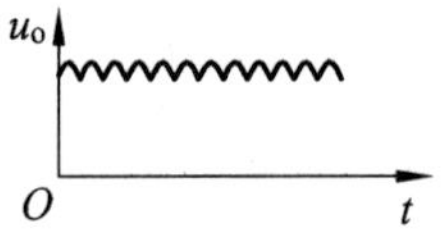	$2.34U_2$	$\frac{1}{3}I_o$	$\sqrt{3}\sqrt{2}U_2$

6.1.2 滤波电路

整流电路虽然能把交流电转换为直流电,但是输出的都是脉动直流电,其中仍含有很大的交流成分,称为纹波。为了得到平滑的直流电,必须滤除整流电压中的纹波,这一过程称为滤波。常用的滤波电路有电容滤波、电感滤波、复式滤波及有源滤波电路。这里仅讨论电容滤波和电感滤波电路。

1. 电容滤波电路

电容滤波电路是最简单的滤波器,它是在整流电路的负载上并联一个电容 C。电容一般采用带有正负极性的大容量电容器，如电解电容、钽电容等，电路形式如图6-4所示。

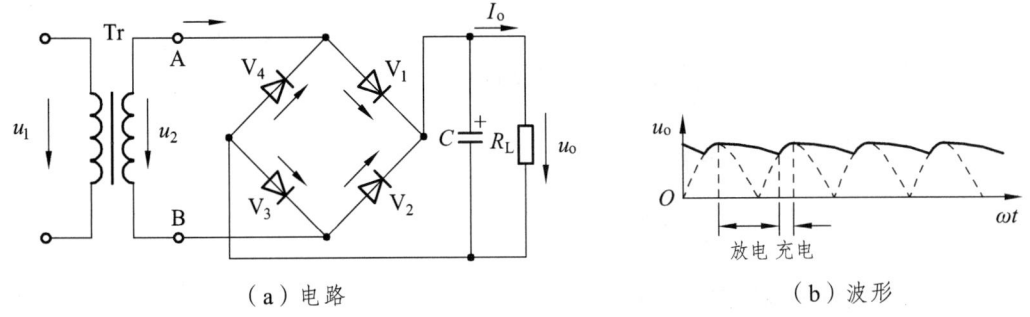

（a）电路　　　　　　　　　　（b）波形

图6-4　桥式整流电容滤波电路及波形

（1）滤波原理。

电容滤波是通过电容器的充电、放电来滤掉交流分量的。当 u_2 为正半周并且数值大于电容两端电压 u_C 时，二极管 V_1 和 V_3 管导通，V_2 和 V_4 管截止，电流一路流经负载电阻 R_L，另一路对电容 C 充电。当 $u_C > u_2$，导致 V_1 和 V_3 管反向偏置而截止时，电容通过负载电阻 R_L 放电，u_C 按指数规律缓慢下降。当 u_2 为负半周且其幅值变化到恰好大于 u_C 时，V_2 和 V_4 因加正向电压变为导通状态，u_2 再次对 C 充电，u_C 上升到 u_2 的峰值后又开始下降；下降到一定数值时 V_2 和 V_4 变为截止，C 对 R_L 放电，u_C 按指数规律下降；放电到一定数值时 V_1 和 V_3 变为导通，重复上述过程。由波形可见，桥式整流接电容滤波后，输出电压的脉动程度大为减小。

（2）U_o 的大小与元件的选择。

电容充电时间常数为 $\tau_1 = rC$（r 为二极管正向电阻），由于 r 值较小，所以充电速度快；放电时间常数为 $\tau_2 = R_L C$，由于 R_L 值较大，所以放电速度慢。$R_L C$ 愈大，滤波后输出电压愈平滑，并且其平均值愈大。

当负载 R_L 开路时，τ_2 无穷大，电容 C 无放电回路，U_o 达到最大，即 $U_o = \sqrt{2} U_2$；若 R_L 很小，则输出电压几乎与无滤波时相同。因此，电容滤波器输出电压在 $0.9 U_2 \sim \sqrt{2} U_2$ 范围内波动，在工程上一般采用经验公式估算其大小：

半波整流（有电容滤波）$U_o = U_2$

全波整流（有电容滤波）$U_o = 1.2 U_2$

为了获得比较平滑的输出电压，一般要求 $R_L C \geqslant (3 \sim 5) T/2$，式中 T 为交流电源的周期。对于单相桥式整流电路而言，无论有无滤波电容，二极管的最高反向工作电压都是 $\sqrt{2} U_2$。关于滤波电容值的选取应视负载电流的大小而定，一般在几十微法到几毫法，电容器耐压考虑电网电压10%波动应大于 $1.1 \sqrt{2} U_2$。

【例6-1】需要一单相桥式整流电容滤波电路，电路如图6-5所示。交流电源频率 $f = 50\,\text{Hz}$，负载电阻 $R_L = 120\,\Omega$，要求直流电压 $U_o = 30\,\text{V}$，试选择整流元件及滤波电容。

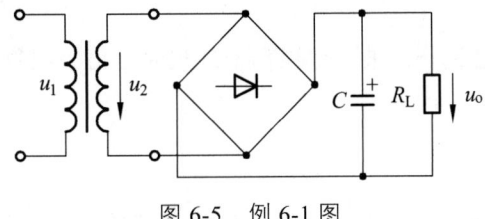

图6-5　例6-1图

解:(1)选择整流二极管。
① 流过二极管的平均电流

$$I_D = \frac{1}{2}I_o = \frac{1}{2}\frac{U_o}{R_L} = \frac{1}{2} \times \frac{30}{120} = 125 \text{ mA}$$

由于 $U_o = 1.2U_2$,所以交流电压有效值

$$U_2 = \frac{U_o}{1.2} = \frac{30}{1.2} \text{V} = 25 \text{ V}$$

② 二极管承受的最高反向工作电压

$$U_{RM} = \sqrt{2}U_2 = \sqrt{2} \times 25 \text{ V} = 35 \text{ V}$$

可以选用 2CZ11A($I_{RM}=1000 \text{ mA}$, $U_{RM}=100 \text{ V}$)整流二极管 4 个。
(2)选择滤波电容 C。

取 $R_L C = 5 \times \frac{T}{2}$,而 $T = \frac{1}{f} = \frac{1}{50} = 0.02 \text{ s}$,所以 $C = \frac{1}{R_L} \times 5 \times \frac{T}{2} = \frac{1}{120} \times 5 \times \frac{0.02}{2} = 417 \text{ μF}$;耐压值 $U_C = 1.1\sqrt{2}U_2 = 1.1 \times \sqrt{2} \times 25 = 38.85 \text{ V}$,可以选用 C=500 μF、耐压值为 50 V 的电解电容器。

电容滤波电路结构简单,输出电压较高,脉动较小,但电路的带负载能力不强,因此,电容滤波通常适合在电流小且变动不大的电子设备中使用。

2. 电感滤波电路

电感滤波电路利用电感器两端的电流不能突变的特点,把电感器与负载串联起来,以达到使输出电流平滑的目的。从能量的观点看,当电源提供的电流增大(由电源电压增加引起)时,电感器 L 把能量存储起来;而当电流减小时,又把能量释放出来,使负载电流平滑,所以电感 L 有平波作用。电感滤波适用于负载电流较大的场合。它的缺点是制作复杂、体积大、笨重且存在电磁干扰。电感滤波电路如图 6-6 所示。

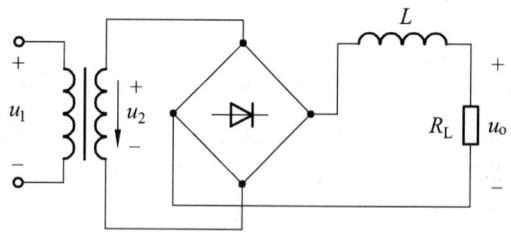

图 6-6 桥式整流电感滤波电路

3. 复合滤波电路

当单独使用电容或电感进行滤波,效果仍不理想时,可采用复合滤波电路。复合滤波电路如图 6-7 所示。

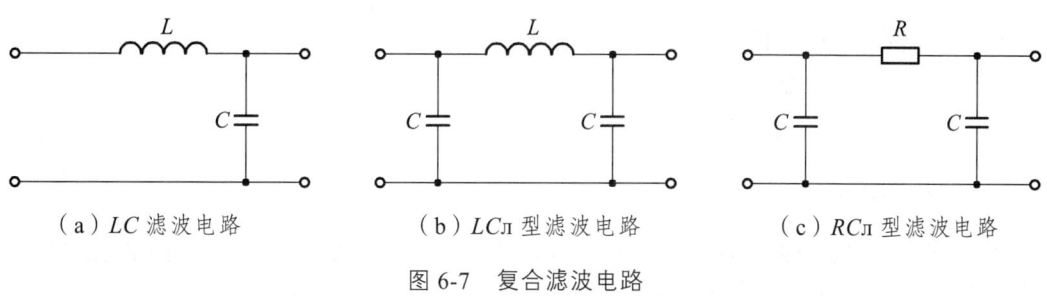

(a) LC 滤波电路　　　　　　(b) LCπ 型滤波电路　　　　　　(c) RCπ 型滤波电路

图 6-7　复合滤波电路

6.1.3　倍压整流电路

倍压整流电路由电源变压器、整流二极管、倍压电容和负载电阻组成。它可以输出高于变压器次级电压二倍、三倍或 n 倍的电压，一般用于高电压、小电流的场合。

二倍压整流电路如图 6-8（a）所示。其工作原理是：在 u_2 的正半周，V_1 导通，V_2 截止，电容 C_1 被充电到接近 u_2 的峰值 u_{2m}；在 u_2 的负半周，V_1 截止，V_2 导通，这时变压器次级电压 u_2 与 C_1 所充电压极性一致，二者串联，且通过 V_2 向 C_2 充电使 C_2 上充电电压可接近 $2u_{2m}$。当负载 R_L 并接在 C_2 两端时（R_L 一般较大），R_L 上的电压 U_L 也可接近 $2u_{2m}$。图 6-8（b）所示为 n 倍压整流电路，其整流原理与二倍压整流电路相同。可见，只要增加整流二极管和电容的数目，便可得到所需要的 n 倍压（n 个二极管和 n 个电容）整流电路。

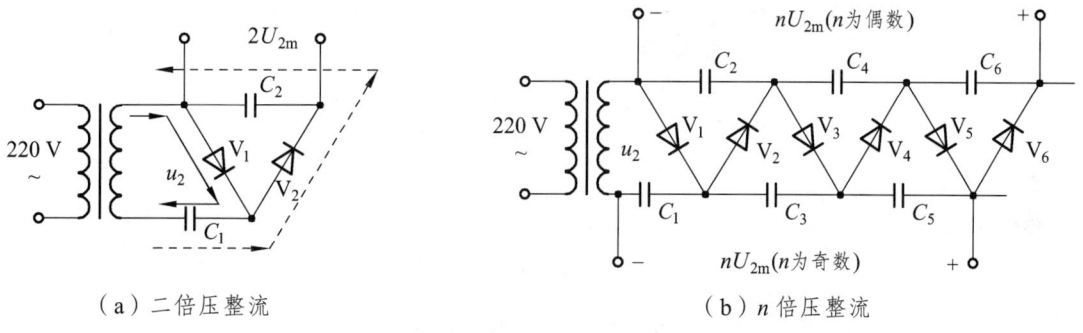

(a) 二倍压整流　　　　　　　　　　　　(b) n 倍压整流

图 6-8　桥式整流电容滤波电路及波形

6.2　线性稳压电路

6.2.1　稳压电路的主要技术指标

稳压电源的技术指标分为两种：一种是特性指标，包括允许的输入电压、输出电压、输出电流及输出电压调节范围等；另一种是质量指标，用来衡量输出直流电压的稳定程度，包括稳压系数、输出电阻、温度系数及纹波电压等。应用中最主要考虑的有：

1. 稳压系数 S（越小越好）

稳压系数 S 反映电网电压波动时对稳压电路的影响，定义为当负载固定时，输出电压的

相对变化量与输入电压的相对变化量之比

$$S = \frac{\Delta U_O}{U_O} / \frac{\Delta U_I}{U_I}$$

2. 输出电阻 R_O（越小越好）

输出电阻 R_O 用来反映稳压电路受负载变化的影响，定义为当输入电压固定时输出电压变化量与输出电流变化量之比。它实际上就是电源戴维南等效电路的内阻。

$$R_O = \frac{\Delta U_O}{\Delta I_O}$$

6.2.2 并联型稳压管稳压电路

并联型稳压电路是最简单的一种稳压电路，如图 6-9 所示，因其稳压管 V_Z 与负载电阻 R_L 并联而得名。这种电路主要用于对稳压要求不高的场合，有时也作为基准电压源。

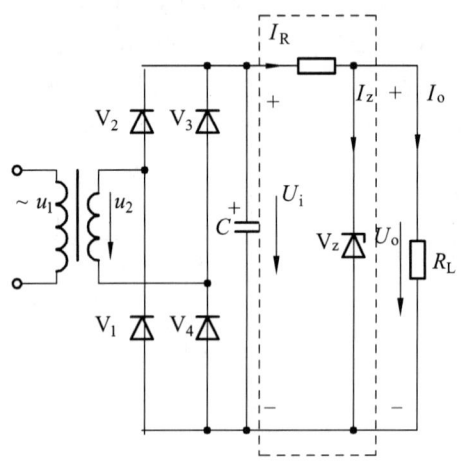

图 6-9　稳压管稳压电路

引起电压不稳定的原因是交流电源电压的波动和负载电流的变化。设负载 R_L 不变，U_i 因交流电源电压增加而增加，则负载电压 U_o 也要增加，稳压管的电流 I_Z 急剧增大，因此电阻 R 上的压降急剧增加，这就抵偿了 U_i 的增加，从而使负载电压 U_o 保持近似不变（图 6-10）。当 U_i 因交流电源电压降低而降低时，稳压过程与上述过程相反。

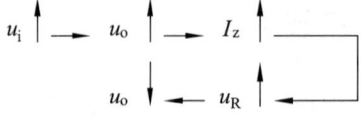

图 6-10　u_i 上升时的稳压过程

如果保持电源电压不变，负载电流 I_o 增大时，电阻 R 上的压降也增大，负载电压 U_o 因而下降，稳压管电流 I_Z 急剧减小，从而补偿了 I_o 的增加，使得通过电阻 R 的电流和电阻上的压降保持近似不变，因此负载电压 U_o 也就近似稳定不变。当负载电流减小时，稳压过程相反。

选择稳压管时，一般取：

$$U_Z = U_o$$
$$I_{Z\max} = (1.5 \sim 3) I_{o\max}$$
$$U_i = (2 \sim 3) U_o$$

【例 6-2】有一稳压管稳压电路，如图 6-9 所示。负载电阻 R_L 由开路变到 3 kΩ，交流电压经整流滤波后得出 $U_i = 45$ V。今要求输出直流电压 $U_O = 15$ V，试选择稳压管 V_Z。

解：根据输出直流电压 $U_O = 15$ V 的要求，有

$$U_Z = U_o = 15 \text{ V}$$

由输出电压 $U_O = 15$ V 及最小负载电阻 $R_L = 3$ kΩ 的要求，负载电流最大值

$$I_{o\max} = \frac{U_o}{R_L} = \frac{15}{3} = 5 \text{ mA}$$

$$I_{Z\max} = 3 I_{O\max} = 15 \text{ mA}$$

查半导体器件手册，选择稳压管 2CW20，其稳定电压 $U_Z = 13.5 \sim 17$ V，稳定电流 $I_Z = 5$ mA，$I_{Z\max} = 15$ mA。

6.2.3 串联型稳压电路

图 6-11 所示是串联反馈型稳压电路的一般结构，图中 U_i 是整流滤波电路的输出电压，V 为调整管，A 为比较放大器，U_{REF} 为基准电压，取样电阻 R_1 与 R_2 组成反馈网络用来反映输出电压的变化。这种稳压电路的主回路是工作于线性状态的调整管 V 与负载串联，故称为串联型稳压电路。输出电压的变化量由反馈网络取样经放大器放大后去控制调整管 V 的 c-e 极间的电压降，从而达到稳定输出电压 U_o 的目的。稳压原理可简述如下：当输入电压 U_i 增加（或负载电流 I_o 减小）时，导致输出电压 U_o 增加，随之反馈电压 $U_F = U_o R_2 / (R_1 + R_2) = F_U U$ 也增加（F_U 为反馈系数）。U_F 与基准电压 U_{REF} 相比较，其差值电压经比较放大器放大后使 U_B 和 I_C 减小，调整管 V 的 c-e 极间的电压 U_{CE} 增大，使 U_o 下降，从而维持 U_o 基本恒定。

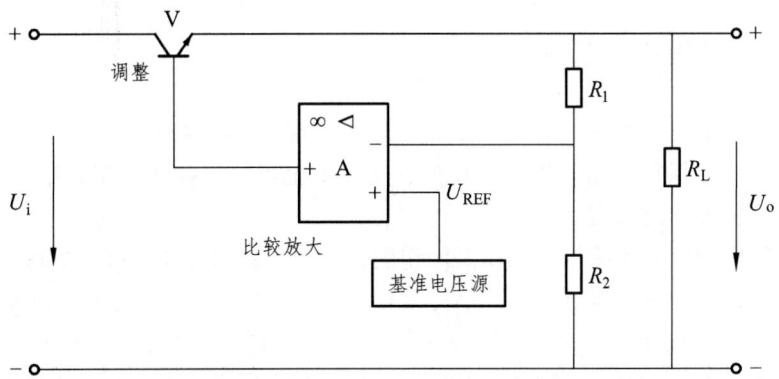

图 6-11　串联型稳压电路的一般结构

同理，当输入电压 U_i 减小（或负载电流 I_o 增加）时，也能使输出电压基本保持不变。

从反馈放大器的角度来看，这种电路属于电压串联负反馈电路。调整管 V 连接成射极跟随器。因而可得

$$U_B = A_u(U_{REF} - F_U U_o) \approx U_o \text{ 或 } U_o = U_{REF}\frac{A_u}{1+A_u F_U}$$

式中 A_u 是比较放大器的电压放大倍数，是考虑了所带负载的影响的，与开环放大倍数 A_{uo} 不同。在深度负反馈条件下，$|1+A_u F_U| \gg 1$ 时，可得

$$U_o = \frac{U_{REF}}{F_U}$$

上式表明，输出电压 U_o 与基准电压 U_{REF} 近似成正比，与反馈系数 F_U 成反比。当 U_{REF} 及 F_U 已定时，U_o 也就确定了。因此它是设计稳压电路的基本关系式。

值得注意的是，调整管 V 的调整作用是依靠 F_U 和 U_{REF} 之间的偏差来实现的，必须有偏差才能调整。如果 U_o 绝对不变，调整管的 U_{CE} 也绝对不变，那么电路也就不能起调整作用了。所以 U_o 不可能达到绝对稳定，只能是基本稳定。因此，图 6-11 所示的系统是一个闭环有差调整系统。

由以上分析可知，当反馈越深时，调整作用越强，输出电压 U_o 也越稳定，电路的稳压系数和输出电阻 R_o 也就越小。

分立元件组成的稳压电源电路如图 6-12 所示，该电路就是典型的串联稳压电源，其中变压器用于将 220V 市电降成需要的电压后，经过桥式整流和滤波，将交流电变成直流电并滤去纹波，经过简单的串联稳压电路，输出端得到稳定的直流电压。

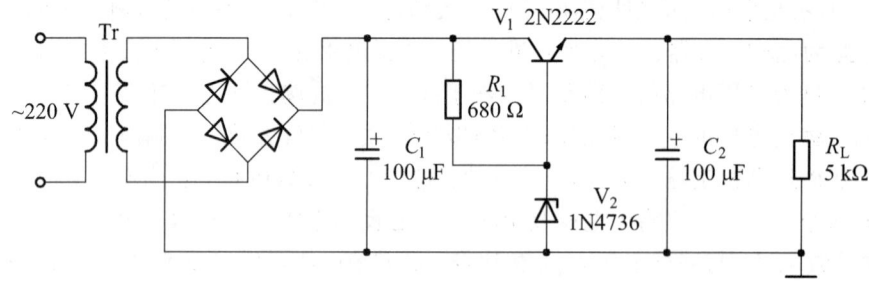

图 6-12 简单的串联稳压电源

6.2.4 三端集成稳压器

三端集成稳压电路的外部只有三个端子：输入、输出和公共端。在三端稳压电源芯片内有过流、过热及短路保护电路。该种芯片具有使用安全可靠、接线简单、维护方便、价格低廉等优点，当前已被广泛采用。

三端固定集成稳压电路的输出电压是固定的，常用的是 CW7800/CW7900 系列。W7800 系列输出正电压，其输出电压有 5 V、6 V、7 V、8 V、9 V、10 V、12 V、15 V、18 V、20 V 和 24 V 共 11 个挡。该系列的输出电流分 5 档，7800 系列是 1.5 A，78M00 是 0.5 A，78L00 是 0.1 A，78T00 是 3 A，78H00 是 5 A。W7900 系列与 W7800 系列所不同的是输出电压为负值。

三端稳压器的工作原理与前述串联反馈式稳压电源的工作原理基本相同，由采样、基准、放大和调整等单元组成。集成稳压器只有三个引出端子：输入、输出和公共端。输入端接整流滤波电路，输出端接负载，公共端接输入、输出的公共连接点。为使它工作稳定，在输入和输出端与公共端之间并接一个电容。使用三端稳压器时注意一定要加散热器，否则它不能

工作到额定电流。

图 6-13 所示为三端式集成稳压电路的典型应用接线图。正常工作时，输入、输出电压差 2~3 V。电容 C_1 用来实现频率补偿，C_2 用来抑制稳压电路的自激振荡，C_1 一般为 0.33 μF，C_2 一般为 1 μF。

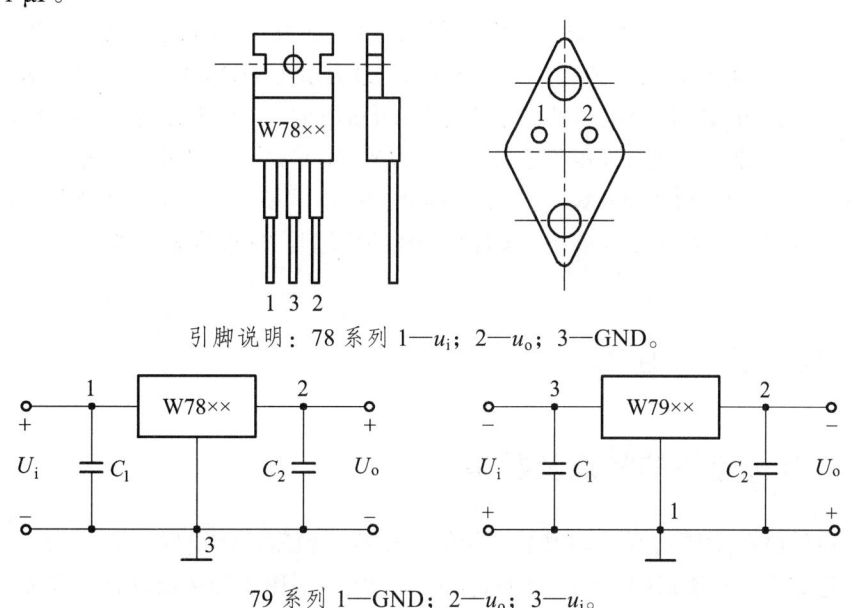

引脚说明：78 系列 1—u_i；2—u_o；3—GND。

79 系列 1—GND；2—u_o；3—u_i。

图 6-13 三端稳压器外形及典型应用电路

三端可调输出电压集成稳压器是在三端固定式集成稳压器基础上发展起来的生产量大、应用面广的产品，它也有正电压输出 LM117、LM217 和 LM317 系列，负电压输出 LM137、LM237 和 LM337 系列两种类型。它既保留了三端稳压器的简单结构形式，又克服了固定式输出电压不可调的缺点，从内部电路设计上及集成化工艺方面采用了先进的技术，性能指标比三端固定稳压器的高一个数量级，输出电压在 1.25~37 V 范围内连续可调。三端可调输出电压集成稳压器稳压精度高、价格便宜，称为第二代三端式稳压器。

LM317 是三端可调稳压器的一种，它具有输出 1.5 A 电流的能力，典型应用的电路见图 6-14。该电路的输出电压范围为 1.25~37 V。输出电压的近似表达式是

$$V_O = V_{REF}\left(1 + \frac{R_2}{R_1}\right)$$

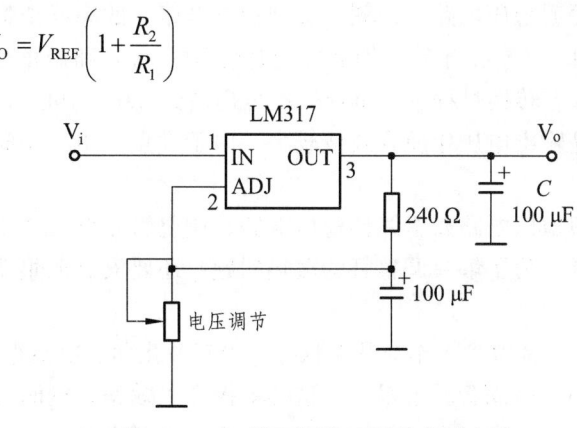

图 6-14 三端可调稳压器的典型电路

其中 V_{REF}=1.25 V。如果 R_1=240 Ω，R_2=2.4 kΩ，则输出电压近似为 13.75 V。

前述三端稳压器的缺点是输入输出之间必须维持 2～3 V 的电压差才能正常工作，在电池供电的装置中不能使用，例如，7805 在输出 1.5 A 时自身的功耗达到 4.5 W，不仅浪费能源还需要散热器散热。Micrel 公司生产的三端稳压电路 MIC29150，具有 3.3 V、5 V 和 12 V 三种电压，输出电流 1.5 A，具有和 7800 系列相同的封装，与 7805 可以互换使用。该器件的特点是：压差低，在 1.5 A 输出时的典型值为 350 mV，最大值为 600 mV；输出电压精度为±2%；最大输入电压可达 26 V，输出电压的温度系数为 20 mV/°C，工作温度为-40～125 °C；有过流保护、过热保护、电源极性接反及瞬态过压保护(-20～60 V)功能。该稳压器输入电压为 5.6 V，输出电压为 5.0 V，功耗仅为 0.9 W，比 7805 的 4.5 W 小得多，可以不用散热片。如果采用市电供电，则变压器功率可以相应减小。MIC29150 的使用与 7805 完全一样。

6.3 开关电源电路

6.3.1 开关电源的特点及类型

开关型稳压电源主要由开关调整管、储能变压器、稳压控制电路、激励脉冲产生电路组成。它直接把交流电整流成约 300 V 的直流电压，然后采用半导体器件作为开关，通过控制开关的占空比把 300 V 直流电压变换成各种所需的直流输出电压。开关型稳压电源具有体积小、质量轻、功耗小、效率高、稳压范围宽、可靠性高等优点。但同时也存在电路复杂、维修麻烦、高次谐波辐射易对电路构成干扰等缺点。

按开关管与负载的连接方式不同可将开关型稳压电源分为串联开关式稳压电源和并联开关式稳压电源两种类型。

6.3.2 开关电源基本结构与工作原理

串联反馈型稳压电路由于调整管工作在线性放大区，因此在负载电流较大时，调整管的集电极损耗（$P_C=V_{CE}I_O$）相当大，电源效率较低，有时还要配备庞大的散热装置。为了克服上述缺点，可采样串联开关型稳压电路，串联开关型稳压电路中的串联调整管工作在开关状态（即饱和导通和截止两种状态）。由于管子饱和导通时管压降 U_{CES} 和截止时管子的电流 I_{CEO} 都很小，管耗主要发生在状态转换过程中，电源效率可提高到 80%～90%，所以它的体积小、质量轻。它的主要缺点是输出电压中所含纹波较大。由于优点突出，串联反馈型稳压电路目前应用日趋广泛。

前面所介绍的串联型稳压电路属于线性稳压电路，调整管始终工作于线性放大区，因此自身功率消耗大、效率低。为了解决调整管的散热问题，还要安装散热器，这必然要增大电子设备的体积和质量。

在开关型稳压电路中，调整管工作在开关状态。当其截止前，电流很小，因而管耗很小；当其饱和时，管压降很小，因而管耗也很小。这样就提高了效率，同时可减轻体积和质量。此外，开关型稳压电路更易于实现自动保护，因此在现代电子设备（如电视机、计算机、航天仪器等)中得到了广泛的应用。

图 6-15 所示为串联开关型稳压电路组成框图,开关调整管 V_1 与负载 R_L 串联。

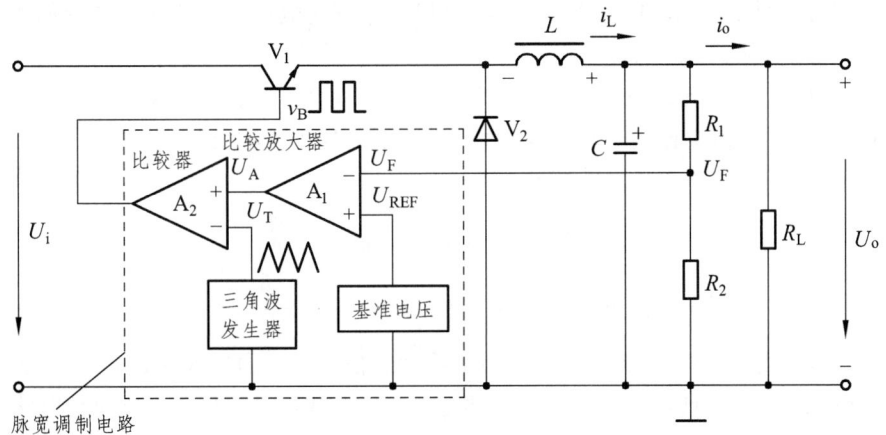

图 6-15 开关型稳压电路原理图

基准电压电路提供稳定的基准电压 U_R,比较放大器 A_1 对取样电压 U_F 与基准电压 U_R 的差值进行放大,其输出电压 U_A 送到电压比较器 A_2 的同相输入端。振荡器产生一个频率固定的三角波 U_T,它决定了电源的开关频率。U_T 送到电压比较器 A_2 的反相输入端,与 U_A 进行比较。当 $U_A>U_T$ 时,A_2 输出电压 U_B 为高电平,调整管 V_1 饱和导通;当 $U_A<U_T$ 时,输出电压 U_B 为低电平,调整管 V_1 截止。U_A、U_T 和 U_B 波形如图 6-16(a)、(b)所示。

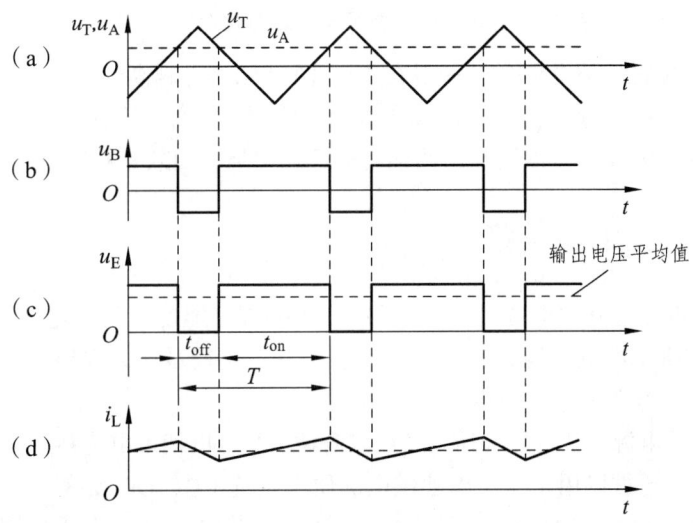

图 6-16 串联开关型稳压电路波形图

设开关调整管的导通时间为 t_{on},截止时间为 t_{off}[图 6-16(c)],脉冲波形的占空比定义为

$$q = \frac{t_{on}}{T} = \frac{t_{on}}{t_{on}+t_{off}}$$

当开关调整管饱和导通时,忽略饱和压降,$U_E \approx U_i$,则输出电压平均值为

$$U_o = qU_i$$

电路采用 LC 滤波，V_1 为续流二极管。当调整管 V_1 导通时，二极管 V_2 截止；当 V_1 截止时，电感 L 的自感电动势 e_L 极性如图 6-15 所示。自感电动势 e_L 加在 R_L 和 V_2 的回路上，二极管 V_2 导通（电容 C 同时放电），负载 R_L 中继续保持原方向电流。续流滤波波形如图 6-16（d）所示。

假设输出电压 U_o 升高，取样电压同时增大，比较放大器 A_1 输出电压 U_A 下降，调整管 V_1 导通时间 t_{on} 减小，占空比 q 减小，输出电压 U_o 随之减小，结果使 U_o 基本不变。调节过程可用下式表示：

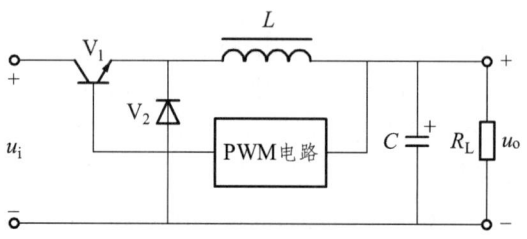

以上控制过程是在保持调整管开关周期 T 不变的情况下，通过改变调整管导通时间 t_{on} 来调节脉冲占空比，从而实现稳压的，故称为脉宽调制式（PWM）稳压电源，简化电路如图 6-17 所示。

图 6-17 串联开关型稳压电路简化电路

开关型稳压电源的最低开关频率 f_T 一般在 10 ~ 100 kHz。f_T 越高，需要使用的 L、C 值越小。这样，系统的尺寸和质量将会减小，成本将随之降低。另外，开关频率的增加将使开关调整管单位时间转换的次数增加，使开关调整管的管耗增加，而效率将降低。

6.3.3 实际开关电源电路

采用集成 PWM 电路是开关电源的发展趋势，其特点是：能使电路简化、使用方便、工作可靠、性能提高。它将基准电压源、三角波电压发生器、比较器等集成到一块芯片上，做成各种封装的集成电路，习惯上又称为集成脉宽调制器。

使用 PWM 的开关电源，既可以降压，又可以升压，既可以把市电直接转换成需要的直流电压（AC-DC 变换），还可以用于使用电池供电的便携设备（DC-DC 变换）。

MAX668 是 MAXIM 公司的产品，被广泛用于便携产品中。该电路采用固定频率、电流反馈型 PWM 电路，脉冲占空比由 $(U_{out}-U_{in})/U_{in}$ 决定，其中 U_{out} 和 U_{in} 是输出输入电压。输出误差信号是电感峰值电流的函数，内部采用双极性和 CMOS 多输入比较器，可同时处理输出误差信号、电流检测信号及斜率补偿纹波。MAX668 具有低的静态电流（220 μA），工作频率可调（100 ~ 500 kHz），输入电压范围为 3 ~ 28 V，输出电压可高至 28 V。用于升压的典型电路如图 6-18 所示，该电路把 5 V 电压升至 12 V，该电路在输出电流为 1 A 时，转换效率高于 92%。

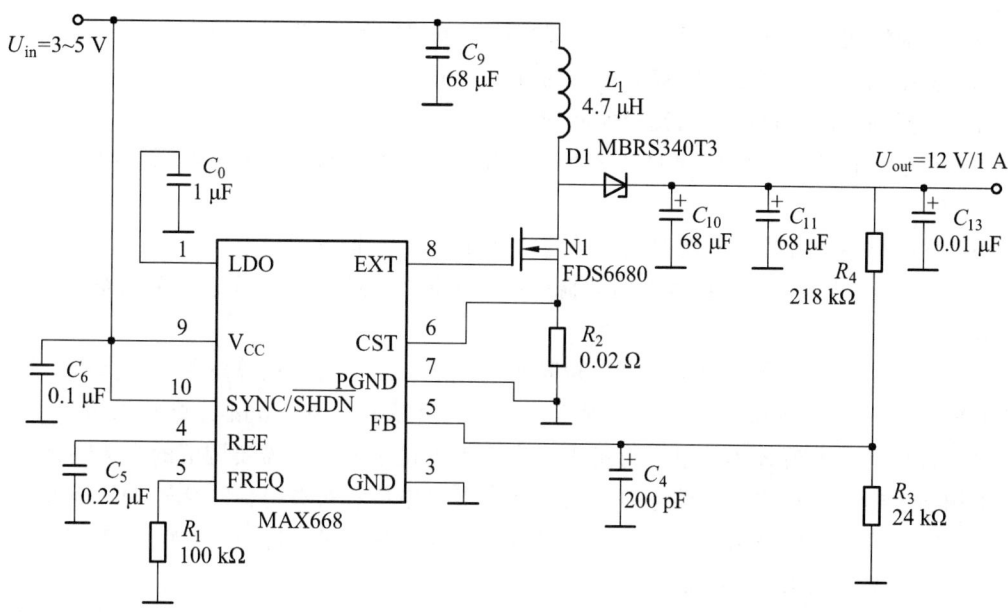

图 6-18 由 MAX668 组成的升压电源

MAX668 的引脚说明：

引脚 1，LDO，该引脚是内置 5 V 线性稳压器输出，该引脚应该连接 1 μF 的陶瓷电容。

引脚 2，FREQ，工作频率设置。

引脚 3，GND，模拟地。

引脚 4，REF，1.25 V 基准输出，可提供 50 μA 电流。

引脚 5，FB，反馈输入端，FB 的门限为 1.25 V。

引脚 6，CS+，电流检测输入正极，检测电阻接到 CS+ 与 PGND 之间。

引脚 7，PGND，电源地。

引脚 8，EXT，外部 MOSFET 门极驱动器输出。

引脚 9，VCC，电源输入端，旁路电容选用 0.1 μF 电容。

引脚 10，SYNC/$\overline{\text{SHDN}}$，停机控制与同步输入，有两种控制状态：

低电平输入，DC-DC 关断；

高电平输入，DC-DC 工作频率由 FREG 端的外接电阻 R_{OSC} 确定。

课后练习

6-1 判断如下说法是否正确。

（1）直流电源是一种将正弦信号转换为直流信号的波形变化电路。（ ）

（2）直流电源是一种能量转换电路，它将交流能量转换成直流能量。（ ）

（3）在变压器副边电压和负载电阻相同的情况下，桥式整流电路的输出电流是半波整流电路输出电流的 2 倍。（ ）

（4）若 V_2 为变压器副边电压的有效值，则半波整流电容滤波电路和全波整流滤波电路在空载时的输出电压均为 $\sqrt{2}V_2$。（ ）

（5）一般情况下，开关型稳压电路比线性稳压电路的效率高。（　）

（6）整流电路可将正弦电压变为脉动的直流电压。（　）

（7）整流的目的是将高频电流变为低频电流。（　）

（8）在单项桥式整流电容滤波电路中，若有一只整流管断开，输出电压平均值变为原来的一半。（　）

（9）直流稳压电源中滤波电路的目的是将交流变为直流。（　）

（10）开关型直流电源比线性直流电源效率高的原因是调整管工作在开关状态。（　）

6-2　在括号内选择合适的内容填空：

（1）在直流电源中变压器次级电压相同的条件下，若希望二极管承受的反向电压较小，而输出直流电压较高，则应采用_____整流电路；若负载电流为 200 mA，则宜采用_____滤波电路；若在负载电流较小的电子设备中，为了得到稳定的但不需要调节的直流输出电压，则可采用稳压电路或集成稳压器电路；为了适应电网电压和负载电流变化较大的情况，且要求输出电压可调，则可采用_____晶体管稳压电路或可调的集成稳压器电路。（半波，桥式；电容型，电感型；稳压管，串联型）

（2）具有放大环节的串联型稳压电路在正常工作时，调整管处于_____工作状态。若要求输出电压为 18 V，调整管压降为 6 V，整流电路采用电容滤波，则电源变压器次级电压有效值应选_____V。（放大，开关，饱和；18，20，24）

第 2 篇　数字电子技术篇

第 7 章 数制与码制

数字电路是电子技术的重要组成部分。数字电路处理的信号都是数字量,在采用二进制的数字电路中,信号只有 0 和 1 两种状态。数字电路不仅能完成数值运算,还能进行逻辑运算,因而也把数字电路称为逻辑电路或数字逻辑电路。数制与码制是学习数字电路前必须掌握的一项内容。

7.1 数字电路概述

7.1.1 数字信号与模拟信号

电子电路的工作信号可分为两种类型:模拟信号(Analog signal)和数字信号(Digital signal)。处理模拟信号的电路称为模拟电路(Analog circuit),处理数字信号的电路称为数字电路(Digital circuit)。

模拟信号是指在时间上和数值上都是连续变化的电信号,如生产过程中由传感器检测的由某种物理量(声音、温度或压力等)转化成的电信号,模拟电视的图像和伴音信号等。

数字信号是指在时间上和数值上都是断续变化的离散信号,如电子表的秒信号、自动生产线上记录产品或零件数量的信号等。

图 7-1(a)、(b)所示分别为模拟电压信号和数字电压信号。

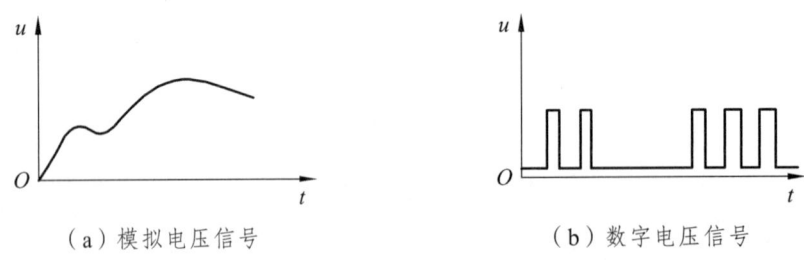

(a)模拟电压信号　　　　　　　　(b)数字电压信号

图 7-1　模拟电压信号和数字电压信号

7.1.2 数字电路的特点及应用

数字电路处理的信号包括反映数值大小的数字量信号和反映事物因果关系的逻辑量信号[图 7-1(b)]。与模拟电路相比,它具有如下特点:

(1) 数字电路中的半导体器件（如二极管、三极管、场效应管）多数处于开关状态，可利用管子的导通和截止两种工作状态代表二进制的"0"和"1"，完成信号的传输和处理任务。

(2) 数字电路的基本单元电路只要能可靠地区分开"1"和"0"两种状态即可，因此数字电路结构比较简单，而且具有工作可靠、精度高、成本低、使用方便、抗干扰能力强、便于集成等优点。

(3) 由于数字电路的工作状态、研究内容与模拟电路不同，所以分析方法也不同。数字电路的分析常采用逻辑代数和卡诺图法。

由于数字电路具有许多特殊的优点，因而广泛应用于通信、自动控制、计算机、智能仪器、家用电器（如 VCD、DVD、电视机）等领域。

7.1.3 常见的脉冲波形

脉冲信号（Pulse signal）是指在短暂时间间隔内作用于电路的电压或电流信号。

脉冲信号有多种形式，图 7-2 为几种常见的脉冲波形，它可以是偶尔出现的单脉冲，也可以是周期性出现的重复脉冲序列。

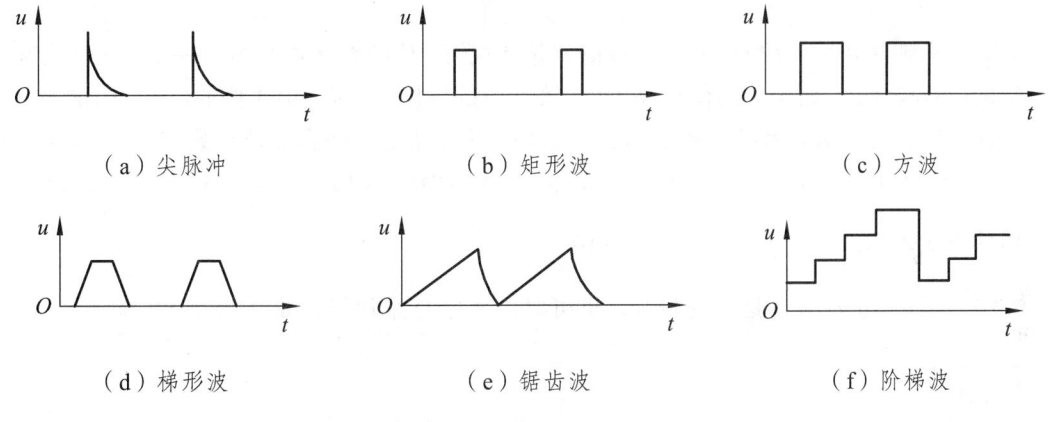

图 7-2 常见的脉冲波形

数字电路中的输入、输出电压值一般有两种取值，即高电平或低电平，因此常用矩形脉冲作为电路的工作信号，如图 7-2（b）所示。

7.1.4 数字电路的分类

(1) 数字电路按组成结构不同可分为分立组件电路（Discrete circuit）和集成电路（Integrated circuit）两大类，其中集成电路按集成度（在一块硅片上包含组件数量的多少）可分为小规模、中规模、大规模和超大规模集成电路。

(2) 数字电路按电路所使用的器件不同可分为双极型电路（如 DTL、TTL、ECL、IIL、HTL 等）和单极型电路（如 NMOS、PMOS、CMOS、HCMOS 等）。

(3) 数字电路按电路的逻辑功能不同可分为组合逻辑电路（Combinational logic circuit）和时序逻辑电路（Sequential logic circuit）两大类。

7.2 常用的数制与码制

7.2.1 数制

表示数值大小的各种计数方法称为计数体制,简称数制。

1. 十进制数

十进制数(Decimal number)是人们在日常生活中最常用的一种数制,它有 0、1、2、3、4、5、6、7、8、9 十个数码,基数(Base)为 10。计数规则是逢十进一或借一当十。

每一位数码根据它在数中的位置不同,代表不同的值。在数列中每个位置数符所表示的数值称为"位权"或"权"(Weight)。例如十进制正整数 3658 可写为

$$3658 = 3\times 10^3 + 6\times 10^2 + 5\times 10^1 + 8\times 10^0$$

第 3 位　　第 2 位　　第 1 位　　第 0 位

3　　　　　6　　　　　5　　　　　8

千位　　　百位　　　十位　　　个位

n 位十进制数中,第 i 位所表示的数值就是处在第 i 位的数字乘上 10^i——基数的 i 次幂。第 0 位的位权是 10^0,第 1 位的位权是 10^1,第 2 位的位权是 10^2,第 3 位的位权是 10^3……

由此可以得出十进制数的一般表达式。如果一个十进制数包含 n 位整数和 m 位小数,则

$$(N)_{10} = a_{n-1}\times 10^{n-1} + a_{n-2}\times 10^{n-2} + \cdots + a_1\times 10^1 + a_0\times 10^0 + a_{-1}\times 10^{-1} + a_{-2}\times 10^{-2} + \cdots + a_{-m}\times 10^{-m}$$

用数学式表示的通式为 $(N)_{10} = \sum_{i=-m}^{n-1} a_i \times 10^i$

式中的下标 10 表示 N 是十进制数,也可以用字母 D 来代替,如 $(35)_{10}$ 或 $(35)_D$。

2. 二进制数

二进制数(Binary number)只有 0、1 两个数码,基数为 2,计数规则是逢二进一或借一当二。其位权为 2 的整数幂,按权展开式的规律与十进制相同,如

$$(1101)_2 = 1\times 2^3 + 1\times 2^2 + 0\times 2^1 + 1\times 2^0$$

用数学式表示的通式为 $(N)_2 = \sum_{i=-m}^{n-1} a_i \times 2^i$

括号的下标 2 表示 N 是二进制数,也可以用字母 B 来代替,如 $(11000)_2$ 或 $(11000)_B$。

由于二进制数只有 0 和 1 两个数码,便于电路实现,且二进制的基本运算操作方便,因此在数字系统中被广泛使用。

3. 八进制数和十六进制数

二进制数在使用时位数通常较多,不便于书写和记忆,在数字系统中常采用八进制和十六进制来表示二进制数。

(1)八进制数(Octal number)有 0、1、2、3、4、5、6、7 八个数码,基数为 8,各位的

位权是 8 的整数幂，其计数规划是逢八进一或借一当八，用数学式表示的通式为

$$(N)_8 = \sum_{i=-m}^{n-1} a_i \times 8^i$$

括号的下标 8 表示 N 是八进制数，也可以用字母 O 来代替，如

$$(1234)_8=(1234)_O=1\times 8^3+2\times 8^2+3\times 8^1+4\times 8^0$$

（2）十六进制数（Hex number）有 0、1、2、3、4、5、6、7、8、9、A、B、C、D、E、F 十六个数码，符号 A~F 分别代表十进制的 10~15，基数为 16，其计数规则是逢十六进一或借一当十六，用数学式表示的通式为

$$(N)_{16} = \sum_{i=-m}^{n-1} a_i \times 16^i$$

括号的下标 16 表示 N 是十六进制数，也可以用字母 H 来代替，如

$$(27BC)_{16}=(27BC)_H=2\times 16^3+7\times 16^2+B\times 16^1+C\times 16^0$$

7.2.2 几种数制之间的转换

1. 非十进制数转换为十进制数

将非十进制数转换为十进制数就是将非十进制数转换为等值的十进制数。转换时只需将非十进制数按权展开，然后相加，就可以得出结果。

【例 7-1】将 $(1001.01)_2$ 转换成十进制数。

解：$(1001.01)_2=1\times 2^3+0\times 2^2+0\times 2^1+1\times 2^0+0\times 2^{-1}+1\times 2^{-2}$
$=2^3+2^0+2^{-2}$
$=(9.25)_{10}$

【例 7-2】将 $(12A)_{16}$ 转换成十进制数。

解：$(12A)_{16}=1\times 16^2+2\times 16^1+10\times 16^0$
$=256+32+10$
$=(298)_{10}$

2. 十进制数转换为非十进制数

将十进制数转换为非十进制数就是将十进制数转换为等值的非十进制数。将十进制数转换为非十进制数，需要将十进制的整数部分和小数部分分别进行转换，然后再将它们合并起来。

（1）整数部分的转换。

十进制的整数部分可以采用连除法，即用转换计数的基数连续除该数，直到除得的商为 0 结束。每次除完所得余数就作为要转换数的系数，取最后一位余数为最高位，依次按从低位到高位顺序排列。这种方法可概括为"除 N（基数）取余，从低位到高位书写"。

【例 7-3】将 $(38)_{10}$ 分别转换成二进制、八进制、十六进制数。

解：

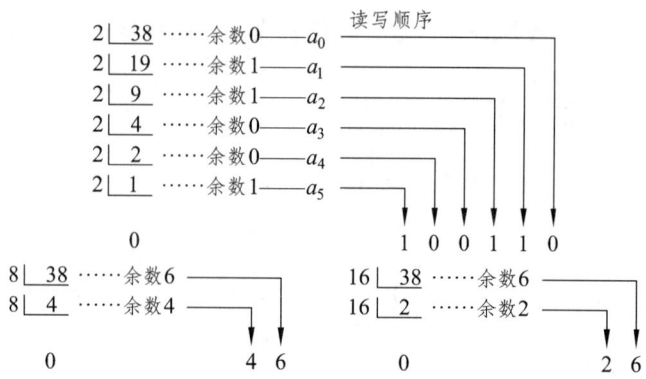

所以 $(38)_{10}=(100110)_2=(46)_8=(26)_{16}$。

由于八进制数和十六进制数与二进制数之间的转换关系非常简单，可以利用二进制数直接转化为八进制数和十六进制数。

二进制数转换成八进制数，只要把二进制数从低位到高位，每3位分成一组，高位不足3位时补0，写出相应的八进制数，就可以得到二进制数的八进制转换值。反之，将八进制数中每一位都写成相应的3位二进制数所得到的就是八进制数的二进制转换值。如

$(1010001)_2 = (001\quad 010\quad 001)_2 = (121)_8$ $(27)_8 = (2\quad 7)_8 = (10111)_2$

$\qquad\qquad\qquad\ \ \downarrow\quad\ \ \downarrow\quad\ \ \downarrow$ $\qquad\qquad\qquad\qquad\qquad\quad\downarrow\quad\ \ \downarrow$

$\qquad\qquad\qquad\ \ \ 1\quad\ \ 2\quad\ \ 1$ $\qquad\qquad\qquad\qquad\qquad\ 010\ \ 111$

同理，二进制数转换成十六进制数，只需要把二进制数从低位到高位，每4位分成一组，高位不足4位时补0，写出相应的十六进制数，所得到的就是二进制数的十六进制转换值。反之，将十六进制数中的每一位都写成相应的4位二进制数，便可得到十六进制数的二进制转换值。如

$(7A)_{16}= (7\quad\ \ A)_{16} = (1111100)_2$

$\qquad\qquad\ \ \downarrow\quad\ \ \downarrow$

$\qquad\qquad 0111\ \ 1100$

（2）小数部分的转换。

十进制小数转换成二进制小数可以采用乘2取整法，即用2去乘所要转换的十进制小数，取其整数部分作系数，直到纯小数部分为0或达到要求精度为止。每次乘完后得到的整数就作为要转换数的系数，取最先得到的整数作高位，后得到的作低位，依次排列。这种方法可概括为"乘 N（基数）取整，从高位到低位书写"。

【例 7-4】将 $(0.6825)_{10}$ 转换为二进制数。

解：

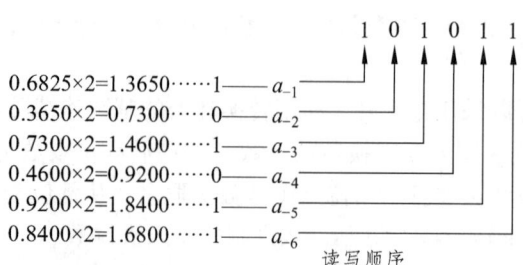

所以 $(0.6825)_{10}=(0.101011)_2$。

如精度不够，还可继续求 a_{-7}、a_{-8}、…

如要求转换为八进制数和十六进制数，可利用八进制数和十六进制数与二进制数的对应关系，对本例有

$$(0.6825)_{10} = (0.101011)_2$$
$$= (0.101\ \ \ 011)_2 = (0.53)_8$$
$$\qquad\quad\downarrow\qquad\ \downarrow$$
$$\qquad\quad 5\qquad\ \ 3$$
$$= (0.1010\ \ 1100)_2 = (0.AC)_{16}$$
$$\qquad\quad\downarrow\qquad\ \downarrow$$
$$\qquad\quad A\qquad\ C$$

7.2.3 码　制

在数字系统中，由 0 和 1 组成的二进制数码不仅可以表示数值的大小，而且还可以表示数值的信息。这种具有特定含义的数码称为二进制代码。编码是给二进制数组定义特定含义的过程，例如用二进制数来描述电梯动作，可以用二进制数 $D=D_1D_0$ 来表示，$D=00$ 表示停止，$D=01$ 表示上升，$D=10$ 表示下降。这些关系的定义可以有多种方法，一旦定义后，D 的不同值就代表了不同的含义。在日常生活中编码的种类很多，如运动员的编号、学生的学号、住房门牌号等。

由于十进制数码（0～9）不能在数字电路中运行，所以需要转换为二进制数。常用 4 位二进制数进行编码来表示 1 位十进制数。这种用二进制代码表示十进制数的方法称为二—十进制编码，简称 BCD 码（Binary Coded Decimal system）。

由于 4 位二进制代码可以有 16 种不同的组合形式，用来表示 0～9 十个数字，只用到其中 10 种组合，因而编码的方式很多，其中一些比较常用，如 8421 码、5421 码、2421 码、余 3 码等。常用的 BCD 编码见表 7-1。

表 7-1　常用的 BCD 编码

十进制数码	BCD 码				
	8421 码	5421 码	2421 码	余 3 码（无权码）	格雷码（无权码）
0	0000	0000	0000	0011	0000
1	0001	0001	0001	0100	0001
2	0010	0010	0010	0101	0011
3	0011	0011	0011	0110	0010
4	0100	0100	0100	0111	0110
5	0101	1000	1011	1000	0111
6	0110	1001	1100	1001	0101
7	0111	1010	1101	1010	0100
8	1000	1011	1110	1011	1100
9	1001	1100	1111	1100	1000

1. 8421 码

这种编码每一位的权是固定的,属于有权码,它和二进制数各位的权一样,从高到低依次为 8、4、2、1,故称为 8421 码。每个代码的各位数值之和就是它所表示的十进制数,由于其便于记忆,因而应用较广。

2. 5421 码和 2421 码

这两种编码也是有权码,由高到低权值依次为 5、4、2、1 和 2、4、2、1。在 2421 码中,0 和 9,1 和 8,2 和 7,3 和 6,4 和 5,两两之间互为反码,将其中一个数的各位代码取反,便可以得到另一个数的代码。

3. 余 3 码

这种代码所组成的 4 位二进制数恰好比它表示的十进制数多 3,因此称为余 3 码。余 3 码不能由各位二进制的权来决定其代表的十进制数,故属于无权码。在余 3 码中,0 和 9,1 和 8,2 和 7,3 和 6,4 和 5 也互为反码。

4. 格雷码

格雷码又称反射循环码,它是无权码。格雷码的特点是任何两个相邻数的代码只有一位不同。计数电路按格雷码计数时,每次状态更新仅有一位代码变化,减少了出错的可能性。

另外,为了提高数字电路传递代码的可靠性,还可采用其他一些编码方法。常用的有余 3 循环码、步进码、奇偶校验码等。

课后练习

7-1 将下列各式写成按位权展开式。

$(2007)_{10}$ $(110011)_2$ $(3AB)_{16}$

7-2 完成下列数制转换。

(1) $(36)_8 = ($ $)_2$

(2) $(59)_{10} = ($ $)_2 = ($ $)_8 = ($ $)_{16}$

7-3 把十进制数 345、3132、5988 编成 8421BCD 码。

第 8 章　基本门电路与布尔代数

1854 年，George Boole 提出了布尔代数，"基于人类逻辑思考的本性"，将思想翻译成符号，并且指出，这些符号只需要两个值，即 0 和 1。1938 年，Claude E. Shannon 提出将布尔代数用于分析和优化继电器逻辑电路，形成了基本的逻辑运算法则。

8.1　逻辑代数的基本概念

8.1.1　逻辑函数和逻辑变量

所谓逻辑，就是因果关系的规律性。一般人们称决定事物的因素（原因）为逻辑变量（Logic variables），而称被决定事物的结果为由逻辑变量表示的逻辑函数（Logic function）。

逻辑代数是描述客观事物逻辑关系的数学方法。它是英国数学家乔治·布尔在 1847 年首先提出来的，所以又称布尔代数。在逻辑代数中，逻辑变量一般用字母 A、B、C、D、…、X、Y、Z 等来表示，取值只有两个：1 和 0。这里的 1 和 0 不表示数量的大小，只表示变量（事物）的两种对立状态，称为逻辑状态。如在用开关控制灯的逻辑事件中，可以用 1 和 0 表示开关的闭合和断开、灯的亮和灭。因此，通常把 1 称为逻辑 1（1 状态），把 0 称为逻辑 0（0 状态）。

8.1.2　3 种基本逻辑运算

用逻辑变量表示输入，逻辑函数表示输出，结果与条件之间的关系称为逻辑关系。基本的逻辑关系有 3 种：与、或、非。与之相应，逻辑代数中有 3 种基本运算：与、或、非运算。

1. 与逻辑（与运算）

当决定一件事情的所有条件全部具备之后，这件事才会发生，这种因果关系称为与逻辑。例如在图 8-1 所示的电路中，只有开关 A 与 B 全部闭合时，灯 Y 才会亮。显然对灯亮来说，开关 A 与开关 B 闭合是"灯亮"的全部条件。所以，Y 与 A 和 B 的关系就是与逻辑的关系。

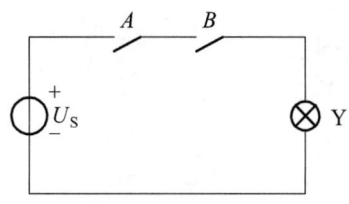

图 8-1　与逻辑电路实例

功能表（Function table）：把开关 A、开关 B 和灯 Y 的状态对应关系列在一起，所得到的就是反映电路基本逻辑关系的功能表，如表 8-1 所示。

表 8-1 与逻辑功能表

开关 A	开关 B	灯 Y
断	断	灭
断	合	灭
合	断	灭
合	合	亮

真值表（Truth table）：用逻辑 1 和逻辑 0 分别表示开关和电灯有关状态的过程，称为状态赋值。通常把结果发生和条件具备用逻辑 1 表示，结果不发生和条件不具备用逻辑 0 表示。如果用 1 表示开关 A、开关 B 闭合，0 表示开关断开，1 表示灯 Y 亮，0 表示灯 Y 灭，则根据表 8-1 就可列出反映与逻辑关系的真值表，如表 8-2 所示。

表 8-2 与逻辑真值表、逻辑符号及逻辑规律

真值表			逻辑符号	逻辑规律
A	B	Y		
0	0	0		
0	1	0	A─&─Y	有 0 出 0
1	0	0	B─	全 1 出 1
1	1	1		

上述两个变量的与逻辑可以表示为：

$$Y = A \cdot B$$

读作 Y 等于 A 与 B。式中，"·"是与逻辑的运算符号，在不致混淆的情况下，常常可省去不写。与逻辑又称为逻辑乘。

2．或逻辑（或运算）

在决定一件事情的所有条件中，只要有一个条件具备，这件事就会发生，这样的因果关系称为或逻辑。

例如在图 8-2 所示的电路中，只要开关 A 或开关 B 有一个合上，灯 Y 就会亮。或逻辑的真值表、逻辑符号及逻辑规律如表 8-3 所示。

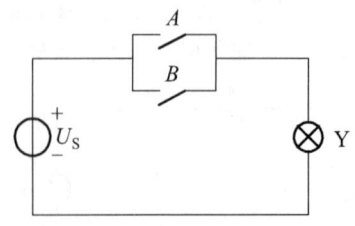

图 8-2 与逻辑电路实例

上述两个变量的或逻辑可以表示为

$$Y=A+B$$

表 8-3　或逻辑真值表、逻辑符号及逻辑规律

真值表			逻辑符号	逻辑规律
A	B	Y		
0	0	0		有 1 出 1
0	1	1	A—≥1—Y	
1	0	1	B—	全 0 出 0
1	1	1		

读作 Y 等于 A 或 B。式中,"+"表示"或"运算,即逻辑加法运算。因此或逻辑又称为逻辑加。

3. 非逻辑

非就是反,就是否定。只要决定一事件的条件具备了,这件事便不会发生;而当此条件不具备时,事件一定发生。这样的因果关系称为逻辑非,也就是非逻辑。

在图 8-3 所示的电路中,开关 A 闭合(A=1)时,灯 Y 灭(Y=0);开关 A 断开(A=0)时,灯 Y 亮(Y=1)。非逻辑的真值表、逻辑符号及逻辑规律如表 8-4 所示。

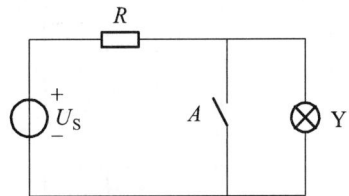

图 8-3　非逻辑电路实例

表 8-4　非逻辑真值表、逻辑符号及逻辑规律

真值表		逻辑符号	逻辑规律
A	Y		
0	1	A—1—○—Y	进 0 出 1
1	0		进 1 出 0

上述关系可表示为

$$Y = \overline{A}$$

读作 Y 等于 A 非,或者 Y 等于 A 反。A 上面的一横就表示非或反。这种运算称为逻辑非运算,或者称逻辑反运算。

上面介绍的 3 种基本逻辑关系可以用一些电子电路来实现,这些电路统称为门电路。能够实现与逻辑运算的电路称为与门(AND gate),能够实现或逻辑运算的电路称为或门(OR gate),能够实现非逻辑运算的电路称为非门(NOT gate)。

8.1.3 常用的复合逻辑函数

在工程实际应用中，逻辑问题比较复杂，因此在数字逻辑电路中常常命名一些具有复合逻辑函数功能的门电路。含有两种或两种以上逻辑运算的逻辑函数称为复合逻辑函数。

表 8-5 列出了常用的复合逻辑门的名称、功能、逻辑符号及逻辑函数表达式。工程以技术人员要熟悉这些常用的复合逻辑函数的逻辑符号以及它们的逻辑函数表达式。

表 8-5 常用复合逻辑门的名称、功能、逻辑符号及逻辑函数表达式

逻辑门名称	逻辑功能	逻辑符号	逻辑函数表达式
与非门	与非	（A、B 输入，& 符号）	$Y = \overline{AB}$
或非门	或非	（A、B 输入，≥1 符号）	$Y = \overline{A+B}$
与或非门	与或非	（A、B、C、D 输入，& 与 ≥1 符号）	$Y = \overline{AB+CD}$
异或门	异或	（A、B 输入，=1 符号）	$Y = A \oplus B = \overline{A}B + A\overline{B}$
同或门	同或	（A、B 输入，=1 符号）	$Y = A \odot B = AB + \overline{A}\overline{B}$

表中：与非逻辑是由与运算和非运算组合而成的，运算顺序是先与后非；或非逻辑是由或运算和非运算组合而成的，运算顺序是先或后非；与或非逻辑是由与运算、或运算、非运算组合而成的，运算顺序为先与再或最后非。

8.1.4 逻辑函数的表示方法及相互转换

1. 逻辑函数的表示方法

逻辑函数可以有多种表示方法，如真值表、逻辑表达式、逻辑图、卡诺图、时序图（波形图）等，它们各有特点，在实际工作中需要根据具体情况选用。

（1）真值表。

N 个输入变量可组合成 2^N 种不同取值，把变量的全部取值组合和相应的函数值一一对应地列在表格中即为真值表，真值表具有直观明了的优点。在许多数字集成电路手册中，常常以真值表的形式给出器件逻辑功能。

（2）逻辑表达式。

逻辑表达式是由三种基本运算把各个变量联系起来表示逻辑关系的数学表达式。其书写简洁方便，便于通过逻辑代数进行化简或变换。

（3）逻辑图。

将逻辑函数的对应关系用对应的逻辑符号表示，就可以得到逻辑图。由于逻辑符号通常有相对应的逻辑器件，因此，逻辑图也称逻辑电路图。

逻辑函数表达式和逻辑图都不是唯一的，可以有不同的形式。逻辑函数的其他表示方法，如卡诺图、时序图、波形图等，将在后面介绍。

2. 各种表示方法间的相互转换

（1）真值表与逻辑函数表达式的相互转换。

① 由真值表写出逻辑函数表达式。

由真值表写出逻辑函数表达式的方法是：将真值表中每一组函数值 Y 为 1 的输入变量都写成一个乘积项，在这些乘积项中，输入变量取值为 1 用原变量表示，取值为 0 用反变量表示，将这些乘积项相加，就得到了逻辑函数表达式。

② 由逻辑函数表达式列出真值表。

由逻辑函数表达式列出真值表的方法是：将输入变量的各种可能取值代入逻辑函数表达式中运算，求出函数的值，并对应地填入表中，即可得到真值表。

【例 8-1】已知真值表如表 8-6 所示，试写出对应的逻辑函数表达式。

表 8-6 例 8-1 的真值表

A	B	Y
0	0	0
0	1	1
1	0	1
1	1	0

解：由真值表可见，只有当输入变量 A、B 取值不同时，输出变量 Y 才为 1。按上述转换方法，可写出逻辑函数表达式为 $Y = \overline{A}B + A\overline{B}$。

（2）逻辑函数表达式与逻辑图的相互转换。

① 根据逻辑函数表达式画出逻辑图。

由逻辑函数表达式画出逻辑图的方法是：用逻辑符号代替逻辑函数表达式中的逻辑运算符号，并正确连接起来，所得到的电路图即为逻辑图。

② 由逻辑图写出逻辑函数表达式。

由逻辑图写出逻辑函数表达式的方法是：从输入到输出逐级写出逻辑图中每个逻辑符号所表示的逻辑函数式，就可以得到对应的逻辑函数表达式。

【例 8-2】已知逻辑函数表达式为 $Y = \overline{A}B + A\overline{B}$，画出对应的逻辑图。

解：将式中所有与、或、非的运算符号用逻辑符号代替，按照运算优先顺序正确连接起来，就可以画出图 8-4 所示的逻辑图。

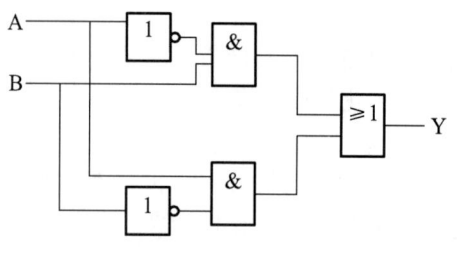

图 8-4　例 8-2 的逻辑图

8.1.5　逻辑代数的基本公式和定律

逻辑代数是研究逻辑电路的数学工具，它为分析和设计逻辑电路提供了方便。根据 3 种基本逻辑运算，可推导一些基本公式和定律，形成一些运算规则。掌握并熟练运用这些规则，对于逻辑电路的分析和设计十分重要。

1.逻辑代数的基本公式

（1）常量和常量之间的关系：

$$0 \cdot 0 = 0 \quad\quad 0 \cdot 1 = 0 \quad\quad 1 \cdot 1 = 1$$
$$0 + 0 = 0 \quad\quad 0 + 1 = 1 \quad\quad 1 + 1 = 1$$

（2）变量和常量之间的关系：

$$A + 0 = A \quad\quad A \cdot 1 = A$$
$$A + 1 = 1 \quad\quad A \cdot 0 = 0$$

（3）与普通代数相似的定律：

交换律　　$A + B = B + A$

　　　　　$A \cdot B = B \cdot A$

结合律　　$(A + B) + C = A + (B + C) = (A + C) + B$

　　　　　$(A \cdot B) \cdot C = A \cdot (B \cdot C) = (A \cdot C) \cdot B$

分配律　　$A \cdot (B + C) = AB + AC$

　　　　　$A + B \cdot C = (A + B) \cdot (A + C)$

（4）逻辑代数的一些特殊定理：

重叠律　　$A + A = A$

　　　　　$A \cdot A = A$

反演律[德·摩根（DeMorgan）定理]

$$\overline{A + B} = \overline{A} \cdot \overline{B}$$
$$\overline{A \cdot B} = \overline{A} + \overline{B}$$

还原律　　$\overline{\overline{A}} = A$

（5）一些常用公式：

公式一　　$AB + A\overline{B} = A$

公式二　　　$AB + A\bar{B} = A$

公式三　　　$A + \bar{A}B = A + B$

证　　　$A + AB = (A + \bar{A})(A + B)$
$$= 1(A + B)$$
$$= A + B$$

这个公式说明，在一个与或表达式中，如果一个乘积项的反是另一个乘积项的因子，那么这个因子就是多余的。

公式四　　　$AB + \bar{A}C + BC = AB + \bar{A}C$

证　　　$AB + \bar{A}C + BC = AB + \bar{A}C + (A + \bar{A})BC$
$$= AB + \bar{A}C + (AB)C + (\bar{A}C)B$$
$$= AB(1 + C) + \bar{A}C(1 + B)$$
$$= AB + \bar{A}C$$

公式五　　　$AB + \bar{A}C + BCD = AB + \bar{A}C$

证　　　$AB + \bar{A}C + BCD = AB + \bar{A}C + BC + BCD$
$$= AB + \bar{A}C + BC$$
$$= AB + \bar{A}C$$

公式四和公式五说明，若两个乘积项中一项包含了原变量 A，另一项包含了反变量 $\bar{A}$，而这两项的其余因子又构成了第三个乘积项，或者构成了第三个乘积项的因子，则第三个乘积项可消去。

2. 逻辑代数的 3 个法则

（1）代入法则。

在任何一个逻辑等式中，如果将等式两边的某一变量都代入相同逻辑函数，则等式仍然成立，这个规律称为代入规则。

例如，已知等式 $\overline{A+B} = \bar{A}\bar{B}$，若用 Y=A+C 代替等式中的 A，根据代入规则等式仍然成立，即

$$\overline{A + C + B} = \overline{(A + C)} \cdot \bar{B} = \bar{A} \cdot \bar{B} \cdot \bar{C}$$

可见，利用代入规则可以扩大上述公式的应用范围。

（2）反演规则。

对任何一个逻辑函数 Y，只要把式中所有的"·"换为"+"、"+"换为"·"、"0"换为"1"、"1"换为"0"，原变量换为反变量、反变量换为原变量，所得到的新函数即为原函数的反函数，这个规则称为反演规则。

【例 8-3】求 Y_1 和 Y_2 的反函数。

① $Y_1 = \bar{A}B + A\bar{B}C + CD$

② $Y_2 = (A + \bar{B} \cdot \overline{C \cdot \bar{D}}) \cdot \bar{E}$

解：按反演规则可直接写出 Y_1 和 Y_2 的反函数

$$\bar{Y_1} = (A + \bar{B}) \cdot (\bar{A} + B + \bar{C}) \cdot (\bar{C} + \bar{D})$$

$$\overline{Y_2} = \overline{A} \cdot (B + \overline{\overline{C} + D}) + E$$

在反演过程中,注意遵守两个原则:① 对不是一个变量的非号应保持不变。② 运算先后次序不变。

(3) 对偶规则。

对任何一个逻辑函数表达式,如将式中的"·"换为"+"、"+"换为"·"、"0"换为"1"、"1"换为"0",所得到的逻辑函数式是原来逻辑函数式的对偶式,记作 F'。

对偶规则:若两个逻辑函数式相等,则它们的对偶式也相等。

【例 8-4】求 $Y = A \cdot (B + \overline{C})$ 的对偶式。

解:$Y' = A + B \cdot \overline{C}$

利用对偶规则可以减少公式的证明。例如,分配律为 A(B+C)=AB+AC,求这一公式两边的对偶式,则有分配律 A+BC=(A+B)(A+C)也成立。

由此可见,利用对偶定理,可以使证明和记忆的公式数目减少一半。

8.2 逻辑函数的化简

用数字电路实现逻辑函数时,希望表达式越简单越好,因为简单的表达式可以使逻辑图也简单,从而节省元器件,降低成本。因此,设计逻辑电路时,逻辑函数的化简成为必不可少的重要环节。

8.2.1 逻辑函数表达式的类型和最简式的含义

1. 表达式的类型

一个逻辑函数,其表达式的类型是多种多样的。人们常按照逻辑电路的结构不同,把表达式分成 5 类:与-或、或-与、与非-与非、或非-或非、与-或-非。

例如:$Y = AB + \overline{A}C$ 　　　　　　　　与-或

$= \overline{\overline{AB + \overline{A}C}} = \overline{\overline{AB} \cdot \overline{\overline{A}C}}$ 　　　　与非-与非

$= \overline{(\overline{A} + B) \cdot (A + \overline{C})} = \overline{A\overline{B}} + \overline{\overline{A}C}$ 　　　与-或-非

$= \overline{A\overline{B} + \overline{A}C} = \overline{A\overline{B}} \cdot \overline{\overline{A}C} = (\overline{A} + B)(A + C)$ 　　或-与

$= \overline{\overline{(\overline{A} + B)(A + C)}} = \overline{\overline{(\overline{A} + B)} + \overline{(A + C)}}$ 　　或非-或非

上述 5 种表达式彼此之间是相通的,可以利用逻辑代数的公式和法则进行转换。其中与-或表达式比较常见,逻辑代数的基本公式大都以与或形式给出,而且与-或式比较容易转换为其他表达式形式。

2. 最简与-或表达式

所谓最简与-或表达式，是指乘积项的个数是最少的，而且每个乘积项中变量的个数也是最少的与-或表达式。这样的表达式逻辑关系更明显，而且便于用最简的电路加以实现（因为乘积项最少，则所用的与门最少；而每个乘积项中变量的个数最少，则每个与门的输入端数也最少），所以化简有其实用意义。

8.2.2 逻辑函数的公式化简法

公式化简法，其实质就是反复使用逻辑代数的基本公式和定理，消去多余的乘积项和每个乘积项中的多余因子，从而得到最简表达式。公式化简法没有固定的方法可循，与掌握公式的熟练程度和运用技巧有关。

化简时常采用的方法有：

1. 并项法

利用公式 $AB+A\bar{B}=A$，将两项合并为一项，消去一个因子。

【例 8-5】化简 $Y = A\overline{\overline{BC}} + A\bar{B}C$

解：$Y = A(\overline{\overline{BC}} + \bar{B}C) = A$

2. 吸收法

利用公式 A+AB=A，将多余的乘积项 AB 吸收掉。

【例 8-6】化简　$Y = ABC + ABC(D+EF)$

解：$Y = ABC[1+(D+EF)] = ABC$

3. 消去法

利用公式 $A+\bar{A}B = A+B$，消去乘积项中的多余因子 $\bar{A}$。

利用公式 $AB+\bar{A}C+BC = AB+\bar{A}C$，消去多余项 BC。

【例 8-7】化简函数 $Y_1 = AB + \bar{A}C + \bar{B}C$

$$Y_2 = AB\bar{C} + \bar{A}D + CD + BD + BDE$$

解：$Y_1 = AB + (\bar{A} + \bar{B})C$

$= AB + \overline{ABC}$

$= AB + C$

$Y_2 = AB\bar{C} + (\bar{A}+C)D + BD(1+E)$

$= AB\bar{C} + \overline{AC}D + BD$

$= AB\bar{C} + \overline{AC}D$

$= AB\bar{C} + (\bar{A}+C)D$

$= AB\bar{C} + \bar{A}D + CD$

4. 配项法

利用配项法将某些乘积项变成两项，然后再与其他项合并化简。

利用 $A = A(B+\bar{B})$ 或 $A \cdot \bar{A} = 0$，在原函数表达式中将某些乘积变成两项重复乘积项，或互补项，然后同其他项合并化简。

【例 8-8】化简 $Y = ABC + \bar{A}BC + A\bar{B}C$ 。

解：$Y = ABC + \bar{A}BC + ABC + A\bar{B}C$
$= BC(A+\bar{A}) + AC(B+\bar{B})$
$= AC + BC$

【例 8-9】化简 $Y = AD + A\bar{D} + AB + \bar{A}C + BD + ACEF + \bar{B}EF + DEFG$ 。

解：（1）将 $AD + A\bar{D}$ 合并成 A，得

$$Y = A + AB + \bar{A}C + BD + ACEF + \bar{B}EF + DEFG$$

（2）由 A 将 AB、$ACEF$ 两项吸收，得

$$Y = A + \bar{A}C + BD + \bar{B}EF + DEFG$$

（3）由 A 消去 $\bar{A}C$ 中的因子 $\bar{A}$，得

$$Y = A + C + BD + \bar{B}EF + DEFG$$

（4）由上式可以看出，$DEFG$ 是多余项，故

$$F = A + C + BD + \bar{B}EF$$

8.2.3 逻辑函数的卡诺图化简法

用公式法化简逻辑函数要求熟练地掌握公式，并具备一定的化简技巧，而且，有时化简的结果是否为最简形式也不好确定，下面介绍另一种化简方法，即卡诺图化简法。它是由美国工程师卡诺（Aarnaugh）首先提出来的，所以把这种图形叫作卡诺图。卡诺图比较直观简捷，利用它可以方便地化简逻辑函数。

1. 逻辑函数的最小项

（1）最小项的定义。

在逻辑函数表达式中，如果一个乘积项包含了所有的输入变量，而且每个变量都是以原变量或反变量的形式出现一次，且仅出现一次，该乘积项就称为最小项。

例如，ABC 三变量的最小项共有 8 个，分别是 $\overline{ABC}$、$\overline{AB}C$、$\overline{A}B\overline{C}$、$\overline{A}BC$、$A\overline{BC}$、$A\overline{B}C$、$AB\overline{C}$、$ABC$。它们都含三个变量，而每个变量都以原变量或反变量形式在一个乘积项中出现一次，故共有 $2^3 = 8$ 个。同理，四变量的最小项有 $2^4 = 16$ 个，n 变量的最小项有 2^n 个。

（2）最小项的编号。

为了表示方便，常常对最小项进行编号。例如三变量最小项 $\overline{ABC}$，我们把它的值为 1 所对应的变量取值组合 000 看作二进制数，相当于十进制数 0，作为该最小项的编号，记作 m_0。以此类推，$\overline{AB}C = m_1$，$\overline{A}B\overline{C} = m_2$。表 8-7 已列出了各最小项的编号。

表 8-7 三变量逻辑函数的最小项及其相应编号

变量			对应的最小项	最小项编号
A	B	C		
0	0	0	$\bar{A}\bar{B}\bar{C}$	m_0
0	0	1	$\bar{A}\bar{B}C$	m_1
0	1	0	$\bar{A}B\bar{C}$	m_2
0	1	1	$\bar{A}BC$	m_3
1	0	0	$A\bar{B}\bar{C}$	m_4
1	0	1	$A\bar{B}C$	m_5
1	1	0	$AB\bar{C}$	m_6
1	1	1	ABC	m_7

（3）最小项的性质。

根据最小项的定义，不难证明最小项具有以下性质：

① 每一个最小项都对应了一组变量取值，只有该组取值出现时其值才会为 1。

② 任意两个不同的最小项乘积恒为 0。

③ 全部最小项之和恒为 1。

（4）最小项表达式。

任何一个逻辑函数均可以表示成若干个最小项之和的形式，这样的逻辑函数表达式称为最小项表达式。

【例 8-10】将逻辑函数 $Y=(A,B,C)=A\bar{B}+AC$ 展开成最小项之和的形式。

解：在 $A\bar{B}$ 和 AC 中分别乘以 $(C+\bar{C})$ 和 $(B+\bar{B})$ 可得到

$$\begin{aligned}
Y &= A\bar{B}+AC = A\bar{B}(C+\bar{C})+AC(B+\bar{B}) \\
&= A\bar{B}C+A\bar{B}\bar{C}+ABC+A\bar{B}C \\
&= A\bar{B}C+A\bar{B}\bar{C}+ABC \\
&= m_5+m_4+m_7 \\
&= \sum m(4,5,7)
\end{aligned}$$

式中求和符号 Σ 表示括号中指定最小项的或运算。

【例 8-11】将 $Y=(A,B,C)=\overline{AB+\overline{\overline{AB}+C}}+AB$ 化为最小项表达式。

解：
$$\begin{aligned}
Y &= \overline{AB+\overline{\overline{AB}+C}}+AB \\
&= \overline{AB} \cdot \overline{\overline{AB}C} \ +AB \\
&= (\bar{A}+B)(A+\bar{B})\bar{C}+AB \\
&= (\bar{A}B+A\bar{B})\bar{C}+AB(C+\bar{C}) \\
&= \bar{A}B\bar{C}+A\bar{B}\bar{C}+ABC+AB\bar{C} \\
&= m_2+m_4+m_7+m_6 \\
&= \sum m(2,4,6,7)
\end{aligned}$$

2. 逻辑函数的卡诺图

（1）卡诺图的画法规则。

n 个逻辑变量可以组成 2^n 个最小项。在这些最小项中，如果两个最小项仅有一个因子不同，而其余因子均相同，则称这两个最小项为逻辑相邻项。为表示最小项之间的逻辑相邻关系，美国工程师卡诺设计了一种最小项方格图。他把逻辑相邻项安排在相邻的方格中，按此规律排列起来的最小项方格图称为卡诺图。

n 个变量的逻辑函数由 2^n 个小方格组成。图 8-5 给出了二变量、三变量和四变量卡诺图的画法。

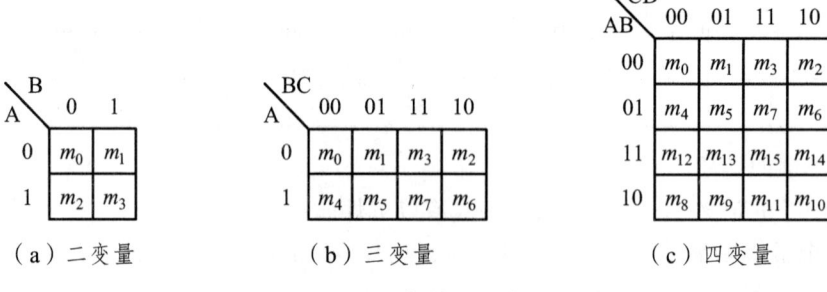

图 8-5　卡诺图画法

在画卡诺图时，应遵循如下规定：

① 将 n 变量函数填入一个分割成 2^n 个小方格的矩形图中，每个最小项占一格，方格的序号和最小项的序号一致，由方格左边和上边二进制代码的数值确定。

② 卡诺图要求上下、左右相对的边界、四角等相邻格只允许一个变量发生变化（即相邻最小项只有一个变量取值不同）。

（2）用卡诺图表示逻辑函数。

既然任何一个逻辑函数都可以表示为若干个最小项之和的形式，那么也就可以用卡诺图来表示逻辑函数。实现用卡诺图来表示逻辑函数的一般步骤是：

① 先将逻辑函数化成最小项表达式。

② 在相应变量卡诺图中标出最小项，把式中所包含的最小项在卡诺图相应小方格中填 1，其余的方格填上 0（或不填）。

【例 8-12】画出函数 Y=AB+CA 的卡诺图。

解：首先将 Y 化成最小项表达式：

$$\begin{aligned}Y &= AB(C+\overline{C}) + CA(B+\overline{B}) \\ &= ABC + AB\overline{C} + ABC + A\overline{B}C \\ &= ABC + AB\overline{C} + A\overline{B}C \\ &= m_7 + m_6 + m_5 \\ &= \sum m(5,6,7)\end{aligned}$$

把 Y 的最小项用 1 填入三变量卡诺图中，其余填 0（或不填）便可得如图 8-6 所示的卡诺图。

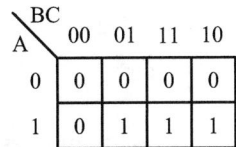

图 8-6 例 2-16 函数的卡诺图

3. 用卡诺图化简逻辑函数

（1）最小项的几何相邻和逻辑相邻。

卡诺图的最大特点是用几何相邻形象地表示了变量各个最小项之间在逻辑上的相邻性。凡是在图中几何相邻的最小项，在逻辑上都是相邻的。

逻辑相邻就是指两个最小项中除一个变量的形式不同外，其他变量都相同。例如图 8-7（a）中，$m_0 = A\bar{B}\bar{C}$ 与 $m_1 = ABC$，只有 B 不同，由公式法化简可知，$Y = A\bar{B}C + ABC = AC$。把 m_0、m_1 用一个圈圈起来，合并成一项 AC，可以消去变量 B，这个圈称为卡诺圈。同样，图 8-7（b）、（c）也可进行相应化简，消去变量 B 和 A。

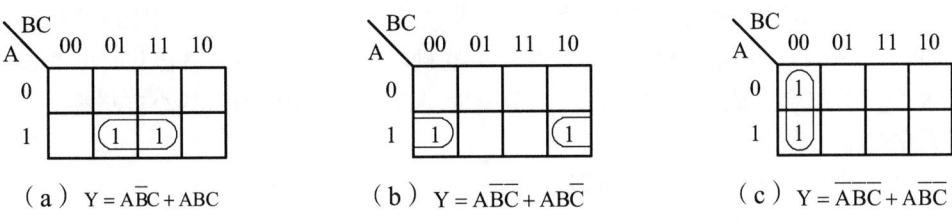

图 8-7 两个相邻最小项的合并举例

图 8-8 给出了三变量和四变量函数中，4 个相邻项用卡诺圈合并为一项，消去两个变量的例子。

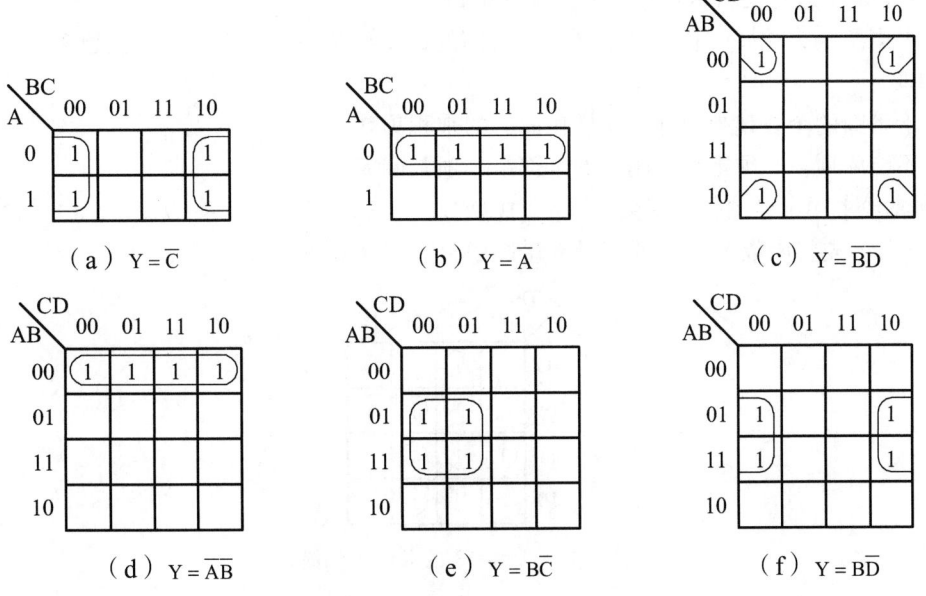

图 8-8 4 个相邻最小项的合并举例

由图可知，用卡诺圈圈起来的 4 个方格能组成一个方格群[图 8-8（a）、（c）、（e）、（f）]（如把卡诺图"绕卷"成圆柱面，可以看出两侧或者是四角实际上也是逻辑相邻的），或者组成一行[图 8-8（b）、（d）]。

图 8-9 所示为 8 个相邻项的合并举例。它们可以是两个相邻行、相邻列，或者对称的两行或两列。

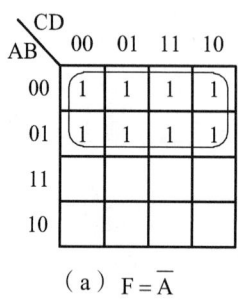
（a）F = $\overline{A}$

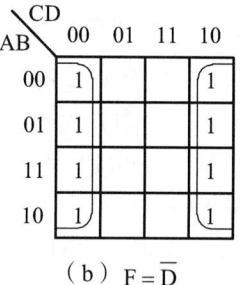
（b）F = $\overline{D}$

图 8-9　8 个相邻项合并举例

由上述可知，卡诺圈所圈方格的个数为 2^n，即 2 个、4 个、8 个……所圈图形构成方形（或矩形）。2^n 个最小项合并成一项时可以消去 n 个变量。如 $2^2=4$ 个小方格合并时可消去 2 个变量；$2^3=8$ 个小方格合并成一项时可消去 3 个变量；若将卡诺图中所有的小方格都用卡诺圈圈起来，则化简结果为 1。

（2）用卡诺图化简逻辑函数的步骤。

① 画（逻辑函数的）卡诺图。

② 画卡诺圈，即用卡诺圈包围 2^n 个为 1 的方格群，合并最小项，写出乘积项。

③ 写表达式。先按照留同去异原则写出每个卡诺圈的乘积项，再将所有卡诺圈的乘积项加起来，即为化简后的与或表达式。

利用卡诺图进行逻辑函数化简时，应遵循以下原则：

① 卡诺圈越大越好。合并最小项时，包围的最小项越多，消去的变量就越多，化简结果就越简单。

② 卡诺圈的个数越少越好，这样化简后的乘积项就少。

③ 不能漏项。必须把组成函数的全部最小项都圈完。

【例 8-13】用卡诺图化简函数 Y（A，B，C，D）=∑m（1，5，6，7，11，12，13，15）。

解：（1）先将函数 Y 填入四变量卡诺图中，如图 8-10 所示。

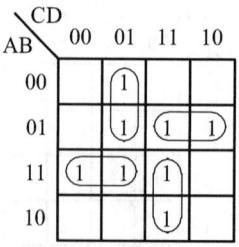

图 8-10　例 8-13 的卡诺图化简

（2）画卡诺圈，从图 8-10 中看出，包含 m_5、m_7、m_{13}、m_{15} 的卡诺圈虽然最大，但它不是独立的，这 4 个最小项已被其他 4 个卡诺圈圈过了。

（3）提取每个卡诺圈的公因子构成乘积项，然后将这些乘积项相加，得到化简后的逻辑函数为

$$Y = \overline{A}BC + ACD + \overline{AC}D + AB\overline{C}$$

【例 8-14】用卡诺图化简函数

$$Y = ABC + ABD + A\overline{C}D + \overline{CD} + A\overline{BC} + AC\overline{D} + \overline{ABCD} + \overline{A}BCD$$

解：（1）先将函数 Y 填入四变量卡诺图，如图 8-11 所示。

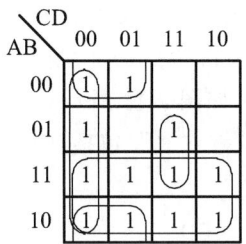

图 8-11　例 8-14 的卡诺图化简

（2）画卡诺圈。

（3）提取每个卡诺圈的公因子作乘积项，将这些乘积项相加，就可得到化简后的逻辑函数为

$$Y = \overline{CD} + \overline{BC} + A + BCD$$

4. 具有无关项的逻辑函数的化简

实际的数字系统中，有的输出逻辑函数只和一部分有对应关系，而和余下的最小项无关。余下的最小项无论写入函数式还是不写入函数式，都无关紧要，不影响系统的逻辑功能。我们把这些最小项称为无关项。

无关项包含两种情况：一是由于逻辑变量之间具有一定的约束关系，使有些变量的取值不可能出现，它所对应的最小项恒等于 0，通常称为约束项；另一种是在某些变量取值下，函数值是 1 还是 0 皆可，并不影响电路的功能，这些变量取值下所对应的最小项称为任意项。本节重点讨论由于约束关系而形成的无关项，即约束项。

【例 8-15】一个计算机操作码形成电路，三个输入信号为 A、B、C，输出操作码为 Y_1、Y_0。当 A=1 时，输出加法操作码 01；当 B=1 时，输出减法操作码 10；当 C=1 时，输出乘法操作码 11；当 A=B=C=0，输出停机码 00。要求电路在任何时刻只产生一种操作码，所以不允许输入信号 A、B、C 中有两个或两个以上同时为 1，即 ABC 取值只可能是 000、001、010、100 中的一种，不能出现其他取值。可见，A、B、C 是一组具有约束的变量，后面四种最小项不允许出现，因此约束条件他可以写为

$$\overline{A}BC = 0$$
$$AB\overline{C} = 0$$
$$A\overline{B}C = 0$$
$$ABC = 0$$

或写为

$$\overline{A}BC + AB\overline{C} + A\overline{B}C + ABC = 0$$

这些恒等于 0 的最小项即为约束项。

既然约束项的值恒等于 0，所以在输出函数表达式中，既可以写入约束项，也可以不写入约束项，都不影响函数值。如果用卡诺图表示该逻辑函数，则在约束项对应的方格中，既可填入 1，也可填入 0。为此，通常填入 "×" 来表示约束项。

为简化逻辑函数最小项表达式，最小项可用编号来表示，因此约束项也可用相应的编号来表示。如上例，约束项可写为 $\sum d(3, 5, 6, 7)=0$。

化简具有约束项的函数，关键是如何利用约束项。约束项对应的函数值既可视为 1，也可视为 0，可根据需要将 "×" 看作 0 或 1，力求使卡诺圈最大，从而结果最简。

【例 8-16】化简逻辑函数 $Y=\sum m(1, 7, 8)+\sum d(3, 5, 9, 10, 12, 14, 15)$

解：（1）画出函数 Y 的卡诺图，如图 8-12 所示。

（2）画卡诺圈。画卡诺圈时可以把 "×" 包括在里面，但并不需要把所有的 "×" 全部用卡诺圈圈起来。

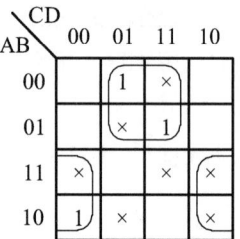

图 8-12　例 8-16 的卡诺图

（3）提取公因子，写出最简与或表达式为

$$Y = \overline{A}D + A\overline{D}$$

由此例可以看出，利用无关项以后，可以使逻辑函数得到进一步的化简。

8.3　逻辑功能的硬件语言描述（HDL）

8.3.1　硬件语言描述简述

用特殊的语言来描述数字系统的逻辑功能，这种语言能仿真硬件电路的功能、电路之间的连接、时序关系等，能完全仿真数字系统的逻辑功能。它可以说是硬件电路的 "软化"，或说成是用软件代替硬件。

8.3.2　逻辑功能如何用硬件语言描述

现举例说明：

【例 8-17】如图 8-13 所示，一个四位二进制数 $A_4A_3A_2A_1$，试设计一个判断电路，当四位二进制数大于等于 2，小于等于 10 时，输出为 "1"，其他为逻辑 "0"。

解：用卡诺图表示并化简后逻辑式为：$Z = \overline{A}_4A_2 + \overline{A}_4A_3 + A_4\overline{A}_3\overline{A}_2 + \overline{A}_3A_2\overline{A}_1$。

	A_2A_1			
A_4A_3	00	01	11	10
00	0	0	1	1
01	1	1	1	1
11	0	0	0	0
10	1	1	0	1

图 8-13　例 8-17 图

用 ABEL—HDL 语言描述如下：

```
MODULE    decode        "定义设计模块名为 decode
A4、A3、A2、A1   PIN    "定义输入信号
Z PIN;                  "定义输出信号
A=[A4…A1];              "定义集合
EQUATIONS       "表示以下用逻辑方程描述逻辑功能
WHEN（A>=2）&（A<=10）THEN  Z=1;
"逻辑功能描述
ELSE    Z=0;
TEST-VOCTORS（A->Z）
"以下是测试矢量部分
0->0; 1->0; 2->1; 3->1;
4->1; 5->1; 6->1; 7->1;
8->1; 9->1; 10->1; 11->0;
12->0; 13->0; 14->0; 15->0;
END         "模块结束
```

经 ABEL 语言编译器编译后的简化式子如下，式中的 &、#、! 表示逻辑与、逻辑或和逻辑非：Z=（!A3&A2&!A1#A4&!A3&!A2#!A4&A3#!A4&A2）
将 ABEL 硬件描述语言进行逻辑仿真后，得到的波形如图 8-14 所示。

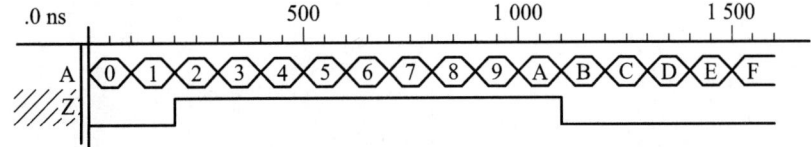

图 8-14　用 ABEL 硬件描述语言进行逻辑仿真后得到的波形

课后练习

8-1　利用逻辑代数的基本公式、定理证明下列等式：

（1）$(A+B)(B+C)(C+A) = AB+BC+CA$

（2）$AB + \overline{A}C + \overline{B}C = AB + C$

（3）$(A+B+C)(\overline{A}+\overline{B}+\overline{C}) = A\overline{B} + B\overline{C} + C\overline{A}$

（4） $AB + A\bar{B} + \bar{A}B + \overline{AB} = 1$

（5） $A\bar{B} + BD + CDE + \bar{B}D = A\bar{B} + D$

8-2 用代数法化简下列函数

（1） $Y = \overline{ABC} + A + B + C$

（2） $Y = \bar{A} + \overline{AB + \bar{B}}$

（3） $Y = \overline{A + B + C + D + E + F} \cdot C$

（4） $Y = A(\bar{A}C + BD) + B(C + DE) + B\bar{C}$

8-3 用卡诺图化简下列函数

（1） $Y = A + AB + ABC$

（2） $Y = A + ACD + B\bar{C} + CD$

（3） $Y = AB + \bar{A}C + \bar{B}C$

（4） $Y = AD + B(C + D) + B\bar{C}$

（5） $Y = \sum m(4, 5, 7, 8, 10, 12, 14, 15)$

（6） $Y = \sum m(0, 1, 2, 3, 8, 9, 10, 11)$

（7） $Y = \sum m(1, 3, 5, 7, 9, 11, 13, 15)$

（8） $Y = \sum m(2, 4, 5) + \sum d(3, 10, 12, 14, 15)$

（9） $Y = \sum m(2, 3, 7, 10, 11, 14) + \sum d(5, 15)$

（10） $Y = \sum m(0, 1, 5, 7, 8, 11, 14) + \sum d(3, 9, 15)$

第 9 章 集成逻辑门电路

集成逻辑门是数字电路的基本逻辑元件,是数字电路的基础,它的电性能决定了各种中大规模标准模块电路的基本电性能。三种常用的集成逻辑门系列有:晶体管-晶体管逻辑系列、射极耦合逻辑系列、互补金属氧化物半导体逻辑系列。

9.1 集成 TTL 门电路的主要特性和参数

9.1.1 典型集成 TTL 逻辑门电路

1. 电路结构

典型集成 TTL 逻辑门电路如图 9-1 所示,由 4 只晶体三极管组成。其中多发射管 T_1 为输入级,T_2 为中间级,T_4、T_5 为输出级。

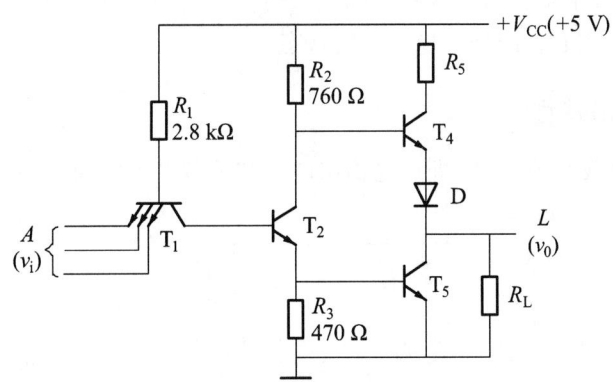

图 9-1 典型集成 TTL 逻辑门电路

2. 工作原理

(1)当输入为低电平 "0"(V_{IL}=0.3 V)时,T_1 深饱和,T_2、T_5 截止,T_4、D 导电,输出高电平 $V_O=V_{OH}\gg 3.6$ 左右,TTL 关门。

(2)当输入为高电平时 "1"(V_{IH}=3.6 V)时,T_1 倒置,T_2、T_5 饱和,T_4、D 截止状态,输出为低电平 $V_O=V_{OL}\gg 0.3$ V,TTL 开门。

9.1.2 TTL 门电路的主要特性

1. 电压传输特性

（1）如图 9-2 所示，当输入电压 $v_i \leq 0.6\,\text{V}$ 时，在曲线①段，T_1 深饱和，T_2、T_5 截止，T_4、D 导电，输出高电平 $v_0 = V_{OH} \approx 3.6\,\text{V}$，电路处于关门状态。

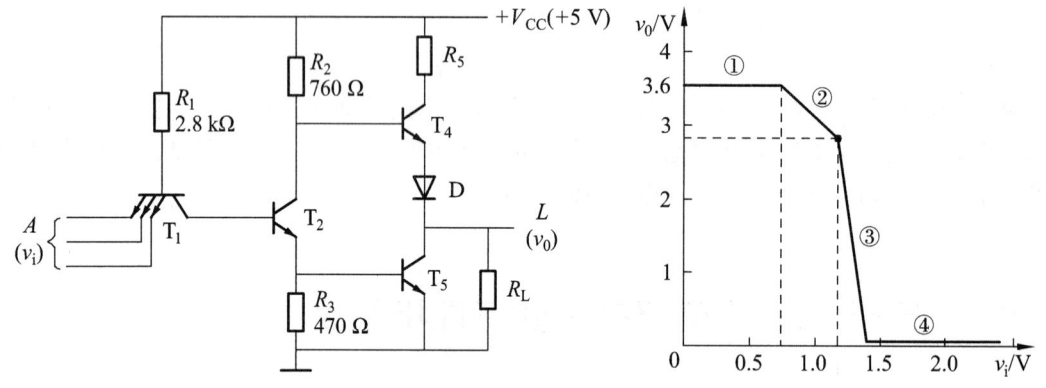

图 9-2　TTL 门电路电路图及电压传输特性曲线

（2）当输入电压在 0.7～1.3 V 时，在曲线②段，T_1 为二只二极管导电，T_2 放大，T_5 截止，T_4、D 导电，输出线性下降。

（3）当输入电压在 1.4 V 左右时，在曲线③段，T_1 趋向倒置，T_4、D 趋向截止，T_2、T_5 导电，输出降至低电平约 0.3V，趋向开门状态。

（4）当输入电压大于 1.4 V 时，在曲线④段，T_1 倒置，T_2、T_5 饱和导电，T_4、D 截止，输出低电平稳定在 0.3V 左右，门处于稳定开门状态。

2. TTL 门的输出特性

讨论 TTL 门接负载时的情况，即讨论输出电压和负载电流之间的关系。其电路图如图 9-3 所示。

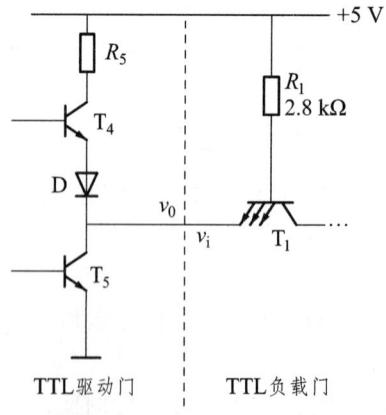

图 9-3　TTL 门接负载电路图

下面分两种情况加以讨论。

（1）低电平输出特性——灌电流负载，连接电路如图 9-4 所示。

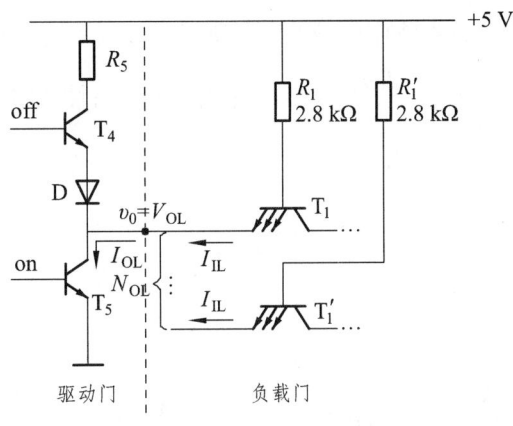

图 9-4 灌电流负载电路图

此时驱动门输出低电平,T_5 饱和导电,T_4、D 截止,负载门输入低电平,负载电流流向驱动门(灌入)。如果负载门数增加,I_{OL} 灌入的电流便增加,这促使 V_{OL} 电压升高,T_5 将由饱和趋向放大,最终破坏逻辑关系。因此,对负载应有一个限定值,V_{OL} 的上升由一个低电平上限值 V_{OLmax} 规定,使用时不能超过。所以,驱动门数(扇出系数)由 $N_{OL} = \dfrac{I_{OLmax}}{I_{LL}}$ 确定,而输出特性如图 9-5 所示:

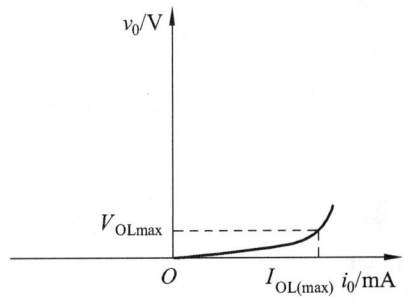

图 9-5 低电平输出特性

(2)高电平输出特性——拉电流负载,连接电路如图 9-6 所示。

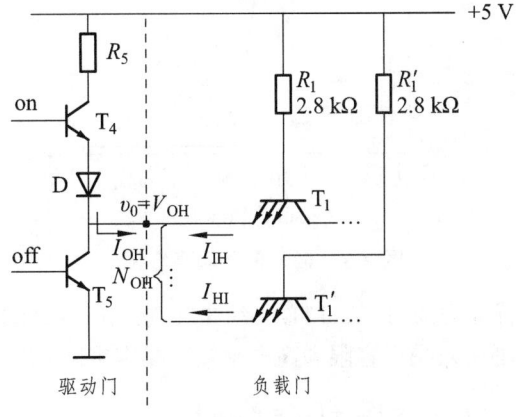

图 9-6 拉电流负载电路图

此时,驱动门 T_5 截止,T_4、D 导电,输出高电平 V_{OH},负载门输入高电平。负载电流从驱动门流出(拉出)。如果负载门数增加,I_{OH} 拉出的电流便增加,这使得输出高电平电压 V_{OH}

会下降，T_4 管会趋向饱和，最终破坏逻辑关系。所以，高电平输出时也规定了一个高电平下限值 V_{OHmin}，其负载门数为：$N_{OH} = \dfrac{I_{OHmax}}{I_{IH}}$。高电平时的输出特性如图 9-7 所示，画在第二象限。

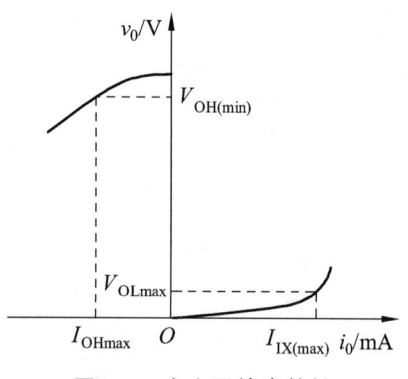

图 9-7　高电平输出特性

9.1.3　集成 TTL 门电路的主要参数

集成 TTL 门电路的主要参数可从电压传输特性上得出：

1. 输入电平、输出电平

输入低电平 V_{IL}（输入低电平上限 V_{ILmax}-关门电平 V_{off}），输入高电平 V_{IH}（输入高电平下限 V_{IHmin}-开门电平 V_{on}）。

2. 输入信号噪声容限（图 9-8）

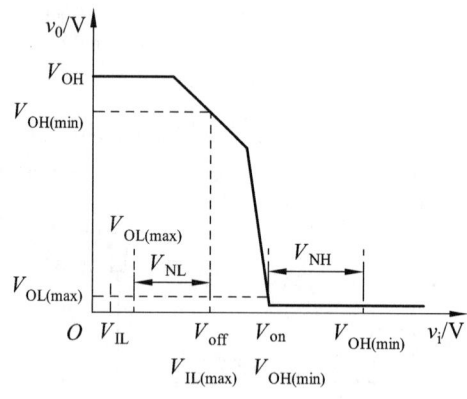

图 9-8　输入信号噪声容限

它表征门电路的抗干扰能力强弱。在 TTL 驱动 TTL 集成门电路的情况下，串入两级门电路之间噪声电压大小分低电平输入噪声容限和高电平输入噪声容限（图 9-9）两种情况进行讨论。

$$V_{IL} \leqslant V_{off} = V_{ILmax} = V_{NL} + V_{OL} = V_{NL} + V_{OLmax}$$

所以，$V_{NL} \leqslant V_{ILmax} - V_{OLmax}$

低电平输入噪声容限 V_{NL}：

高电平输入噪声容限 V_{NH}：$V_{NHmax} \leqslant V_{OHmin} - V_{IHmin}$。

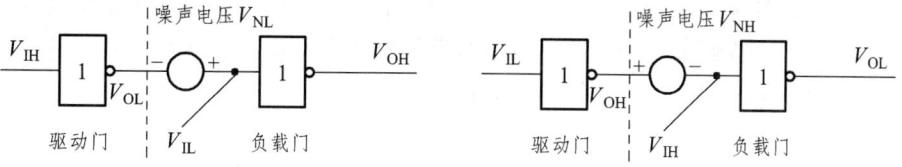

图 9-9　噪声容限

3. 扇出门数（门电路的带负载能力）

一种门能驱动同一类型门的个数称扇出数，由于 $I_{OL} \gg I_{OH}$，$I_{IL} > I_{IH}$，所以 $nL < nH$，所以扇出数以 nL 为准，如图 9-10 所示。

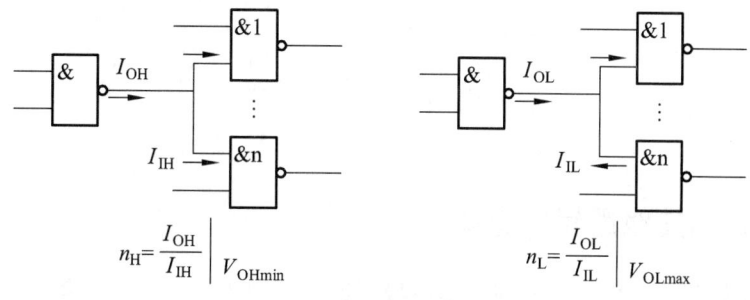

$$n_H = \frac{I_{OH}}{I_{IH}}\bigg|_{V_{OHmin}} \quad n_L = \frac{I_{OL}}{I_{IL}}\bigg|_{V_{OLmax}}$$

图 9-10　TTL 门电路驱动能力

4. 平均传输延迟时间（图 9-11）

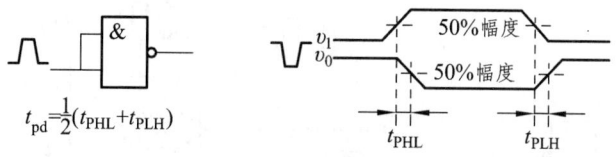

$$t_{pd} = \frac{1}{2}(t_{PHL} + t_{PLH})$$

图 9-11　TTL 门电路传输延迟

9.1.4　TTL 门电路中的其他技术措施

某 TTL 门电路内部结构见图 9-12。

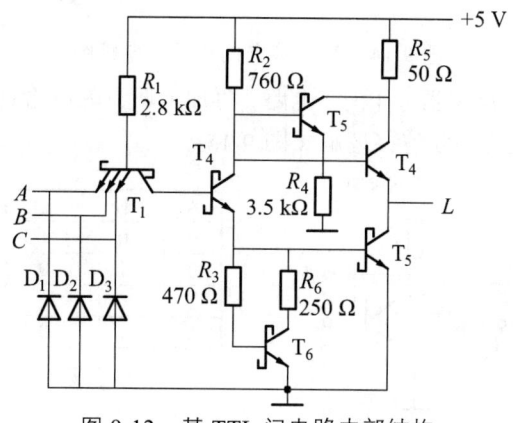

图 9-12　某 TTL 门电路内部结构

（1）肖特基三极管——抗饱和，提高电路的开关速度。
（2）有源泄放电路——加快 T_2、T_5 由饱和到截止的转换时间，目的还是提高开关速度。
（3）T_4 用二只三极管复合——提高电路的带负载能力（增大输出电流）。
（4）输入增加了保护二极管（提高可靠性）。

改进后的电压传输特性见图 9-13。

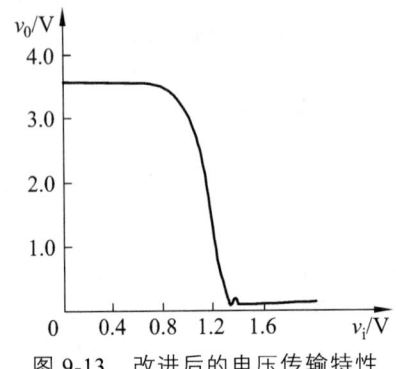

图 9-13　改进后的电压传输特性

9.1.5　TTL 其他逻辑门电路

TTL 其他逻辑门电路包括或非门、集电极开路与非门（OC）、三态输出门（TS）等。

1. TTL 或非门（图 9-14）

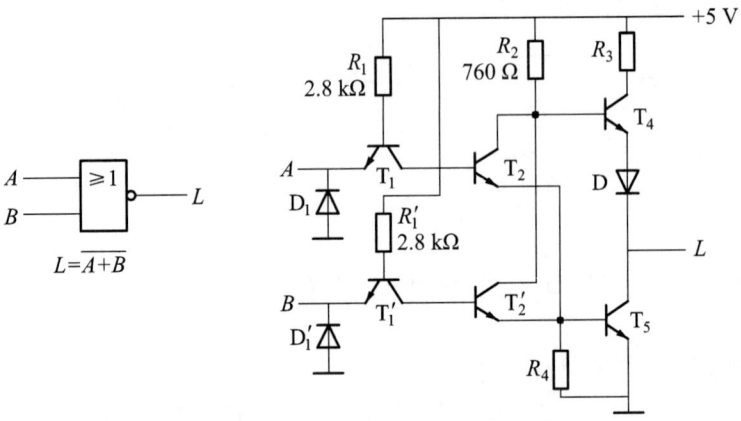

图 9-14　TTL 或非门符号及电路图

这是一个典型的 TTL 反相器（非门）电路，再加上两只晶体管后就成一个或非门电路了。其基本原理可用两只三极管并联连接理解（图 9-15）。

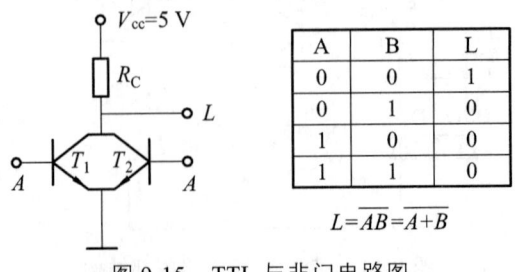

图 9-15　TTL 与非门电路图

2. TTL 集电极开路与非门（OC 门）（图 9-16）

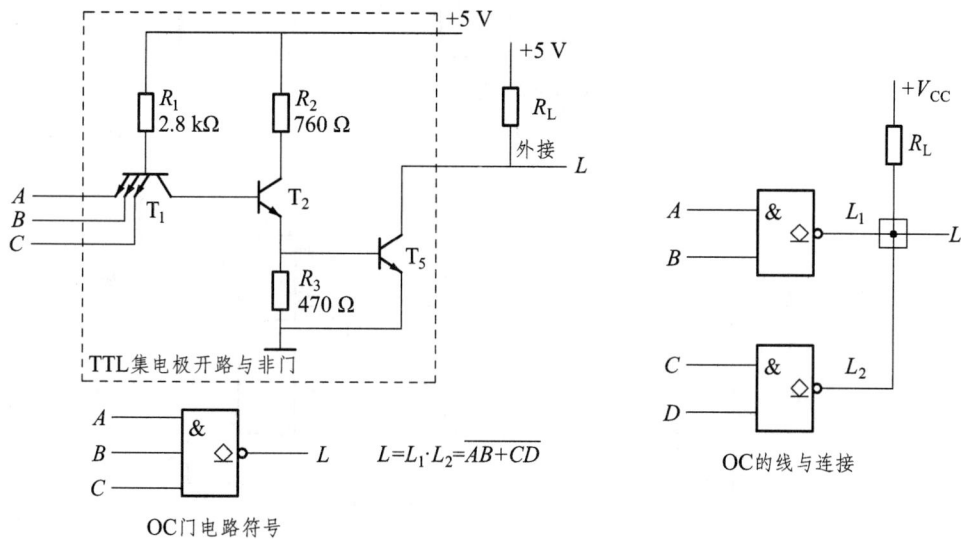

图 9-16 TTL 集电极开路与非门电路图

3. TTL 三态输出门（图 9-17）

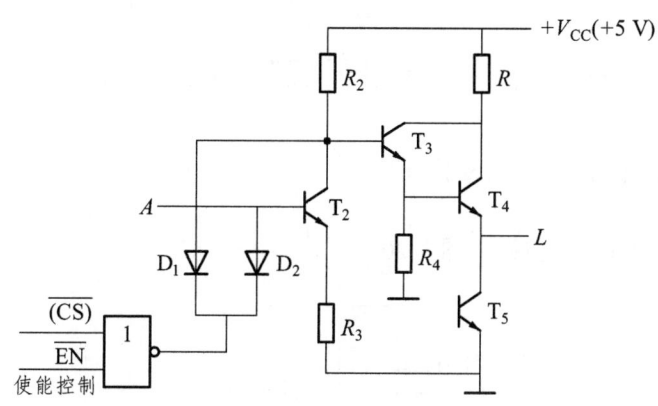

图 9-17 TTL 三态输出门电路图

$\overline{EN}=0$ 三态门（图 9-18）使能，即 D_1、D_2 截止，A 和 L 实现了反相输出，$L=\overline{A}$；$\overline{EN}=1$，在 A = 0 或 1 这两种情况下，D_1 始终导电，而 T_4、T_5 都截止，输出为高阻态（禁止态），见表 9-1。

表 9-1 真值表

$\overline{EN}$	数据 A	输出 L
0	0	1
0	1	0
1	0	高阻态
1	1	

图 9-18 三态门符号

注意：三态输出门的电路符号有多种。

三态门的应用见图 9-19。

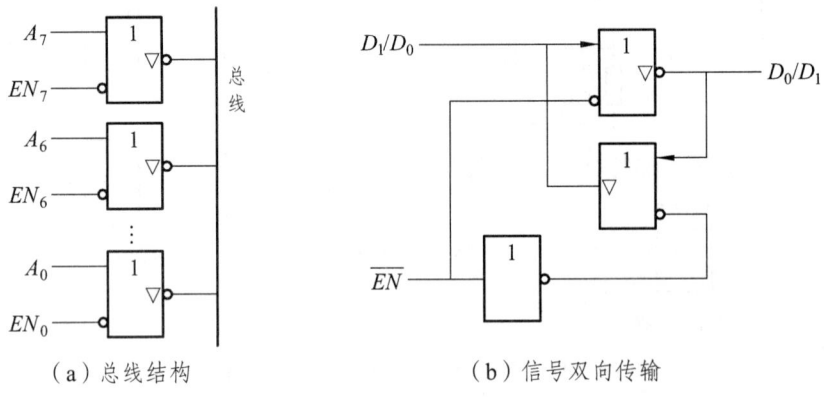

（a）总线结构　　　　　　（b）信号双向传输

图 9-19 三态门应用

9.2 集成 CMOS 门电路的主要特性和参数

9.2.1 典型集成 CMOS 门电路

几种典型集成 CMOS 门电路见图 9-20。

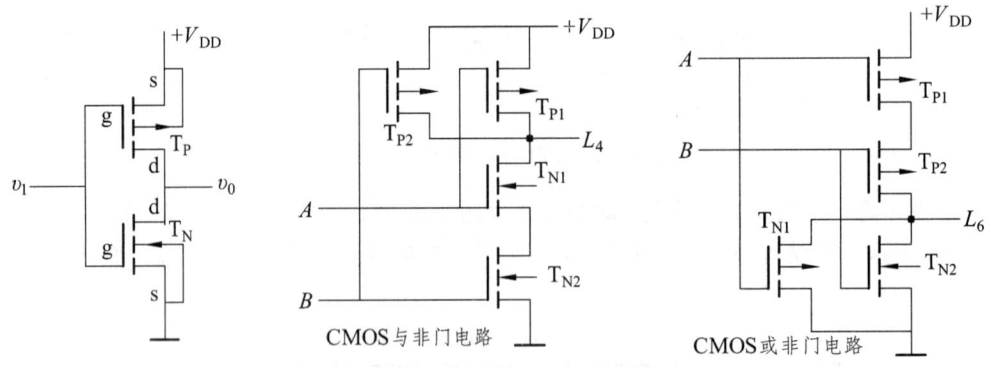

图 9-20 几种典型集成 CMOS 门电路

9.2.2 集成 CMOS 门电路的主要特性

特性如图 9-21 所示，实际上非常接近理想开关的特性。从图可知，它的开门电平和关门电平近似为 $\frac{1}{2}V_{DD}$。

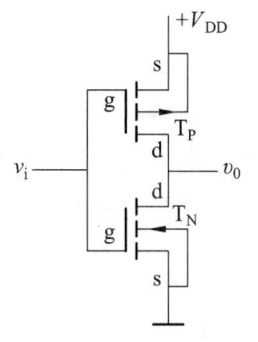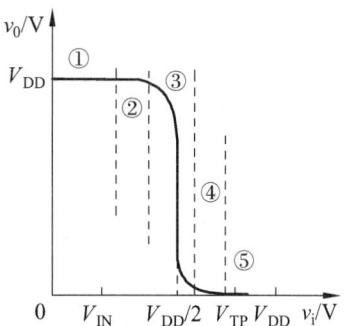

图 9-21　CMOS 反相器的电压输出特性

CMOS 反相器电压传输特性的简单说明：

特性曲线①段，$v_I < v_{TN}$，T_N 截止，T_P 导电，输出高电平 $V_{OH} = V_{DD}$。

特性曲线②段，$v_I > v_{TN}$，T_N 开始导电，但很微弱，T_P 仍工作在可变电阻区，所以，输出高电平开始下降。

特性曲线③段，$v_I \approx \dfrac{V_{DD}}{2} > v_{TN}$，$T_N$ 和 T_P 都导电，且都工作在恒流区，但只要输入稍有增加，T_P 即导电趋向截止区，T_N 趋向可变电阻区，所以，输出电压快速下降为低电平。

特性曲线④段，$v_I \gg v_{TH}, V_{DD} - v_I \approx |V_{TP}|$，$T_N$ 工作在可变电阻区，T_P 仍导电，但接近截止区，所以，输出电压降为低电平。

特性曲线⑤段，$v_I \gg v_{TH}, V_{DD} - v_I < |V_{TP}|$，$T_N$ 工作在可变电阻区，T_P 完全工作在截止区，所以，输出电压稳定在低电平 V_{OL} 上。

9.2.3　CMOS 门电路的主要参数

以 5V 电源电压时，CMOS 和 TTL 参数之比较如表 9-2 所示。

表 9-2　CMOS 和 TTL 参数比较

参数名称	CMOS（4000 系列）	TTL（74LS 系列）
V_{OH}（min）/V	4.6	2.7
V_{OL}（max）/V	0.05	0.5
I_{OH}（max）/mA	−0.51	−0.4
I_{OL}（max）/mA	0.51	8
V_{IH}（min）/V	3.5	2
V_{IL}（max）/V	1.5	0.8
I_{IH}（max）/μA	0.1	20
I_{IL}（max）/mA	−0.0001	−0.4

9.2.4　CMOS 传输门

它由 NMOS 和 PMOS 管并联而成，见图 9-22。

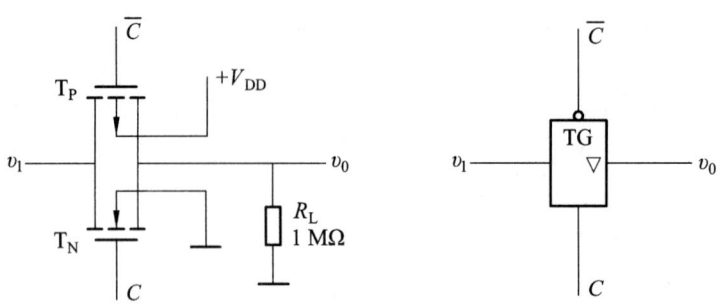

图 9-22 CMOS 传输门电路及符号

C 和 $\overline{C}$ 为互补控制端，令 C 和 $\overline{C}$ 分别为 V_{DD} 和 0 V，输入电压从 0 ~ V_{DD}。当 C=0，$\overline{C}$ = V_{DD} 时，T_N 和 T_P 都截止，输入/输出为高阻态，输出电压为 0；当 $C = V_{DD}$，$\overline{C} = 0$，$0 < v_I < V_{DD} - V_{TN}$ 时，T_N 导电；当 $|V_{TP}| < v_I < V_{DD}$ 时，T_P 导电。所以在 $|V_{TP}| < v_I < V_{DD} - V_{TN}$ 时两管同时导电，此时两管的导电沟道电阻并联，输入/输出间表现为低阻，输入信号传递到输出，见图 9-23。

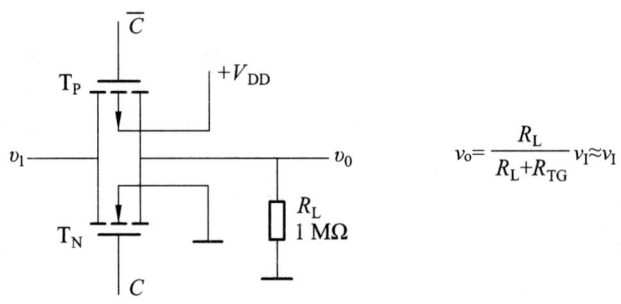

图 9-23 信号传递计算

TG 门的两种应用见图 9-24。

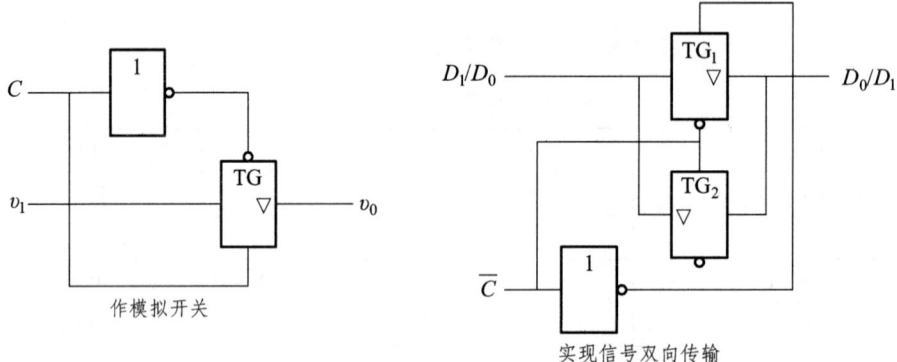

作模拟开关　　　　　　实现信号双向传输

图 9-24 典型应用电路

9.3 各类门电路应用时的注意事项

9.3.1 多余输入端的处理

（1）对于与非门电路：把多余输入端接正电源或者与有用端并联使用。

（2）对于或非门电路：把多余输入端接地或与有用端并联使用，通过电阻接地时，对 TTL 这只串联电阻，其阻值只能在 500 Ω 以下，见图 9-25。

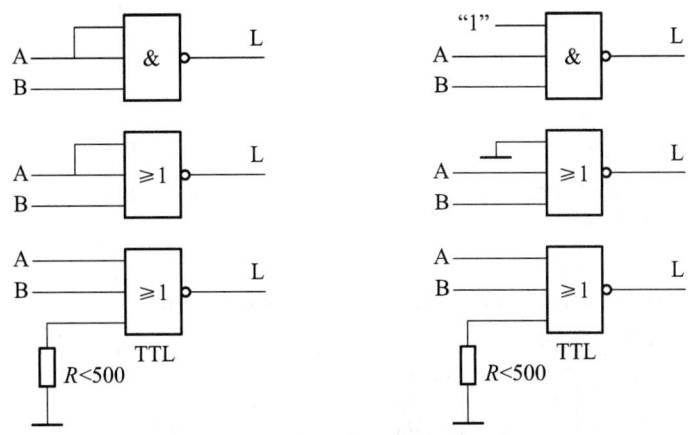

图 9-25　多余输入端处理电路

特别注意：不能把多余输入端悬空。对 TTL 电路，悬空虽相当于高电平，但易引入干扰；对 CMOS 电路，悬空无电位，使相应管子截止，破坏逻关系，也会引入干扰。

9.3.2　电源的去耦滤波

电源的去耦滤波即滤除在脉冲工作时，产生的尖峰电流在电源内阻上产生的压降。其方法是在集成电路电源的引脚端加接一只 0.01 ~ 0.1 μF 的电容器，见图 9-26。

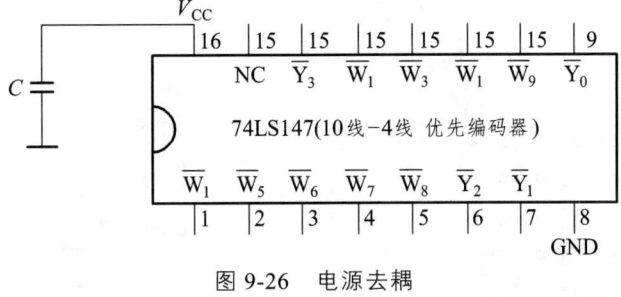

图 9-26　电源去耦

9.3.3　加接口电路

在连接两种不同种类的逻辑门电路，且当两种逻辑门电路的逻辑电平、驱动能力不一致时，它们之间应加接口电路。

9.4　可编程逻辑器件（PLD）

9.4.1　二极管构成的熔丝型可编程门阵列

一个逻辑问题可以用简化的"与或"表达式描述，因此，只要设想用一个能产生各种"与"

项的"与阵列"和一个能将各"与"项实现相"或"的"或阵列"组合起来，就能设计各种逻辑电路了。图9-27所示是用二极管和熔丝实现编程的"与"阵和"或"阵电路。

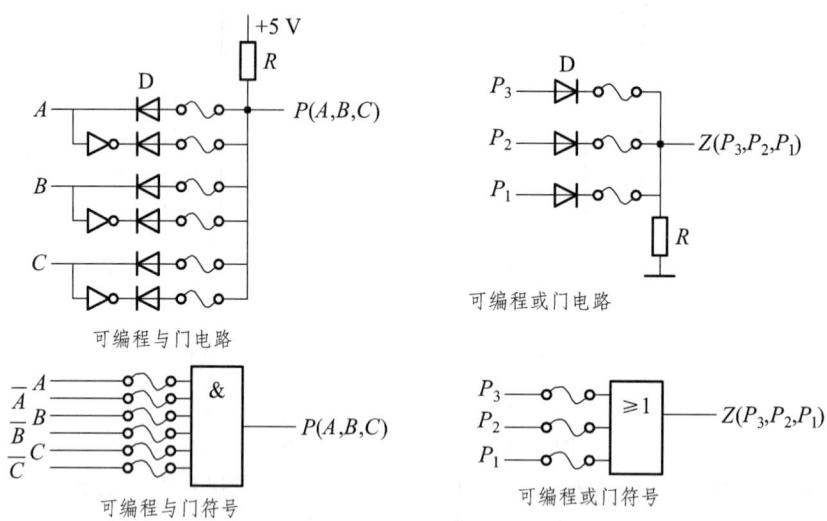

图9-27 "与"阵和"或"阵电路

在未编程前，熔丝相当于短路（熔丝用低熔点的材料制成）。与阵列输出 P(A,B,C) = $A\overline{A}B\overline{B}C\overline{C} = 0$；或阵列输出： $Z(P_3,P_2,P_1) = P_1 + P_2 + P_3$。

如何实现编程：对与阵，只需将和二极管正极端连的熔丝接地，然后加上编程电压（电源为 5 V 时，编程电压为 25 V），此时，相应熔丝将流过比正常电流大得多的电流而被熔断，其他保留。对或阵，将和二极管负极端连的熔丝接正电源，将熔丝熔断。见图9-28。

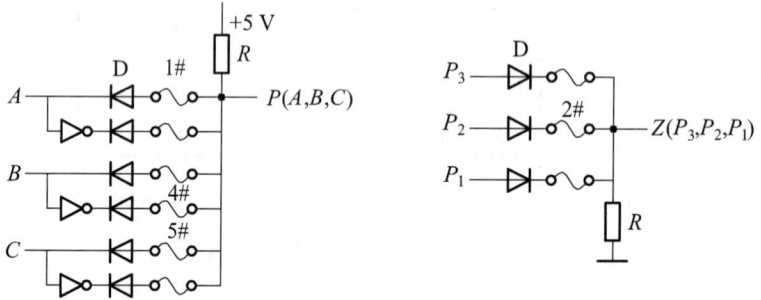

图9-28 编程解析图

如将与阵中的 1#、4#、5#熔丝熔断，则与阵输出 P = $A\overline{B}\overline{C}$。由于电路有 6 根熔丝，所以一共有 $2^6=64$ 种编程状态，可生成 64 个与项（乘积项）。在或阵中，如将 2#熔丝熔断，则编程后的输出 Z 为：Z = $P_1 + P_3$。说明它有 8 种编程状态，产生 8 种或项。通常，可编程与门的输入变量可多达几十个，或门阵列的输入变量在 8 个以上。为了方便，这时的逻辑表示方法用下面的PLD法表示。

在门的输入线与输入项的交叉处，有"●"时表示硬连接，有"×"时表示编程连接，没有符号表示无连接。

另外，在PLD中通常大量使用具有互补输出的缓冲器，以增加输入的驱动能力（图9-29）。简化电路符号见图9-30。

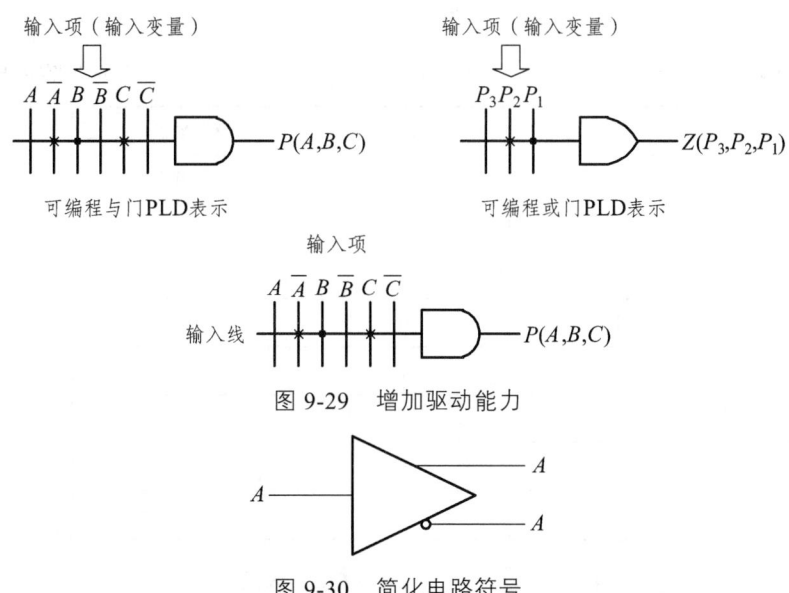

图 9-29 增加驱动能力

图 9-30 简化电路符号

将多个PLD与、或门组合起来就成了PLD的与阵列和或阵列。用来产生各种各样的"与-或"函数式，然后实现各种逻辑电路。

例如，要实现 $Z_1 = AC + \overline{AB}C$，$Z_2 = \overline{ABC}$ 两个逻辑函数时，可编程与、或阵列如图 9-31 所示。

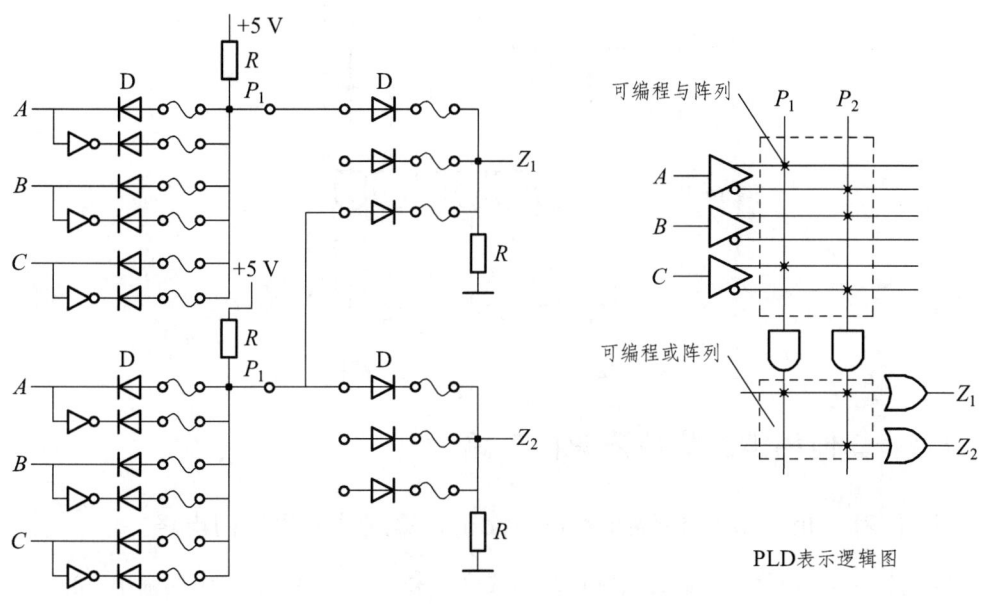

图 9-31 可编程与、或阵列

9.4.2 用可编程与或阵列实现逻辑函数

例：用与-或阵列实现三个一位二进制数相加的加法运算电路。令输入为 A_i, B_i, C_{i-1}，结果

为 S_i、C_i，见表 9-3。

表 9-3 真值表

A_i	B_i	C_{i-1}	S_i	C_i
0	0	0	0	0
0	0	1	1	0
0	1	0	1	0
0	1	1	0	1
1	0	0	1	0
1	0	1	0	1
1	1	0	0	1
1	1	1	1	1

化简后表达式为：$S_i = \overline{A}_i\overline{B}_iC_{i-1} + \overline{A}_iB_i\overline{C}_{i-1} + A_i\overline{B}_i\overline{C}_{i-1} + A_iB_iC_{i-1}$，$C_{i-1} = A_iB_i + A_iC_{i-1} + B_iC_{i-1}$。由逻辑式得可编程与或阵列电路图如图 9-32 所示。

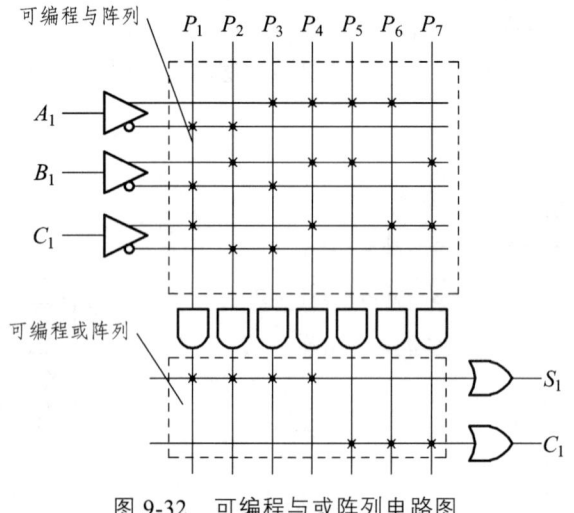

图 9-32 可编程与或阵列电路图

9.4.3 其他种类的集成逻辑门电路

1. IIL（I2L：Integrated Injection Logic），集成注入逻辑门电路

特点：以多集电极管为基础，其特点是集成度很高，功耗很低，逻辑摆幅小（0.3~0.7 V）器件仍工作在饱和区和截止区，开关速度不是很高。

2. ECL（Emitter Coupled Logic）逻辑门电路，发射极耦合逻辑门电路

特点：器件工作在放大区，不进入饱和区和截止区，所以，开关速度快，是目前最快的一种逻辑电路。它以或逻辑结构实现各种逻辑电路。

课后练习

9-1 三极管截止的条件是_____。三极管饱和导通的条件是_____。三极管饱和导通的 I_{BS} 是_____。

9-2 门电路输出为_____电平时的负载为拉电流负载,输出为_____电平时的负载为灌电流负载。

9-3 晶体三极管作为电子开关时,其工作状态必须为_____状态或_____状态。

9-4 74LSTTL 电路的电源电压值和输出电压的高、低电平值依次约为_____。74TTL 电路的电源电压值和输出电压的高、低电平值依次约为_____。

9-5 OC 门称为_____门,多个 OC 门输出端并联到一起可实现_____功能。

9-6 _____门电路的输入电流始终为零。

9-7 CMOS 门电路的闲置输入端不能_____,对于与门应当接到_____电平,对于或门应当接到_____电平。

第 10 章　组合逻辑电路

逻辑电路按其逻辑功能和结构特点可以分为两大类：一类为组合逻辑电路，该电路的输出状态仅决定于该时刻的输入状态，而与电路原来所处的状态无关；另一类为时序逻辑电路，这种电路的输出状态不仅与输入状态有关，而且还与电路原来的状态有关。本章重点讨论了组合逻辑电路的分析方法和设计方法，并从逻辑功能及应用的角度来讨论加法器、编码器、译码器、比较器和数据选择器等几种常用的组合逻辑电路及相应的中规模集成电路。

10.1　组合逻辑电路的分析

10.1.1　组合逻辑电路概述

组合逻辑电路的特点：输出与输入的关系有即时性，即电路在任意时刻的输出状态只取决于该时刻的输入状态，而与该时刻的电路状态无关，这种数字电路称为组合逻辑电路，简称组合电路。本章将介绍组合逻辑电路常用的分析方法，还将介绍一些常用的具有特定功能的组合电路。

组合逻辑电路可以有一个或多个输入端，也可以有一个或多个输出端。其一般示意图如图 10-1 所示。在组合逻辑电路中，数字信号是单向传递的，即只有从输入端到输出端的传递，没有从输出端到输入端的反传递，所以各输出状态只与输入端的即时状态有关，其函数表达式的形式如式（10-1）：

$$\left.\begin{array}{l} Z_1 = f_1(x_1, x_2, \cdots, x_n) \\ Z_2 = f_2(x_1, x_2, \cdots, x_n) \\ \cdots \\ Z_m = f_m(x_1, x_2, \cdots, x_n) \end{array}\right\} \quad (10\text{-}1)$$

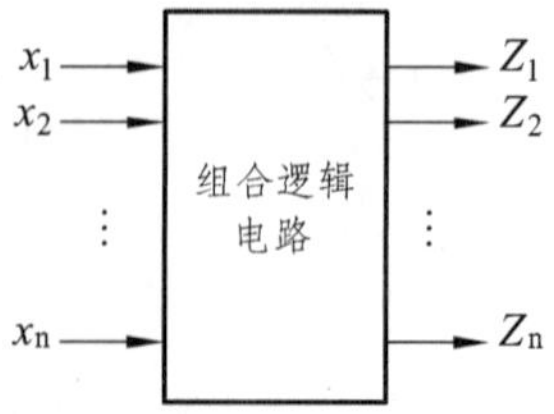

图 10-1　组合逻辑电路框图

研究组合电路的任务有三个方面：
（1）对已给定的组合电路分析其逻辑功能。

（2）根据逻辑命题的需要设计组合电路。

（3）掌握常用组合单元电路的逻辑功能，选择和应用到工程实践中去。

10.1.2 组合逻辑电路的分析

所谓逻辑电路的分析，是指已知逻辑电路，找出输出函数与输入变量之间的逻辑关系。传统的分析步骤如下：

第一步，由给定的逻辑图写出输出函数的表达式；

第二步，根据输出函数表达式，列出输出函数真值表；

第三步，由真值表分析电路的功能。

【例 10-1】分析图 10-2（a）所示电路的逻辑电路的功能。

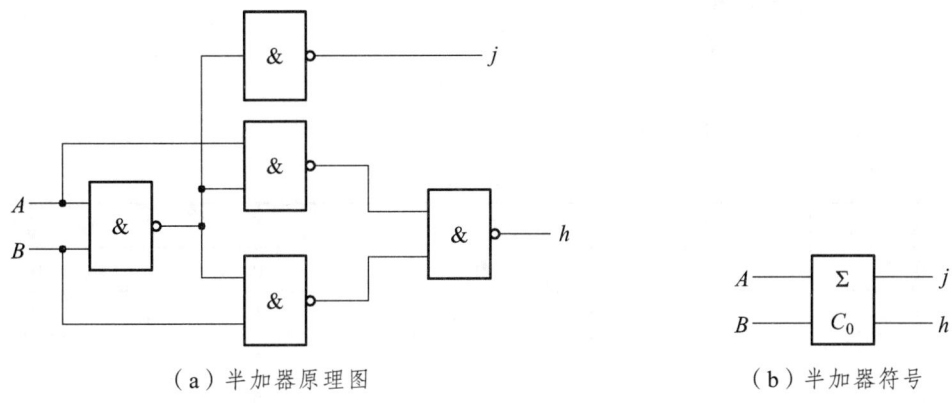

(a) 半加器原理图　　　　　　　　(b) 半加器符号

图 10-2　例 10-1 图

解：第一步，写出输出函数 h 和 j 的表达式。写输出函数表达式一般从输入开始，逐级向后推，直到输出级。根据给出的逻辑图 10-2（a）可得：

$$h = \overline{\overline{AB} \cdot B \cdot \overline{AB} \cdot A} = \overline{\overline{AB} \cdot B} + \overline{\overline{AB} \cdot A} = (\overline{A}+\overline{B})B + (\overline{A}+\overline{B})A = \overline{A}B + \overline{B}A = A \oplus B$$

$$j = \overline{\overline{AB}} = AB$$

第二步，列出真值表如表 10-1 所示。

表 10-1　真值表

A	B	h	j
0	0	0	0
0	1	1	0
1	0	1	0
1	1	0	1

第三步，对电路功能的分析。从表 10-1 可以看出，若 A、B 分别作为一位二进制数，则 h 就是 A、B 相加的和而 j 就是它们的进位。

对于图 10-2（a）所示电路，通常称之为"半加法器"，因为它只能对两个二进制数码求和。图 10-2（b）所示是半加器的符号。

【例 10-2】分析由半加器和逻辑门组成的电路（图 10-3）。

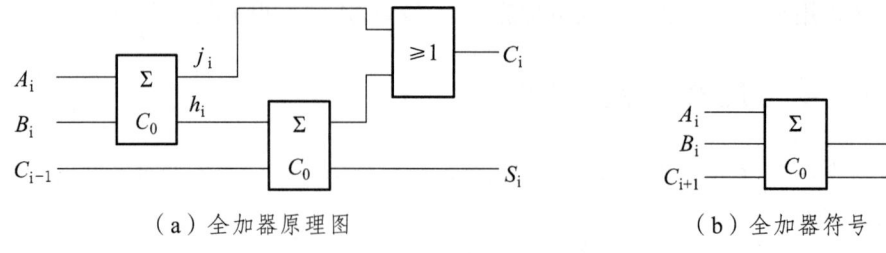

（a）全加器原理图　　　　　　（b）全加器符号

图 10-3　例 10-2 图

解　第一步，写出函数表达式：

$$h_i = A_i \oplus B_i$$
$$j_i = A_i \cdot B_i$$
$$S_i = h_i \oplus C_{i-1} = A_i \oplus B_i \oplus C_{i-1}$$
$$C_i = h_i \cdot C_{i-1} + j_i = (A_i \oplus B_i)C_{i-1} + A_i B_i$$

第二步，列出真值表如表 10-2 所示。

表 10-2　真值表

A_i	B_i	C_{i-1}	S_i	C_i
0	0	0	0	0
0	0	1	1	0
0	1	0	1	0
0	1	1	0	1
1	0	0	1	0
1	0	1	0	1
1	1	0	0	1
1	1	1	1	1

第三步，对电路功能的分析。从真值表可以看出，该电路可以对 A_i, B_i, C_{i-1} 3 个二进制数码求和，产生和数 S_i 以及向高位进位数 C_i。在三个数求和的数码中，把 A_i，B_i 看作本位数求和的数码，把 C_{i-1} 看作低位想象本位的进位，则这样的电路被称为"全加器"，符号如图 10-3（b）所示。

10.2　组合逻辑电路的设计

10.2.1　组合逻辑电路的设计步骤

1. 逻辑抽象

（1）分析事件的因果关系，确定输入变量与输出变量。通常总是把引起事件的原因定为输入变量，而把事件的结果作为输出变量。

（2）定义逻辑状态的含义（逻辑赋值），用 0、1 表示逻辑的两种状态。

（3）根据给定事件的因果关系列出真值表。

2. 写出逻辑函数式

从已得到的逻辑真值表很容易写出逻辑函数式，其方法不再重复。

3. 将逻辑函数式化简或变换

如果使用 SSI（小规模）设计，需将函数式化为最简形式，以使电路中所用的门电路个数最少，输出端的个数最少。

如果使用 MSI（中规模）设计，则应将函数式变换成与所选用的 MSI 的函数形式类似的形式，以使用最少的 MSI 实现这个逻辑电路。

4. 根据化简或变换后的函数式画出逻辑电路的连接图

整个设计过程如图 10-4 中的框图所示。

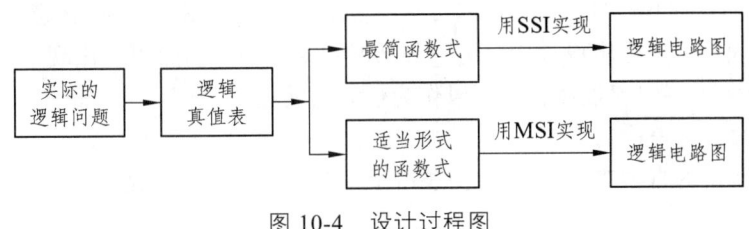

图 10-4　设计过程图

10.2.2　组合逻辑电路的设计举例

【例 10-3】设计一个电路，用以判别一位 8421 码是否大于 5。大于 5 时，电路输出 1，否则输出 0。

解：① 根据题意列出真值表。

假设输入端的 8421 码用四个变量 A，B，C，D 表示，网络的输出用 F 表示，可以得到表 10-3 所示的真值表。

表 10-3　真值表

A	B	C	D	F
0	0	0	0	0
0	0	0	1	0
0	0	1	0	0
0	0	1	1	0
0	1	0	0	0
0	1	0	1	0
0	1	1	0	1
0	1	1	1	1

续表

A	B	C	D	F
1	0	0	0	1
1	0	0	1	1
1	0	1	0	d
1	0	1	1	d
1	1	0	0	d
1	1	0	1	d
1	1	1	0	d
1	1	1	1	d

表的上部表示当输入 A，B，C，D 代表 8421 码的值在 0～5 时，输出 F 为 0；输入的值在 6～9 之间时，F 为 1。因为输入 A，B，C，D 表示 8421 码，所以 A，B，C，D 的值在 1010～1111 是不可能出现的，这在逻辑电路设计中称为"约束条件"。既然这些输入组合不会出现，也就不必关心其对应的输出值是 0 还是 1，这在真值表和卡若图中称为"任意项"或"无关项"，用 d 或 φ 或 x 表示。在逻辑设计中还有一种情况：某些输入组合可以出现，然而输出是任意的，可以为 0 也可以为 1，显然，也可以作为任意项处理。

② 求最简的与或表达式。

由表 10-3 所示的真值表可得如图 10-5 所示的含有无关项的卡诺图。

$$F = A + BC$$

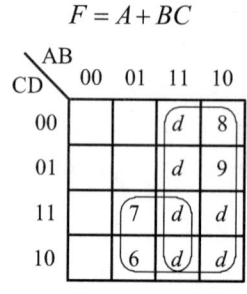

图 10-5　例 10-3 卡诺图

③ 根据选择的器件类型，求出相应的表达式。

例如选择与非门实现电路，对最简与或表达式两次求反，可求出函数的与非-与非表达式

$$F = A + BC = \overline{\overline{A + BC}} = \overline{\overline{A} \cdot \overline{BC}}$$

④ 画逻辑图，如图 10-6 所示。

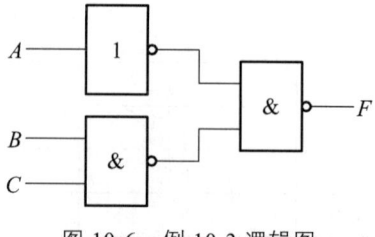

图 10-6　例 10-3 逻辑图

【例 10-4】用或非门和非门实现图 10-6 所示的电路。

解：① 用或非门实现。

用或非门实现图 10-6 所示的电路，可以用下述方法：

第一步，将函数 F 表示在卡诺图上，如图 10-7 所示。

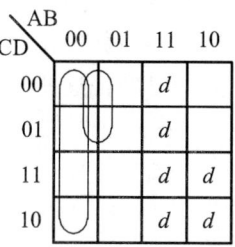

图 10-7　例 10-4 卡诺图

第二步，圈卡诺图中的 0 方格，得到的最简与或表达式为：

$$\overline{F} = \overline{A}B + \overline{A}\,\overline{C}$$

第三步，用反演规则求出 F 的最简与或表达式：

$$F = (A+B)(A+C)$$

第四步，对 F 两次求反，得到 F 的最简或非表达式：

$$F = \overline{\overline{(A+B)\cdot(A+C)}} = \overline{\overline{(A+B)}+\overline{(A+C)}}$$

第五步，画逻辑图，如图 10-8 所示。

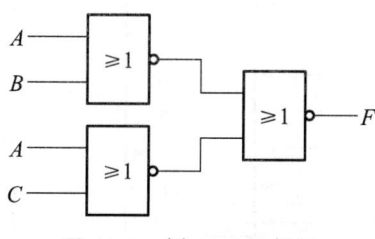

图 10-8　例 10-4 逻辑图

② 用与或非门实现前面的步骤相同，只是在求最简与或表达式后用一次求反得到 F 的最简与或非表达式：

$$\overline{F} = \overline{A}B + \overline{A}\,\overline{B}$$

$$F = \overline{\overline{A}B + \overline{A}\,\overline{C}}$$

由 F 的与或非表达式画出逻辑图如图 10-9。

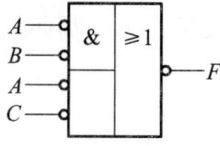

图 10-9　与或非表达式逻辑图

10.3 常用的组合逻辑电路

由于人们在实践中遇到的逻辑问题层出不穷，因而为解决这些逻辑问题而设计的逻辑电路也不胜枚举。然而我们发现，其中有些逻辑电路经常且大量地出现在各种数字系统当中。这些电路包括编码器、译码器、数据选择器、数值比较器、加法器、函数发生器、奇偶效验器、奇偶发生器等。为了使用方便，人们已经把这些逻辑电路制成了中、小规模集成的标准化集成电路产品。下面就分别介绍一下其中一些器件的工作原理和使用方法。

10.3.1 编码器

为了区分一系列不同的事物，将其中的每个事物用一个二值代码表示，这就是编码的含义。在二值逻辑电路中，信号都是以高、低电平信号编码成一个对应的二进制代码。

1. 普通编码器

目前经常使用的编码器有普通编码器和优先编码器两类，在普通编码器中，任何时刻只允许输入一个编码信号，否则输出信号将发生混乱。

现在以 3 位二进制普通编码器为例来分析一下它的工作原理。图 10-10 是 3 位二进制编码器的框图，它的输入是 $I_0 \sim I_7$ 8 个高电平信号，输出是 3 位二进制代码 Y_2、Y_1、Y_0。为此，又把它叫作 8 线-3 线编码器。输出与输入的对应关系由表 10-4 给出。

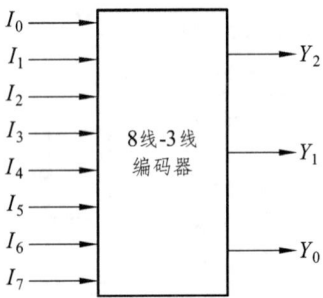

图 10-10　3 位二进制编码器框图

将图 10-4 的真值表写成对应的逻辑式得到

$$\begin{cases} Y_2 = \overline{I_0}\overline{I_1}\overline{I_2}\overline{I_3}\overline{I_4}I_5\overline{I_6}\overline{I_7} + \overline{I_0}\overline{I_1}\overline{I_2}\overline{I_3}\overline{I_4}\overline{I_5}I_6\overline{I_7} + \overline{I_0}\overline{I_1}\overline{I_2}\overline{I_3}I_4\overline{I_5}\overline{I_6}\overline{I_7} + \overline{I_0}\overline{I_1}\overline{I_2}\overline{I_3}\overline{I_4}\overline{I_5}\overline{I_6}I_7 \\ Y_1 = \overline{I_0}\overline{I_1}I_2\overline{I_3}\overline{I_4}\overline{I_5}\overline{I_6}\overline{I_7} + \overline{I_0}\overline{I_1}\overline{I_2}I_3\overline{I_4}\overline{I_5}\overline{I_6}\overline{I_7} + \overline{I_0}\overline{I_1}\overline{I_2}\overline{I_3}\overline{I_4}\overline{I_5}I_6\overline{I_7} + \overline{I_0}\overline{I_1}\overline{I_2}\overline{I_3}\overline{I_4}\overline{I_5}\overline{I_6}I_7 \\ Y_0 = \overline{I_0}I_1\overline{I_2}\overline{I_3}\overline{I_4}\overline{I_5}\overline{I_6}\overline{I_7} + \overline{I_0}\overline{I_1}\overline{I_2}I_3\overline{I_4}\overline{I_5}\overline{I_6}\overline{I_7} + \overline{I_0}\overline{I_1}\overline{I_2}\overline{I_3}\overline{I_4}I_5\overline{I_6}\overline{I_7} + \overline{I_0}\overline{I_1}\overline{I_2}\overline{I_3}\overline{I_4}\overline{I_5}\overline{I_6}I_7 \end{cases} \quad (10\text{-}2)$$

如果任何一个时刻 $I_0 \sim I_7$ 当中仅有一个取值位 1，即输入变量的组合仅有表 10-4 中的 8 种状态，则输入变量位其他取值下其值等于 1 的那些最小项均为约束项。利用这些约束项将式（10-2）化简，得到：

$$\begin{cases} Y_2 = I_4 + I_5 + I_6 + I_7 \\ Y_1 = I_2 + I_3 + I_6 + I_7 \\ Y_0 = I_1 + I_3 + I_5 + I_7 \end{cases} \quad (10\text{-}3)$$

图 10-11 就是根据式（10-3）得出的编码器电路，这个电路是由三个或门组成的。

表 10-4　真值表

输入								输出		
I_0	I_1	I_2	I_3	I_4	I_5	I_6	I_7	Y_2	Y_1	Y_0
1	0	0	0	0	0	0	0	0	0	0
0	1	0	0	0	0	0	0	0	0	1
0	0	1	0	0	0	0	0	0	1	0
0	0	0	1	0	0	0	0	0	1	1
0	0	0	0	1	0	0	0	1	0	0
0	0	0	0	0	1	0	0	1	0	1
0	0	0	0	0	0	1	0	1	1	0
0	0	0	0	0	0	0	1	1	1	1

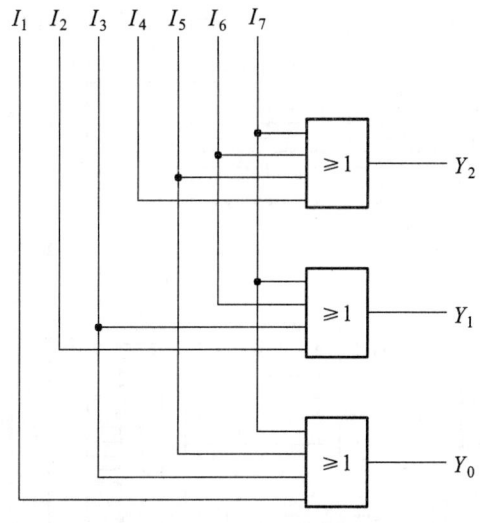

图 10-11　编码器电路

2．优先编码器

在优先编码器电路中，允许同时输入两个以上编码信号。不过在设计优先编码器时已经将所有的输入信号按优先顺序排了队，当几个输入信号同时出现时，只对其中优先权最高的一个进行编码。图 10-12 给出了 8 线-3 线优先编码器 74LS148 的逻辑图。如果不考虑与门 G_1、G_2 和 G_3 组成的附加控制电路，则编码器只有图中虚线框以内的这一部分。

从图 10-12 写出逻辑式，即得到

$$\begin{cases} \overline{Y_2} = \overline{(I_4 + I_5 + I_6 + I_7) \cdot S} \\ \overline{Y_1} = \overline{I_2 \overline{I_4} \overline{I_5} + I_3 \overline{I_4} \overline{I_5} + I_6 + I_7 \cdot S} \\ \overline{Y_0} = \overline{I_1 \overline{I_2} \overline{I_4} \overline{I_6} + I_3 \overline{I_4} \overline{I_5} + I_5 \overline{I_6} + I_7 \cdot S} \end{cases} \quad (10\text{-}4)$$

为了扩展电路的功能和使用的灵活性，在 74LS148 的逻辑电路中附加了与门 G_1、G_2 和

G_3 组成的控制电路。其中为选通输入端,只有在 $\overline{S}=0$ 的条件下,编码才能正常工作。而在 $\overline{S}=1$ 时,所有的输出端均被封锁在高电平。选通输出端 $\overline{Y_s}$ 和扩展端 $\overline{Y_{EX}}$ 用于扩展编码功能,由图 10-12 可知

$$\overline{Y_S} = \overline{\overline{I_0 I_1 I_2 I_3 I_4 I_5 I_6 I_7 S}} \tag{10-5}$$

式(10-5)表明,只有当所有的编码输入端都是高电平(即没有编码输入),而且 $S=1$ 时,$\overline{Y_s}$ 才是低电平。因此 $\overline{Y_s}$ 的低电平输出信号表示"电路工作,但无编码输入"。

从图 10-12 还可以写出

$$Y_{EX} = \overline{\overline{\overline{I_0 I_1 I_2 I_3 I_4 I_5 I_6 I_7}} \cdot S}$$
$$= \overline{(I_0 + I_1 + I_2 + I_3 + I_4 + I_5 + I_6 + I_7) \cdot S} \tag{10-6}$$

这说明试用任何一个编码输入端有低电平信号输入,且 $S=1$,$\overline{Y_{EX}}$ 即为低电平。因此,$\overline{Y_{EX}}$ 的低电平输出信号表示"电路工作,而且有编码输入"。根据式(10-4)、式(10-5)和式(10-6)可以列出表 10-5 所示的 74LS148 的功能表。它的输入和输出均以低电平作为有效信号。

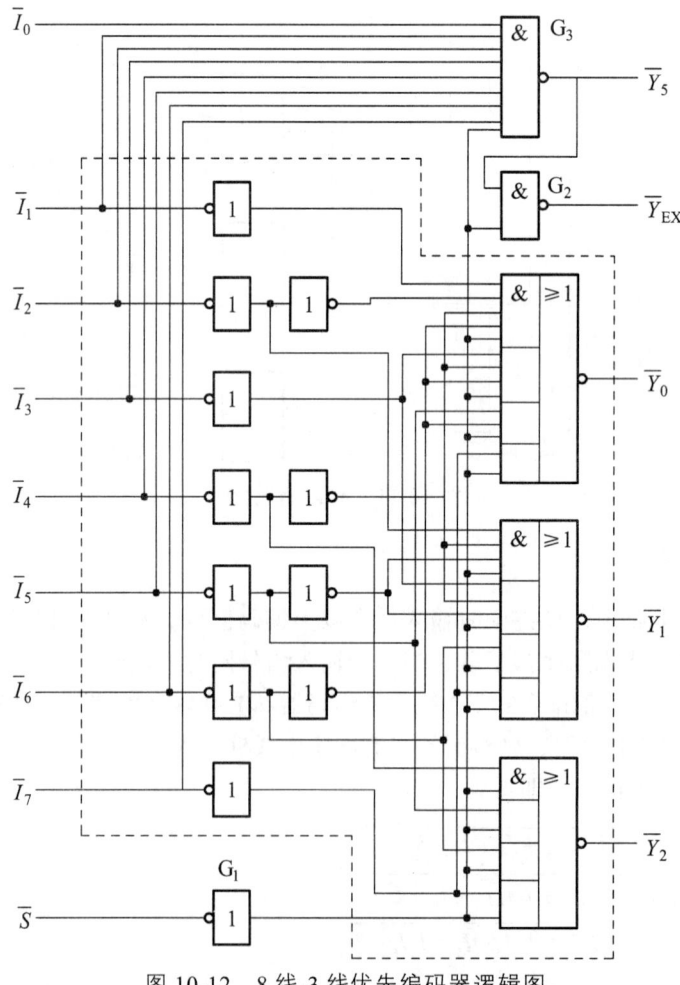

图 10-12 8 线-3 线优先编码器逻辑图

由表 10-5 不难看出，在 $\overline{S}=0$ 电路正常工作状态下，允许 $\overline{I_0} \sim \overline{I_7}$ 当中同时有几个输入端为低电平，即有编码输入信号。$\overline{I_7}$ 的优先权最高，$\overline{I_0}$ 的优先值最低。当 $\overline{I_7}=0$ 时，无论其他输入端有无输入信号，输出端只给出 $\overline{I_7}$ 的编码，即 $\overline{Y_2Y_1Y_0}=000$；当 $\overline{I_7}=1$，$\overline{I_6}=0$ 时，无论其余输入端有无输入信号，只对 $\overline{I_6}$ 编码，输出为 $\overline{Y_2Y_1Y_0}=001$。其余的输入状态请读者自行分析。

表 10-5　74LS148 的功能表

输入									输出				
$\overline{S}$	$\overline{I_0}$	$\overline{I_1}$	$\overline{I_2}$	$\overline{I_3}$	$\overline{I_4}$	$\overline{I_5}$	$\overline{I_6}$	$\overline{I_7}$	$\overline{Y_2}$	$\overline{Y_1}$	$\overline{Y_0}$	$\overline{Y_S}$	$\overline{Y_{EX}}$
1	×	×	×	×	×	×	×	×	1	1	1	1	1
0	1	1	1	1	1	1	1	1	1	1	1	0	1
0	×	×	×	×	×	×	×	0	0	0	0	1	0
0	×	×	×	×	×	×	0	1	0	0	1	1	0
0	×	×	×	×	×	0	1	1	0	1	0	1	0
0	×	×	×	×	0	1	1	1	0	1	1	1	0
0	×	×	×	0	1	1	1	1	1	0	0	1	0
0	×	×	0	1	1	1	1	1	1	0	1	1	0
0	×	0	1	1	1	1	1	1	1	1	0	1	0
0	0	1	1	1	1	1	1	1	1	1	1	1	0

表 10-5 中出现的 3 次 $\overline{Y_2Y_1Y_0}=111$ 情况可以用 $\overline{Y_S}$ 和 $\overline{Y_{EX}}$ 的不同状态加以区分。

10.3.2　译码器

译码器的逻辑功能是将每个输入的二进制代码译成对应的输出高、低电平信号，译码是编码的反操作。常用的译码器电路有二进制译码器、二-十进制译码器和显示译码器三类。

1. 二进制译码器

（1）二进制译码器原理。

图 10-13 表示二进制译码器的一般原理图，它具有 n 个输入端、2^n 个输出端和一个使能端。在使能输入端为有效电平时，对应每一组输入代码，只有其中一个输出端为有效电平，其余输出端电平则相反。下面首先分析由门电路组成的译码电路，以便熟悉译码电路的工作原理和电路结构。两输入量的二进制译码器逻辑图如图 10-14 所示。由于两输入量 A、B 共有四种不同的状态组合，因而可译出四个输出信号 $Y_0 \sim Y_3$，故图 10-14 为两线输入、四线输出译码器，简称 2/4 译码器。

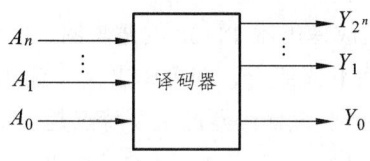

图 10-13　译码器框图

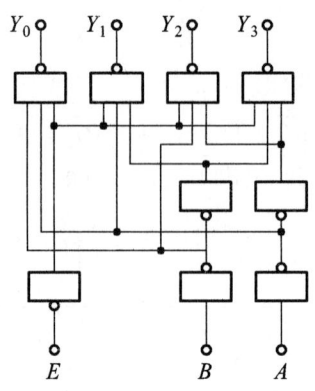

图 10-14　2/4 译码器

由图 10-14 可写出各输出端的逻辑表达式

$$\left. \begin{array}{l} Y_0 = \overline{\overline{E}\,\overline{A}\,\overline{B}} \\ Y_1 = \overline{\overline{E}\,\overline{A}\,B} \\ Y_2 = \overline{\overline{E}\,A\,\overline{B}} \\ Y_3 = \overline{\overline{E}\,A\,B} \end{array} \right\} \qquad (10\text{-}7)$$

根据式（10-7）可列出真值表，如表 10-6 所示。

表 10-6　2/4 线译码器真值表

输入			输出			
E	A	B	Y_0	Y_1	Y_2	Y_3
1	×	×	1	1	1	1
0	0	0	0	1	1	1
0	0	1	1	0	1	1
0	1	0	1	1	0	1
0	1	1	1	1	1	0

由表 10-6 可知，当 E 为 1 时，无论 A、B 为何种状态，输出全为 1，译码器处于非工作状态。而当 E 为 0 时，对应于 A、B 的某种状态组合，其中只有一个输出量为 0，其余各输出量均为 1。例如，$AB=00$ 时，输出 Y_0 为 0，$Y_1 \sim Y_3$ 均为 1。由此可见，译码器是通过输出端的逻辑电平以识别不同的代码。

（2）二进制集成译码器举例。

图 10-15 为常用的双极型集成译码器 T1138 的逻辑图，它的真值表如表 10-7 所示，由于 3 个输入量 A_0、A_1、A_2 共有 8 种状态组合，即可译出 8 个输出信号 $Y_0 \sim Y_7$，故这种译码器称为 3/8 线译码器。与图 10-12 比较，该译码器的主要特点是，设置了 G_1、G_{2A} 和 G_{2B} 三个使能输入端。由真值表可知，当 G_{2A} 和 G_{2B} 均为 0，而 G_1 为 1 时，译码器处于工作状态。

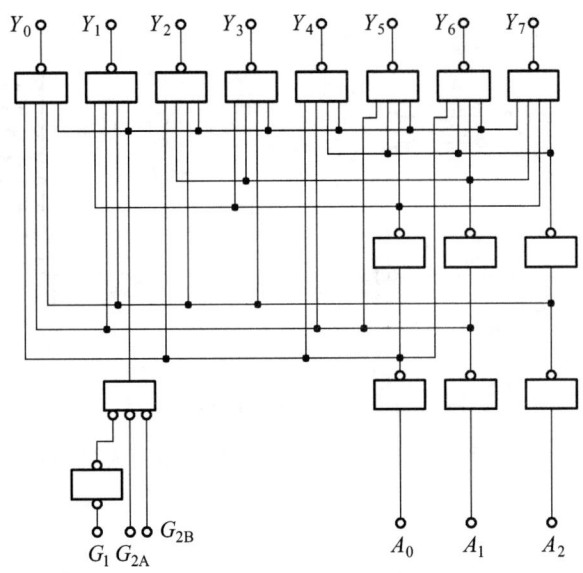

图 10-15　T1138 集成译码器的逻辑图

表 10-7　T1138 真值表

输入					输出							
使能		选择码										
G_1	G_2	A_2	A_1	A_0	Y_0	Y_1	Y_2	Y_3	Y_4	Y_5	Y_6	Y_7
×	1	×	×	×	1	1	1	1	1	1	1	1
0	×	×	×	×	1	1	1	1	1	1	1	1
1	0	0	0	0	0	1	1	1	1	1	1	1
1	0	0	0	1	1	0	1	1	1	1	1	1
1	0	0	1	0	1	1	0	1	1	1	1	1
1	0	0	1	1	1	1	1	0	1	1	1	1
1	0	1	0	0	1	1	1	1	0	1	1	1
1	0	1	0	1	1	1	1	1	1	0	1	1
1	0	1	1	0	1	1	1	1	1	1	0	1
1	0	1	1	1	1	1	1	1	1	1	1	0

由真值表可得：

$$\overline{Y_0} = G_1 \cdot \overline{(G_{2A} + G_{2B})} \cdot \overline{A_2} \cdot \overline{A_1 A_0} \tag{10-8}$$

$$Y = \overline{G_1 \cdot \overline{G_{2A}} \cdot \overline{G_{2B}} \cdot \overline{A_2} \cdot \overline{A_1} \cdot \overline{A_0}} \tag{10-9}$$

其余各输出端的逻辑表达式请读者自行导出。不难证明，由真值表导出的各输出端的逻辑表达式与逻辑图是一致的。

（3）译码器作数据分配器使用　在数字系统中，往往需要把公共数据线的数据按要求传送到不同的单元，即对数据进行分配。译码器就可作数据分配器。T1138 作为数据分配器的示意图和逻辑原理图如图 10-16 所示。将 G_{2B} 接低电平，G_1 作为使能端，A_2、A_1 和 A_0 作为选择输出通道的选择码输入端，G_{2A} 作为数据输入端。例如，当 $G_1=1$、$A_2A_1A_0=010$ 时，由真值表得

$$Y_2 = \overline{G_1 \cdot \overline{G_{2A}} \cdot \overline{G_{2B}} \cdot \overline{A_2} \cdot A_1 \cdot \overline{A_0}} = G_{2A} \qquad (10\text{-}10)$$

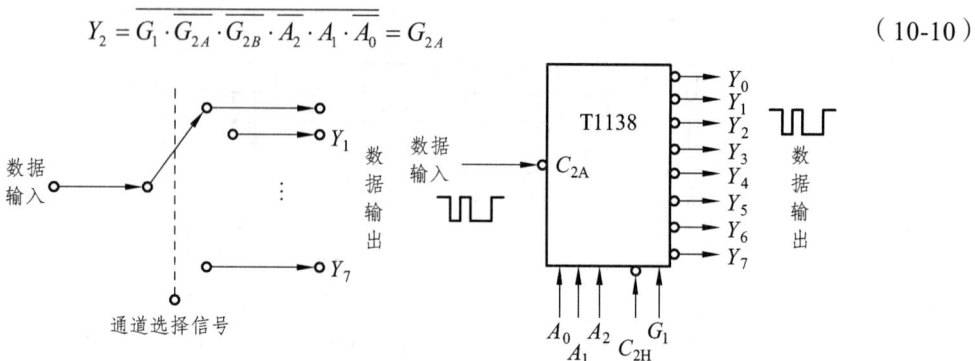

图 10-16　T1138 作数据分配器

而其余的输出端均为高电平。因此，输出端 Y_2 得到和输入端相同的数据波形。

2. 二-十进制译码器

在前面已经讨论过的 8421BCD 码，对应于 0~9 的十进制数由四位二进制数 0000~1001 表示。人们虽然不习惯于直接识别二进制数，但可采用二-十进制译码器来解决。这种译码器应有四个输入端、十个输出端。图 10-17 是二-十进制译码器的逻辑图，它的输出为低电平有效。例如，$Y_0 = \overline{\overline{A_3} \cdot \overline{A_2} \cdot \overline{A_1} \cdot \overline{A_0}}$，当 $A_3A_2A_1A_0 = 0000$ 时，输出 $Y_0 = 0$，它对应于十进制数 0，其余依此类推。

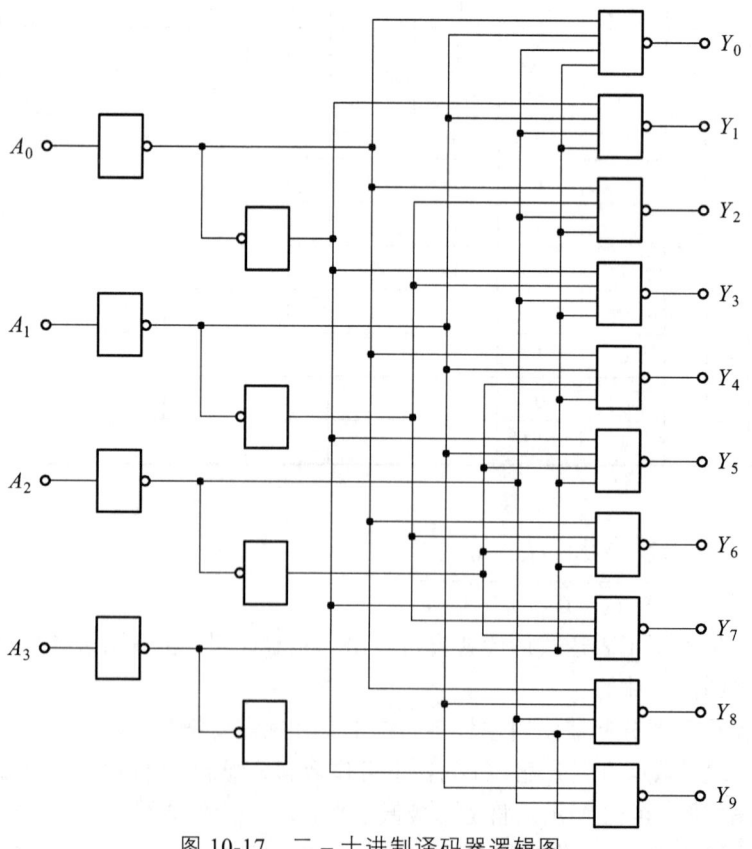

图 10-17　二-十进制译码器逻辑图

3. 二–十进制显示译码器

在数字仪表、计算机和其他数字系统中，常常要把测量数据和运算结合用十进制数显示出来，这就要用显示译码器，它能够把"8421"二-十进制代码译成能用显示出器件显示出的十进制数。

常用的显示器件有半导体数码管、液晶数码管和荧光数码管等。下面只介绍半导体数码管一种。

（1）半导体数码管。

半导体数码管（简称 LED 数码管）的基本单元是 PN 结，目前较多采用的是磷砷化镓做成的 PN 结，当外加正向电压时，就能发出清晰的光线。其管脚排列如图 10-18 所示。发光二极管的工作电压为 1.5～3V，工作电流为几毫安到十几毫安，寿命很长。

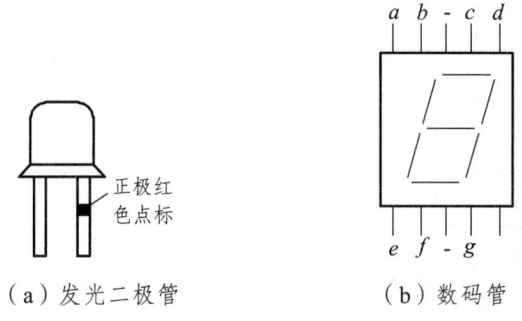

（a）发光二极管　　　（b）数码管

图 10-18　半导体显示器

半导体数码管将十进制数码分成七段，每段为一发光二极管，其显示图形如图 10-19 所示。选择不同字段发光，可显示出不同的字形。例如，当 a、b、c、d、e、f、g 七段全亮时，显示出 8，b、c 段亮时，显示出 1。

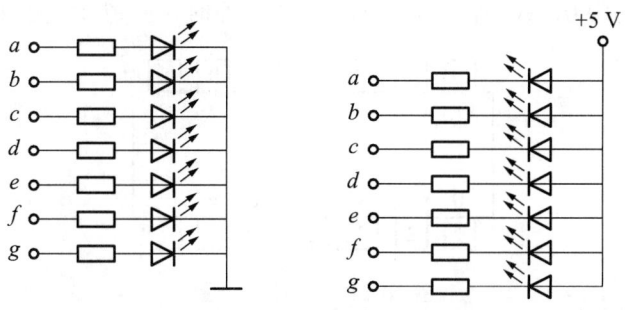

图 10-19　半导体数码管的接法

半导体数码管中 7 个发光二极管有共阴极和共阳极两种接法，如图 10-20 所示。前者，某一段接高电平时发光；后者，接低电平时发光。使用时每个管要串联限流电阻（约 100Ω）。

（2）七段显示译码器。

七段显示译码器的功能是把"8421"二-十进制代码译成对应于数码管的七字段信号，驱动数码管，显示出相应的十进制数码。如果采用共阴极数码管，则七段显示译码器的状态表如表 10-8 所示；如果采用共阳极数码管，则输出状态应和表 10-8 所示的相反。

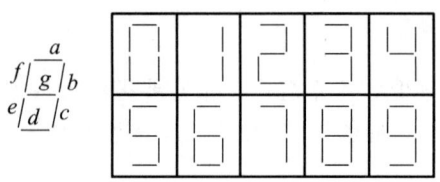

图 10-20 七段显示的数字图形

表 10-8 T337 的状态表

编码		D	C	B	A	a	b	c	d	e	f	g
数字	0	0	0	0	0	1	1	1	1	1	1	0
	1	0	0	0	1	0	1	1	0	0	0	0
	2	0	0	1	0	1	1	0	1	1	0	1
	3	0	0	1	1	1	1	1	1	0	0	1
	4	0	1	0	0	0	1	1	0	0	1	1
	5	0	1	0	1	1	0	1	1	0	1	1
	6	0	1	1	0	1	0	1	1	1	1	1
	7	0	1	1	1	1	1	1	0	0	0	0
	8	1	0	0	0	1	1	1	1	1	1	1
	9	1	0	0	1	1	1	1	1	0	1	1

图 10-21 是七段显示译码器 T337 的外引线排列图。图中 BI 为熄灭输入端，当 BI 端输入为 0 时，a～g 输出均为 0，数码管熄灭，而在正常工作时，BI 端接高电平。

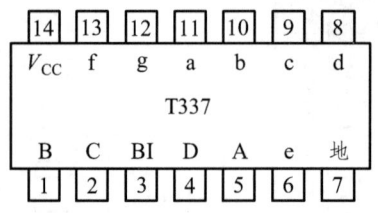

图 10-21 T337 引脚图

图 10-22 所示是 T337 和共阴极半导体数码管的连接示意图。改变电阻 R 的大小可以调节数码管的工作电流和亮度。

10.3.3 加法器

两个二进制数之间的算术运算无论是加、减、乘、除，目前在数字计算机中都是化作若干步加法运算进行的。因此，加法器是构成算术运算器的基本单元。

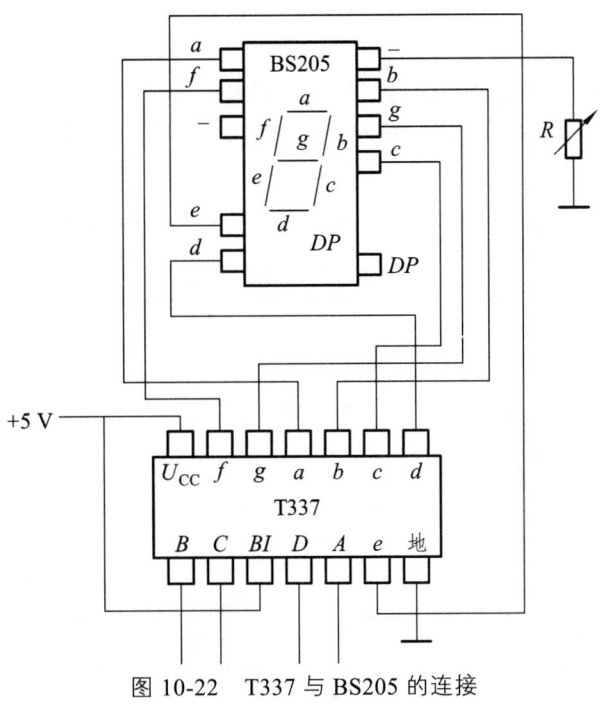

图 10-22　T337 与 BS205 的连接

1. 半加器

如果不考虑有来自低位的进位将两个 1 位二进制数相加，称为半加。实现半加运算的电路叫作半加器，如图 10-23 所示。

按照二进制加法运算规则可以列出如表 10-9 所示的半加器真值表。其中 A、B 是两个加数，S 是相加的和，CO 是向高位的进位。将 S、CO 和 A、B 的关系写成逻辑表达式则得

$$\begin{cases} S = \overline{A}B + A\overline{B} = A \oplus B \\ CO = AB \end{cases} \qquad (10\text{-}11)$$

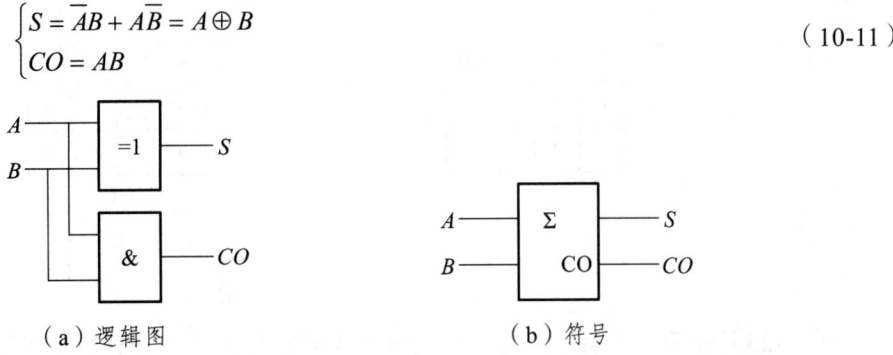

图 10-23　半加器

表 10-9　半加器的真值表

输入		输出	
A	B	S	CO
0	0	0	0
0	1	1	0
1	0	1	0
1	1	0	1

2. 全加器

在将两个多位二进制数相加时，除了最低位以外，每一位都应该考虑来自低位的进位，即将两个对应位的加数和来自低位的进位 3 个数相加。这种运算称为全加，所用的电路称为全加器。

根据二进制加法运算规则可列出 1 位全加器的真值表，如表 10-10 所示。

表 10-10 全加器的真值表

输入			输出	
CI	A	B	S	CO
0	0	0	0	0
0	0	1	1	0
0	1	0	1	0
0	1	1	0	1
1	0	0	1	0
1	1	0	0	1
1	1	1	1	1

画出图 10-24 所示的 S 和 CO 的卡诺图，采用合并 0 再求反的化简方法得到

$$\begin{cases} S = \overline{\overline{A}\overline{B}\overline{CI} + \overline{A}B\overline{CI} + AB\overline{CI}} \\ C_o = \overline{\overline{AB} + \overline{BCI} + \overline{ACI}} \end{cases} \quad (10\text{-}12)$$

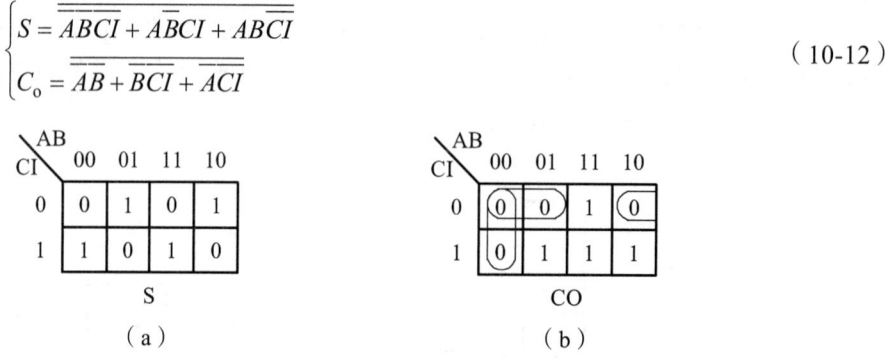

图 10-24 全加器的卡诺图

图 10-25 所示双全加器 74LS183 的逻辑图就是按表 10-10 组成的。全加器的电路结构还有其他多种形式，但它们的逻辑功能都必须符合表 10-10 给出的全加器真值表。

10.3.4 数据选择器

数据选择器（Multiplexer，简称 MUX），又称"多路开关"或"多路调制器"。它的功能是在选择输入（又称"地址输入"）信号的作用下，从多个数据输入通道中选择某一通道的数据（数字信息）传输至输出端。4 选 1MUX 的功能示意框图如图 10-26 所示，其真值表如表 10-11 所示。

第 10 章 组合逻辑电路

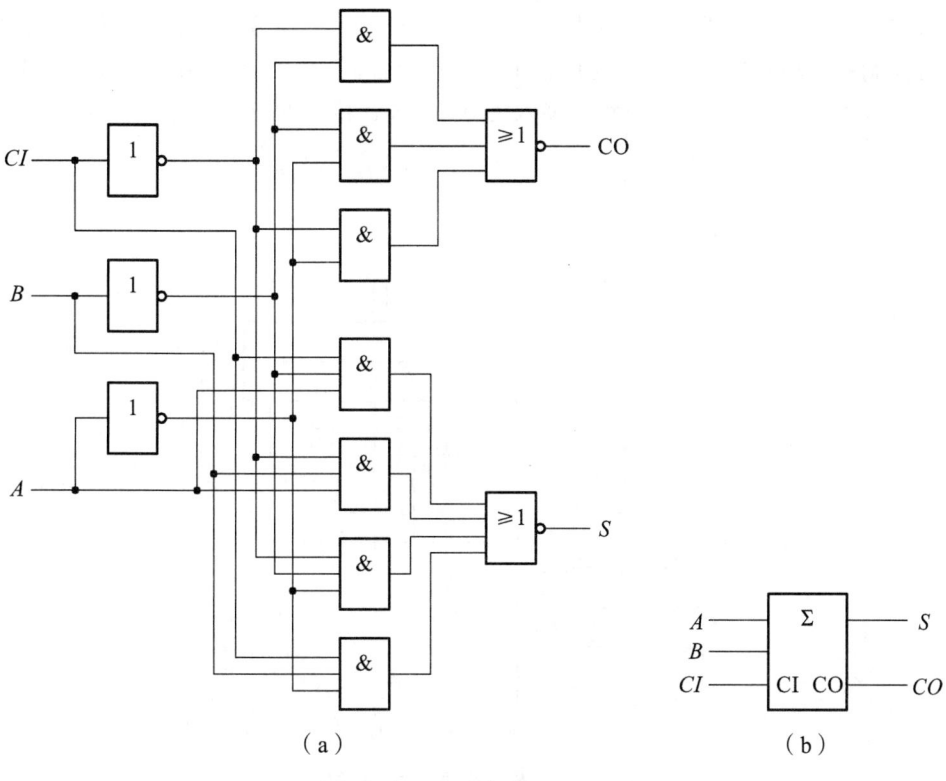

（a） （b）

图 10-25 双全加器 LS74183

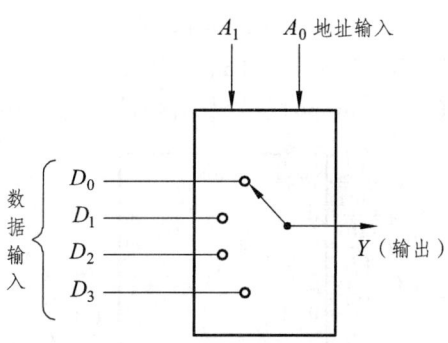

图 10-26 4 选 1 数据选择器示意图

表 10-11 4 选 1 数据选择器真值表

地址输入		使能控制	输出
A_1	A_0	$\overline{ST}$	Y
×	×	1	0
0	0	0	D_0
0	1	0	D_1
1	0	0	D_2
1	1	0	D_3

因为 4 选 1 数据选择器是从四路输入数据中选择一路作输出，输入地址代码必须有四个

不同的状态与之相对应,所以地址输入端必须是两个（A_1 和 A_0）。此外,为了对选择器工作与否进行控制和扩展功能的需要,还设置了附加使能控制端。当 $ST=0$ 时,选择器工作;当 $ST=1$ 时,选择器输入的数据被封锁,输入为 0。其输出函数的逻辑式为

$$Y = [D_0(\overline{A_1 A_0} + D_1 \overline{A_1} A_0) + D_2(A_1 \overline{A_0} + D_3 A_1 A_0)] \cdot ST$$

其逻辑图如图 10-27 所示。

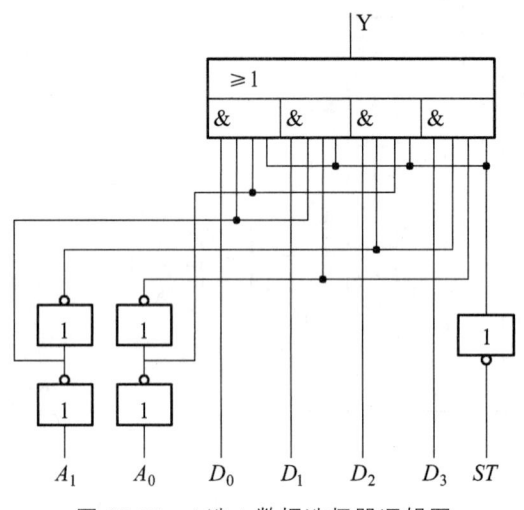

图 10-27 4 选 1 数据选择器逻辑图

数据选择器的芯片种类很多,常用的有 2 选 1,如 CT54157、CT54LS157、CT54LS158;4 选 1,如 CT54LS253、CT54LS353、CT54153、CC14539;8 选 1,如 CT54151、CT54152;16 选 1,如 CT54150 等。CT54151 是逻辑符号及引脚排列如图 10-28 所示。

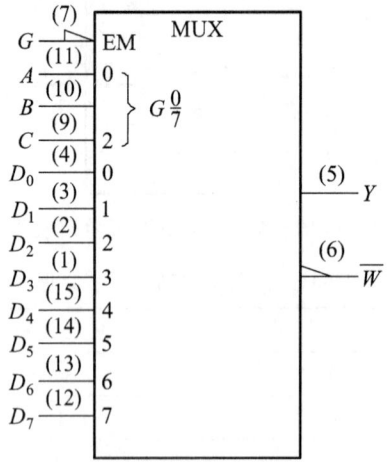

图 10-28 8 选 1 数据选择器逻辑符号及引脚排列

课后练习

10-1 分析图 10-29 所示的逻辑功能。

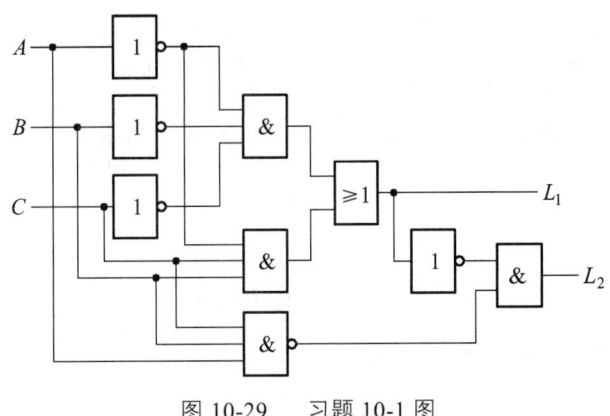

图 10-29 习题 10-1 图

10-2 列出图 10-30 所示电路的真值表，说明其逻辑功能。

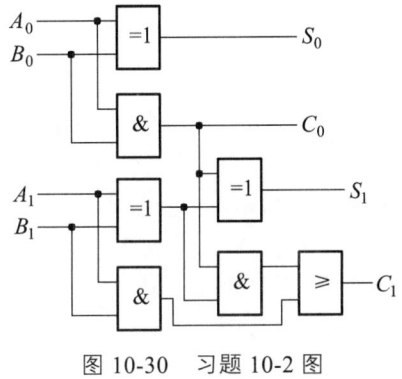

图 10-30 习题 10-2 图

10-3 分析图 10-31、图 10-32 所示电路，列出真值表，说明其逻辑功能。

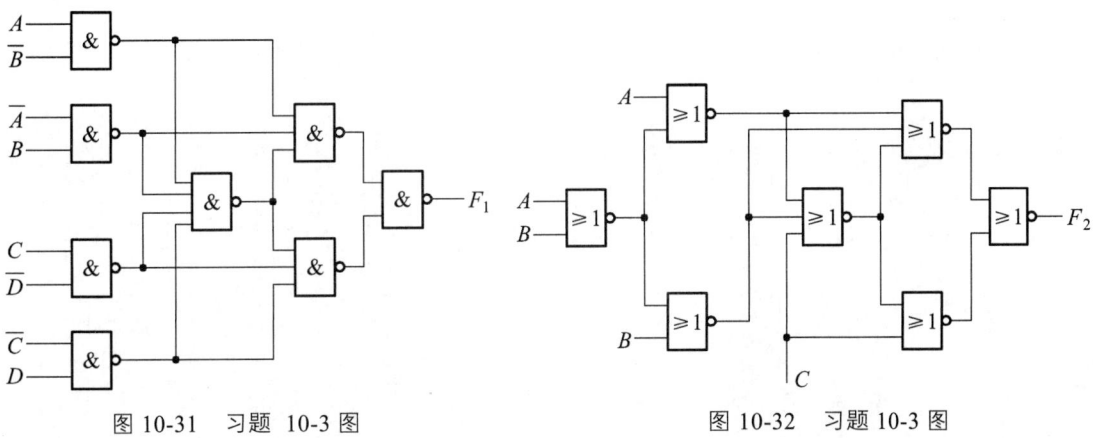

图 10-31 习题 10-3 图   图 10-32 习题 10-3 图

10-4 分析图 10-33（a）、（b）表示的电路，函数 F_1 和 F_2 是否为最简函数？如果不是，请化简。

10-5 设计一个三输入的"多数表决电路"。当输入 A、B、C 中有 2 个或 2 个以上为"1"时输出 F 为"1"，否则为"0"，用与非门实现。

10-6 用与非门实现 3 变量"不一致电路"。即当 3 个输入变量全部为"0"或全部为"1"时则输出为"0"，其余情况输出为"1"。

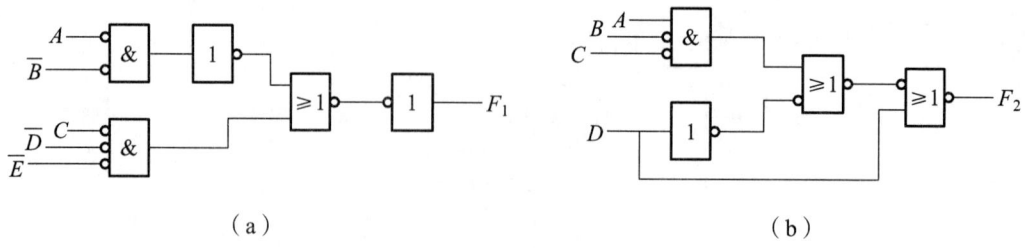

图 10-33 习题 10-4 图

10-7 将下列函数用二端与非门实现：

（1） $F_1 = ABCDEF$

（2） $F_2 = ABD + ADC + ABC + BCD$

（3） $F_3 = \overline{\overline{ABC}} + ABD + A\overline{B}C\overline{D} + \overline{\overline{A}BCD}$

第 11 章 触发器与时序逻辑电路

前面介绍的门电路在某一时刻的输出信号完全取决于该时刻的输入信号，它没有记忆作用。在数字系统中，常常需要存储各种数字信息。触发器就是具有记忆功能，可以存储数字信息的最常用的一种基本单元电路。本章首先介绍触发器，然后介绍时序逻辑电路。

11.1 基本触发器

基本触发器：能记忆一位二进制信息的电路。

图 11-1 所示是能实现记忆的三种基本电路：

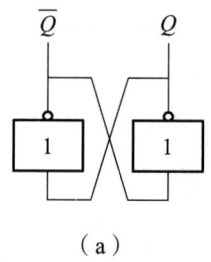 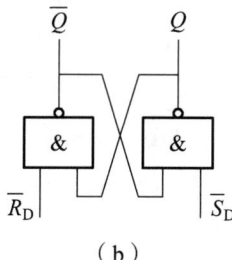 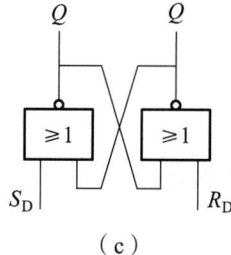

（a） （b） （c）

图 11-1 基本触发器电路

由图 11-1（a）可知，Q 和 $\overline{Q}$ 相互交叉连接，所以二者一定为互补输出，Q = 0 时，$\overline{Q}$ = 1；反之也成立。但是 Q 是 0 还 1（$\overline{Q}$ 是 1 还是 0）不能人为确定，是随机的。

为了能明确决定是记忆 0 信息，还是记忆 1 信息，电路中引入两个输入端，R_D（$\overline{R}_D$）和 S_D（$\overline{S}_D$）端。Q 的状态代表触发器的输出状态。

R_D（$\overline{R}_D$）：复位端，使 Q 为 0 状态；S_D（$\overline{S}_D$）：置位端，使 Q 为 1 状态。

以与非门组成的基本 RS 触发器为例分析其功能。$\overline{R}_D$ 和 $\overline{S}_D$ 上加了非号是表示输入低电平时，改变输出状态。当 $\overline{R}_D = \overline{S}_D = 1$ 时，触发器的状态不变，由原状态决定。这种情况称触发器为保持功能；当 $\overline{R}_D = 0$，$\overline{S}_D = 1$ 时，$\overline{Q} = 1$，Q = 0，称触发器为置 0 功能（也称复位）；当 $\overline{R}_D = 1$，$\overline{S}_D = 0$ 时，$\overline{Q} = 0$，Q = 1，称触发器为置 1 功能（也称置位）；当 $\overline{R}_D = \overline{S}_D = 0$ 同时撤除后，Q 和 $\overline{Q}$ 的状态是 0 还是 1 将具有随机性。所以，在实际使用时，$\overline{R}_D = \overline{S}_D = 0$ 这种情况应避免，通常用"禁用"或"约束"表示。

上述分析的功能通常用真值表描述，见图 11-2。

$\overline{R}_D$	$\overline{S}_D$	Q	$\overline{Q}$	说明
0	0	×	×	禁用
0	1	0	1	置0
1	0	1	0	置1
1	1	—	—	保持

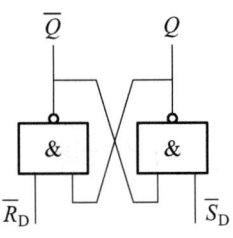

图 11-2　真值表及电路符号

（1）用基本 RS 触发器实现无弹跳开关连接的说明（图 11-3）。

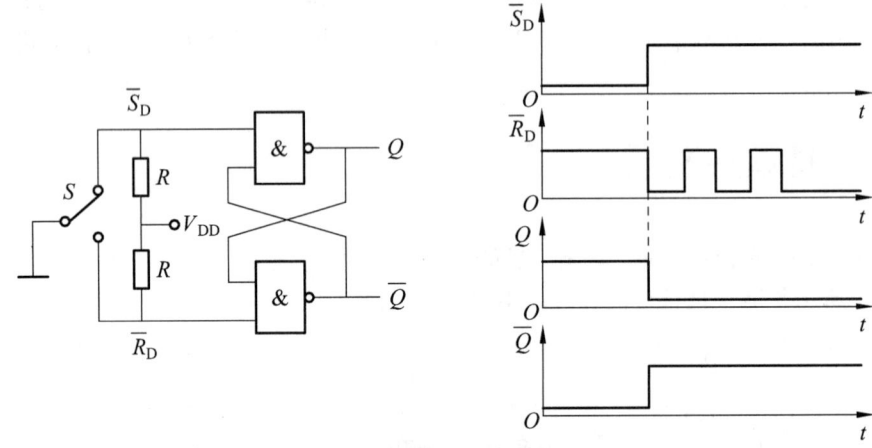

图 11-3　无弹跳开关电路与波形

（2）基本 RS 触发器用来组成功能完整，翻转可靠的各种触发器。

11.2　时钟控制电平触发器

11.2.1　高电平触发的 RS 触发器（RS 锁存器）

内部电路图如图 11-4 所示。在基本 RS 触发器的基础上增加了两个与非门，所以在输入的 RS 上没有了非号和 D 下标。令 CP 脉冲作用之前触发器的状态为初始状态 Q^n，CP 脉冲作用后的状态为下一状态（次态）Q^{n+1}，$\overline{R}_D$ 和 $\overline{S}_D$ 是当 CP = 0 时用来决定触发器初态的，CP 脉冲作用之前触发器的初态状态 Q^n 由 $\overline{R}_D$ 和 $\overline{S}_D$（CP = 0 时）决定。当 CP = 0，$\overline{R}_D$ = 0 时，触发器 Q = 0，即置"0"；当 CP = 0，$\overline{S}_D$ = 0 时，触发器 Q = 1，即置"1"。当触发器初态设置好后，$\overline{R}_D$ 和 $\overline{S}_D$ 都应放在高电平，使触发器能按正常功能工作。

（1）当 R = S = 0 时，CP 脉冲高电平作用后，触发器的状态不变，即 $Q^{n+1} = Q^n$。

（2）当 R = 0，S = 1 时，CP 脉冲高电平作用后，Q^{n+1} = 1，触发器实现了置 1 功能。

（3）当 R = 1，S = 0 时，CP 脉冲高电平作用后，Q^{n+1} = 0，触发器实现了置 0 功能。

（4）当 R = 1，S = 1 时，CP 脉冲高电平作用后，触发器状态为随机态。而 CP = 1 存在时，$\overline{Q^{n+1}} = Q^{n+1} = 1$，这种情况应禁用。

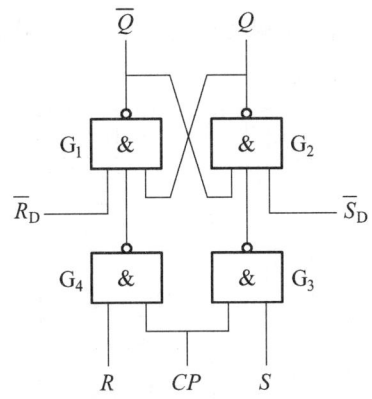

图 11-4 RS 触发器内部电路图

功能的真值表如表 11-1 所示。其内部逻辑图及逻辑符号如图 11-5 所示。

表 11-1 真值表

$\overline{R}_D$	$\overline{S}_D$	R	S	Q^n	Q^{n+1}	说明
0	1	×	×	×	0	异步清 0
1	0	×	×	×	1	异步置 1
1	1	0	0	0	0	$Q^{n+1} = Q^n$
1	1	0	0	1	1	
1	1	0	1	0	1	$Q^{n+1} = 1$
1	1	0	1	1	1	
1	1	1	0	0	0	$Q^{n+1} = 0$
1	1	1	0	1	0	
1	1	1	1	0	×	禁用（约束）
1	1	1	1	1	×	

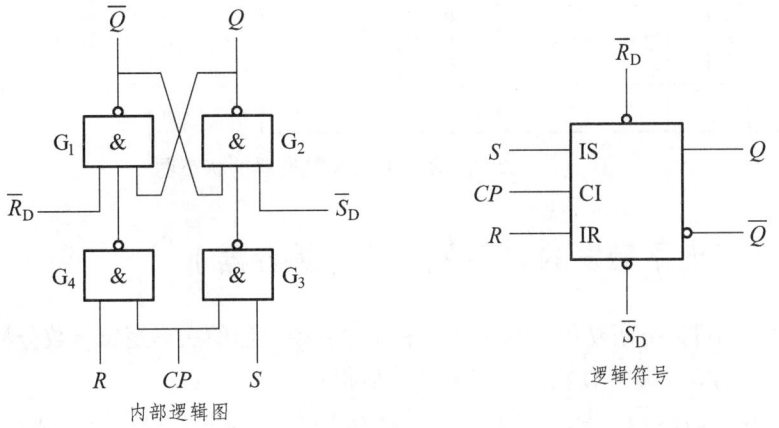

图 11-5 内部逻辑图及逻辑符号

功能表及卡诺图见图 11-6，高电平触发的 RS 触发器的状态见图 11-7。

功能的逻辑函数

$\overline{R}_D$	$\overline{S}_D$	R	S	Q^n	Q^{n+1}	说明
0	1	×	×	×	0	异步清 0
1	0	×	×	×	1	异步置 1
1	1	0	0	0	0	$Q^{n+1} = Q^n$
1	1	0	0	1	1	
1	1	0	1	0	1	$Q^{n+1} = 1$
1	1	0	1	1	1	
1	1	1	0	0	0	$Q^{n+1} = 0$
1	1	1	0	1	0	
1	1	1	1	0	×	禁用（约束）
1	1	1	1	1	×	

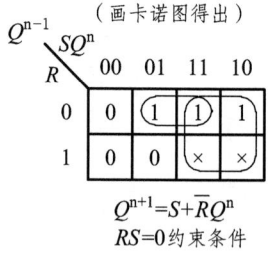

图 11-6 功能表及卡诺图

功能的状态转换表

$\overline{R}_D$	$\overline{S}_D$	R	S	Q^n	Q^{n+1}	说明
0	1	×	×	×	0	异步清 0
1	0	×	×	×	1	异步置 1
1	1	0	0	0	0	$Q^{n+1} = Q^n$
1	1	0	0	1	1	
1	1	0	1	0	1	$Q^{n+1} = 1$
1	1	0	1	1	1	
1	1	1	0	0	0	$Q^{n+1} = 0$
1	1	1	0	1	0	
1	1	1	1	0	×	禁用（约束）
1	1	1	1	1	×	

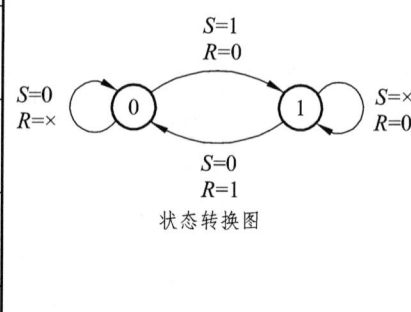

图 11-7 高电平触发的 RS 触发器的状态图

11.2.2 高电平触发的 D 触发器（D 锁存器）

由内部逻辑图可以分析功能。这里可以利用 RS 触发器的次态逻辑函数分析。因为原 RS 触发器的 R 端为 $\overline{D}$，S 端为 D 输入，代入公式后得：

$Q^{n+1} = S + \overline{R}Q^n = D + \overline{D}Q^n = D$（CP 高电平有效），说明高电平触发的 D 触发器（图 11-8）的次态与 D 端状态相同。其真值表及逻辑见图 11-9。

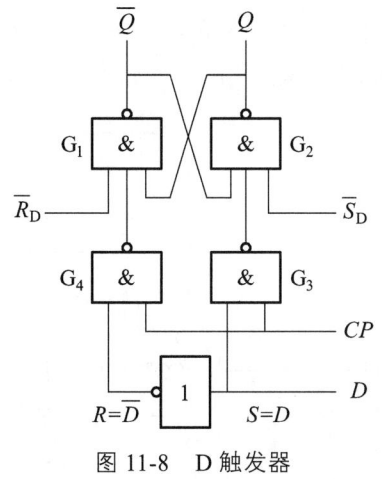

图 11-8 D 触发器

D 触发器真值表

D	Q^n	Q^{n+1}	说明
0	0	0	置 0
0	1	0	置 0
1	0	1	置 1
1	1	1	置 1

$Q^{n+1} = D$

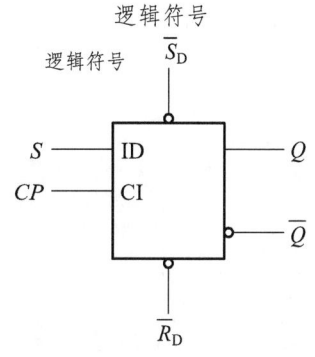

图 11-9 真值表及逻辑符号

11.2.3 电平触发触发器的动态特性、特点及存在问题

1. 动态特性

动态特性是指：输入信号，CP 脉冲及触发器输出状态 Q 之间翻转的时间关系，现用 RS 触发器为例加以说明。图 11-10 所示是 RS 触发器各处的波形图，并设每个与非门的平均延迟时间为 $1t_{pd}$。

（1）对复位、置位端数据存在的时间要求：$t_{\bar{S}_D}, t_{\bar{R}_D} > 2t_{pd}$。

（2）对 RS 端数据存在的时间要求：$t_R, t_S > 2t_{pd}$ 或 $t_R, t_S > 3t_{pd}$。

（3）对 CP 高电平时间要求：为使触发器可靠翻转，$t_{CPH} > 2t_{pd}$ 或 $t_{CPH} > 3t_{pd}$。

（4）CP 脉冲出现到触发器状态翻转时间：Q 由 0→1 的时间，$t_{pdLH} = 2t_{pd}$；Q 由 1→0 的时间，$t_{pdLH} = 3t_{pd}$。

2. 触发特点

在 CP＝1 高电平期间，RS 的变化都会使触发器的状态产生翻转。故 RS 端的数据必须在 CP＝0 期间完成转换。这说明在 CP＝1 期间，非常容易接收干扰信号，抗干扰能力差。另外，不能实现计数功能——来一个 CP 脉冲，电路的状态只翻转一次。但该电路在 CP=1 存在的时间太长时，触发器的状态会不断地翻转或者乱翻，见图 11-10。

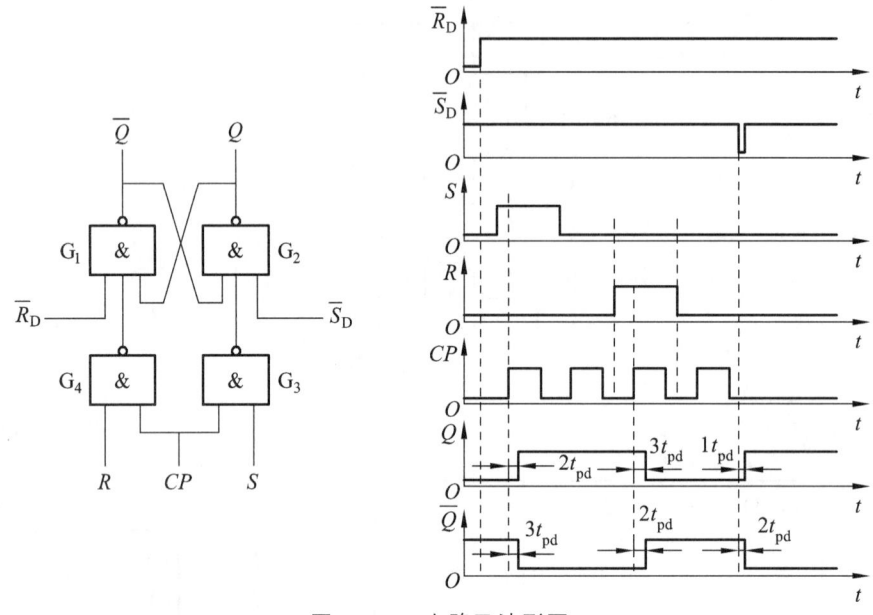

图 11-10　电路及波形图

11.3　边沿触发器

11.3.1　上升沿触发的 D 触发器

上升沿触发也叫正边沿触发，由六个与非门组成。能实现边沿触发的主要原因是有两条反馈线，见图 11-11。

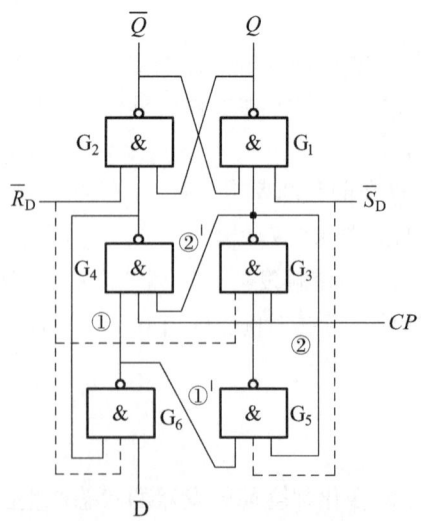

图 11-11　上升沿触发器电路图

根据电路图作如下分析：

（1）当 CP = 0 时，由于 G_3、G_4 门封锁，触发器状态不可能改变。

（2）在 CP = 1 期间，CP 上升沿及 CP 下降沿时用表 11-2 加以说明。

表 11-2　CP 上升沿及 CP 下降沿

D	Q^n	CP	G3	G4	G5	G6	Q^{n+1}
0	0 或 1	↑	1	0	0	1	置 0
			1	1	0	1	Q^n
1	0 或 1	↑	0	1	1	0	置 1
			1	1	1	0	Q^n

可见，触发器在 CP 脉冲作用后的次态与 D 信号相同，即 $Q^{n+1} = D$。在 CP = 1 期间，有维持和阻塞作用，使触发器接收信号和状态翻转稳定可靠。

图 11-12（a）所示的上升沿触发的 D 触发器逻辑符号，请注意它与图 11-12（b）所示电平触发器的区别。

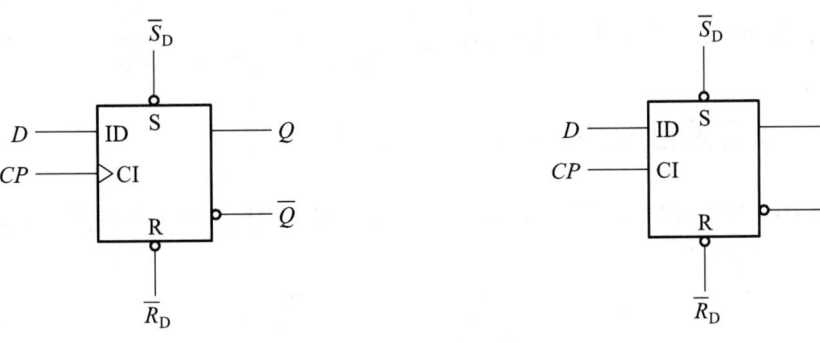

（a）上升沿 D 触发器　　　　　（b）高电平 D 触发器

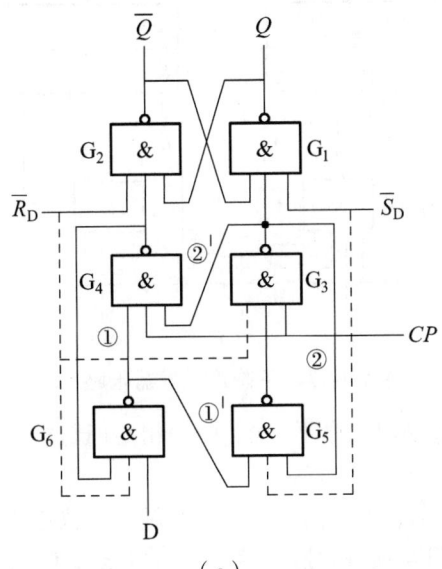

（c）

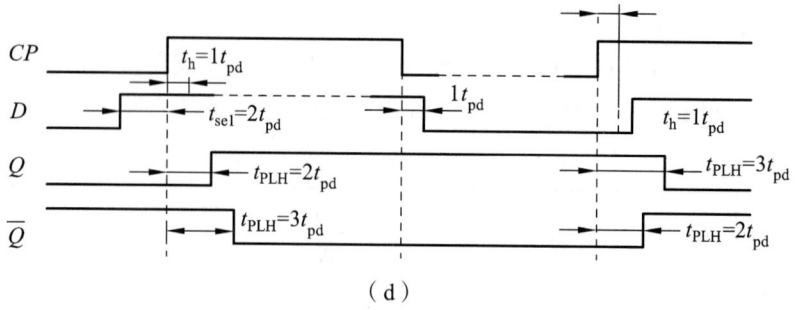

(d)

图 11-12　D 触发器对比

（1）输入信号建立时间 t_{set}。它表示 D 信号应比 CP 早到的时间，从 11-12 图可见，该时间为：$t_{set} \geqslant 2t_{pd}$。

（2）输入信号保持时间 t_h。它表示 CP 上升沿到达后，D 信号应保留的时间。由图 11-12 可见，该时间为：$t_h \geqslant t_{pd}$。

（3）触发器翻转时间 t_{pLH} 或 t_{pHL}。从 CP 脉冲上升沿到达到 Q 端由低电平变为高电平之间时间 $t_{pLH} = 2t_{pd}$，Q 由高到低时间 $t_{pHL} = 3t_{pd}$。

（4）CP 脉冲的高低电平时间 t_{CPL}，t_{CPH}，$t_{CPH}, t_{CPL} \geqslant 3t_{pd}$。

为此，CP 脉冲的最高工作频率为：$f_{CP(max)} \leqslant \dfrac{1}{T_{CP(min)}} = \dfrac{1}{t_{CPH} + t_{CPL}} = \dfrac{1}{6t_{pd}}$。

11.3.2　下降沿触发的 JK 触发器

该电路在 CP 脉冲下降沿期间接收 JK 信号并完成状态翻转，靠的是内部门电路延时时间差而实现的，见图 11-13。

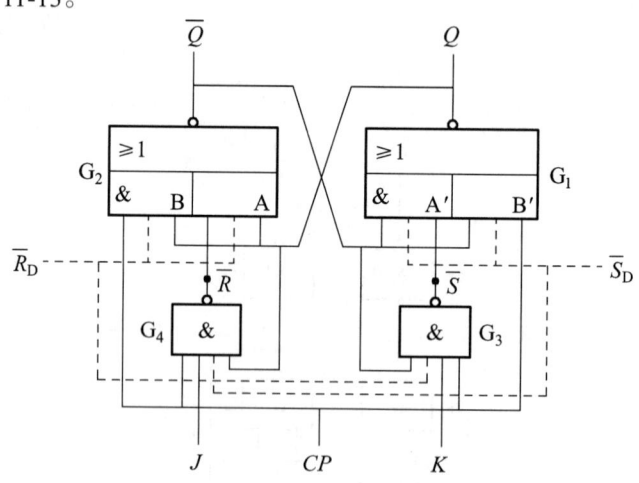

图 11-13　下降沿触发器电路图

（1）当 CP=0 时，G_3、G_4 输出高电平，B、B′两组与门封锁，触发器的状态由 A、A′两组与门互锁，状态不会改变。

（2）在 CP=1 期间，由于 B、B′与门其中的一个输入为高电平，所以，只要有另一个也为高电平时，就可由 B、B′与门互锁触发器的状态，所以状态不变。

（3）在 CP 从 0 跳到 1 期间，触发器状态由原 A、A′ 互锁转换到由 B、B′ 互锁，触发器的状态也不变。

（4）在 CP 由 1 跳变到 0 期间，因 G_1、G_2 门的延时比 G_3、G_4 门长，使 $\overline{R}$，$\overline{S}$ 状态还来不及改变，形成了图 11-14 所示等效电路，其中 B、B′ 已被封锁，由 RS 触发器的特性方程得：$Q^{n+1} = S + \overline{R}Q^n = J\overline{Q^n} + \overline{KQ^n}Q^n = J\overline{Q^n} + \overline{K}Q^n$。可见，电路是一个下降沿触发的触发器，见图 11-14。

真值表

J	K	Q^n	Q^{n+1}	说明
0	0	0	0	$Q^{n+1} = Q^n$
0	0	1	1	保持
0	1	0	0	$Q^{n+1} = 0$
0	1	1	0	置 0
1	0	0	1	$Q^{n+1} = 1$
1	0	1	1	置 1
1	1	0	1	$Q^{n+1} = \overline{Q^n}$
1	1	1	0	翻转

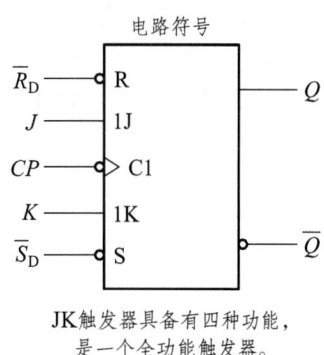

JK 触发器具备有四种功能，是一个全功能触发器。

图 11-14　JK 触发器真值表及电路符号

11.3.3　主从型触发器

主从型触发器的翻转特点是分接收和翻转两个节拍动作。

1. CMOS 主从 D 功能触发器

RD、SD 是高电平置 0 和置 1，见图 11-15。

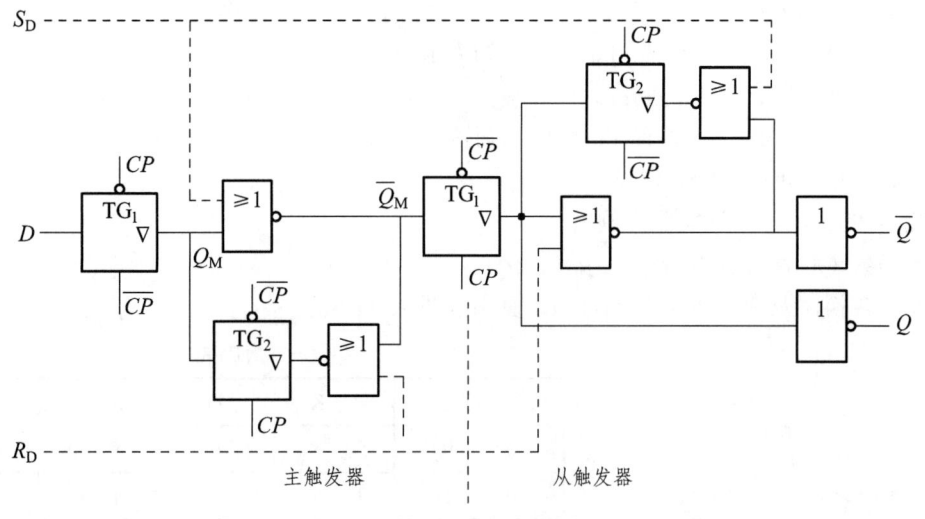

图 11-15　主从 D 触发器

（1）当 CP=0，$\overline{CP}=1$ 时，TG_1、TG_4 接通，TG_2、TG_3 断开，主触发器接收 D 信息，从触发器状态不变；$Q_M = D$，$\overline{Q_M} = \overline{D}$，$Q^{n+1} = Q^n$。

（2）当 CP=1，$\overline{CP}=0$ 时，TG_1、TG_4 断开，TG_2、TG_3 接通，主触发器保持原接收的 D 信息，从触发器状态跟主触发器状态翻转；$\overline{Q}_M = \overline{D}$，$Q^{n+1} = \overline{\overline{Q}}_M = D$。可见电路是一个上升沿触发的 D 功能触发器。

2. TTL 主从 JK 功能触发器

电路由两个高电平触发的 RS 触发器组成，它同样在一个 CP 下分两个节拍动作。当 CP=1 时，主触发器接收信息，存放在 QM 中（按 JK 功能存放），而从触发器状态不变；当 CP=0 时，主触发器封锁，原存放在 QM 中的信息不变（按 JK 功能存放），从触发器状态按主触发器 QM 状态翻转。见图 11-16。

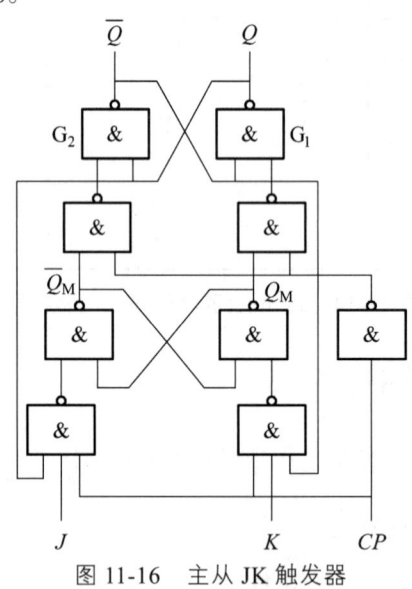

图 11-16 主从 JK 触发器

触发器逻辑功能小结：
（1）RS 三种功能：置 0、置 1、保持，约束 RS=0。
（2）D 二种功能：置 0、置 1。
（3）JK 四种功能：置 0、置 1、保持、翻转（计数）。
（4）T 二种功能：翻转、保持。
功能描述方法（JK 触发器为例）：
次态函数（特性方程）：$Q^{n+1} = J\overline{Q^n} + \overline{K}Q^n$
其状态转换图及激励表见图 11-174，真值表见表 11-3。

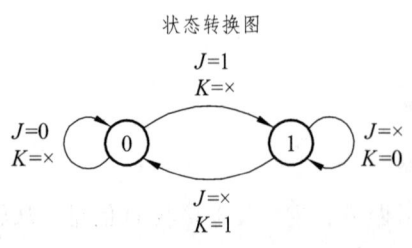

激励表

$Q^n \to Q^{n+1}$		J K		D	R S		T
0	0	0	×	0	×	0	0
0	1	1	×	1	1	0	1
1	0	×	1	0	0	1	1
1	1	×	0	1	0	×	0

图 11-17 状态转换图及激励表

表 11-3 真值表（特性表）

J	K	Q^n	Q^{n+1}
0	0	0	0
0	0	1	1
0	1	0	0
0	1	1	0
1	0	0	1
1	0	1	1
1	1	0	1
1	1	1	0

触发器功能转换是指一种功能的触发器可以转换成另一种功能，如 D 功能可转换成 JK 功能。因为 JK 特性方程 $Q^{n+1} = J\overline{Q^n} + \overline{K}Q^n$，而 D 特性方程 $Q^{n+1} = D$，所以，转换电路的方程为 $D = J\overline{Q^n} + \overline{K}Q^n$。

转换方案见图 11-18。

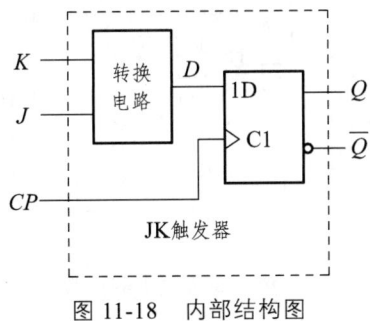

图 11-18 内部结构图

转换后的电路见图 11-19。

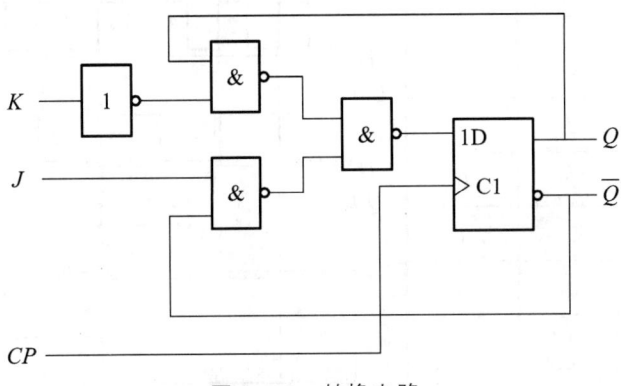

图 11-19 转换电路

几个常用的转换结论：

（1）RS→D：S=D，R=$\overline{D}$。

（2）RS→翻转触发器（T'）：S=$\overline{Q^n}$，R=Q^n。

（3）JK→D：J=D，K=$\overline{D}$。
（4）JK→T：J=K=T。
（5）T′：J=$\overline{Q^n}$，K=Q^n。
（6）D→T′：D=$\overline{Q^n}$。

11.4 二进制计数器

11.4.1 同步二进制计数器

1. 同步二进制加法计数

电路由三个 T 触发器组成，每个触发器的 CP 连在一起，同时受触发，所以称同步，见图 11-20。其中，$T_0=1, T_1=Q_0^n, T_2=Q_1^n Q_0^n$。每个触发器翻转条件：T 为高电平时来 CP 脉冲下降沿即翻转。其状态转换真值表及时序图见图 11-21。

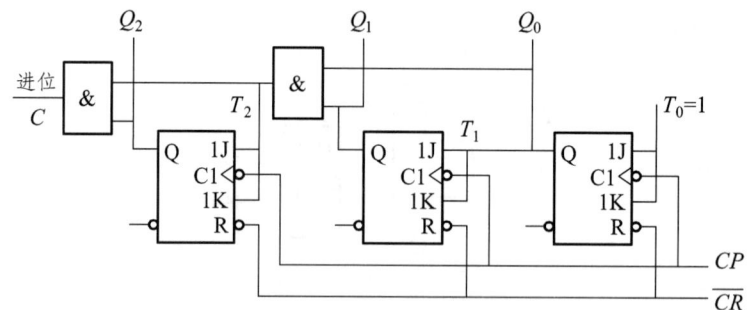

图 11-20 同步二进制计数器

CP 顺序	触发器状态		
	Q_2	Q_1	Q_0
0	0	0	0
1	0	0	1
2	0	1	0
3	0	1	1
4	1	0	0
5	1	0	1
6	1	1	0
7	1	1	1
8	0	0	0

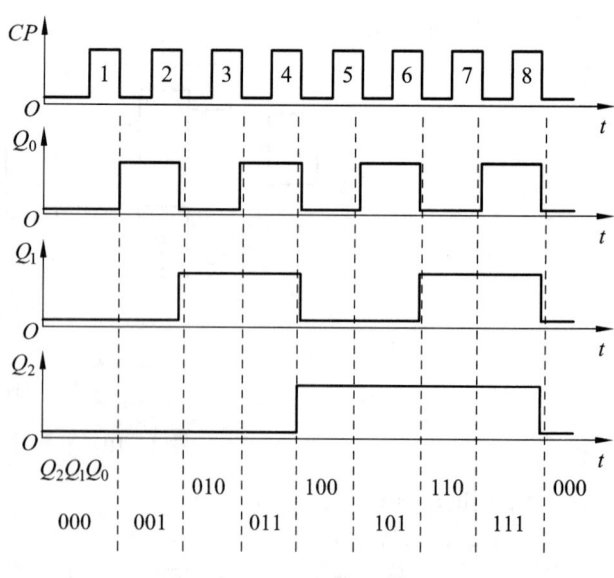

图 11-21 状态转换真值表及时序图

状态转换图：000→001→010→011→100→101→110→111→000。

从真值表、波形图或状态转换图都可得出电路是一个同步 3 位二进制的加法计数器，由于一次计数循环需要 8 个 CP 脉冲，故也称模 8 计数器。

2. 同步二进制减法计数器

CP 脉冲同样连在一起，而每个触发器也同样连接成 T 型触发器结构（图 11-22）。

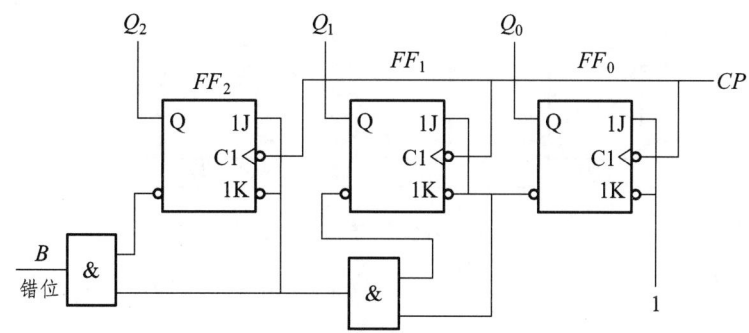

图 11-22 同步二进制减法计数器

$T_0 = 1, T_1 = \overline{Q_0}, T_2 = \overline{Q_1 Q_0}$，它同样只有当 T=1 时，加入 CP 后才翻转。所以有状态转换真值表和波形图，见图 11-23。

CP 顺序	触发器状态		
	Q_2	Q_1	Q_0
0	0	0	0
1	1	1	1
2	1	1	0
3	1	0	1
4	1	0	0
5	0	1	1
6	0	1	0
7	0	0	1
8	0	0	0

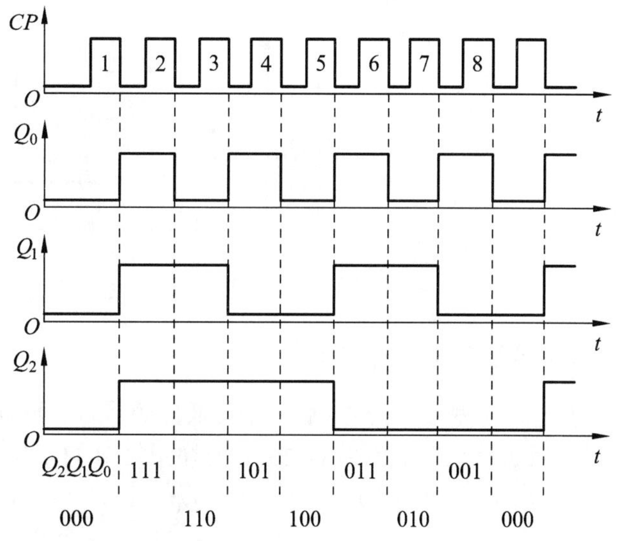

图 11-23 状态转换真值表及时序图

状态转换图：000→111→110→101→100→011→010→001→000。

由真值表、波形图或状态转换都可得出是一个同步 3 位二进制的减法计数器。由于一次计数循环也需要 8 个 CP 脉冲，故同样为模 8 计数器。

11.4.2 异步二进制计数器

1. 异步二进制加法计数器

各触发器 CP 不连在一起，且都是 T′ 触发器（计数型触发器），见图 11-24。每个触发器只要有 CP 脉冲，触发器状态就翻转。各触发器的触发时间不同，翻转也不同时发生。

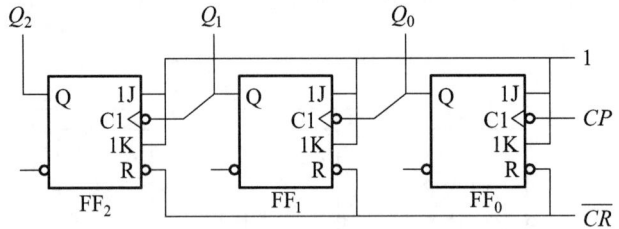

图 11-24　异步二进制加法计数器

触发特点：低位触发器的输出 Q 作为高位触发器的 CP 脉冲。$CP_0 = CP$，$CP_1 = Q_0$，$CP_2 = Q_1$。时序图见图 11-25。

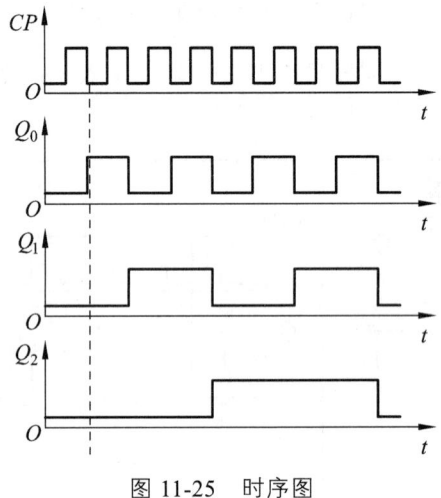

图 11-25　时序图

2. 异步二进制减法计数器

如果高位触发器的 CP 脉冲来自低位的 $\overline{Q}$ 端，则将变成以下的波形图，因此，就成了异步二进制减法计数器了（图 11-26）。时序图见图 11-27。

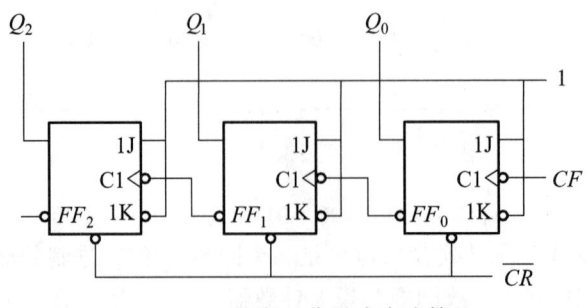

图 11-26　异步二进制减法计数器

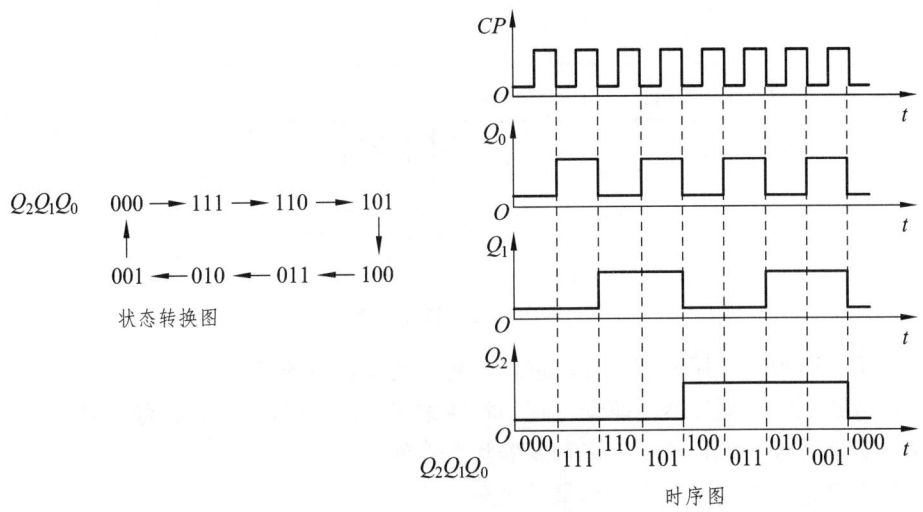

图 11-27 时序图

11.4.3 小　结

（1）同步二进制计数器一般由 T 触发器构成，异步二进制由翻转触发器（T'）构成。

（2）计数器又有分频器之称，n 位二进制计数器的最大分频关系为 $1/2^n$。

（3）同步计数器的计数速度比异步计数器高，影响计数速度的原因是进位连接，串行进位和并行进位。

（4）同步计数器各 T 端的逻辑关系是：

加法：$T_i = Q_{i-1}Q_{i-2}\cdots Q_1 Q_0 = \prod_{j=0}^{i-1} Q_j$

减法：$T_i = \overline{Q}_{i-1}\overline{Q}_{i-2}\cdots \overline{Q}_1 \overline{Q}_0 = \prod_{j=0}^{i-1} \overline{Q}_j$

可逆：$T_i = X\prod_{j=0}^{i-1} Q_j + \overline{X}\prod_{j=0}^{i-1} \overline{Q}_j$，$X=1$：加法；$X=0$：减法。

（5）异步计数器各 CP 端逻辑关系是：

加法时：$\uparrow CP_i = \overline{Q}_{i-1}, \downarrow CP_i = Q_{i-1}$

减法时：$\uparrow CP_i = Q_{i-1}, \downarrow CP_i = \overline{Q}_{i-1}$

可逆时：$\uparrow CP_i = X\overline{Q}_{i-1} + \overline{X}Q_{i-1}, \downarrow CP_i = XQ_{i-1} + \overline{X}\overline{Q}_{i-1}$。$X=1$：加法；$X=0$：减法。

11.5 非二进制计数器

11.5.1 非二进制计数器的电路分析

【例 11-1】分析图 11-28 所示计数器，它是一个几进制计数器，画出状态转换图，并说明用何种编码计数。

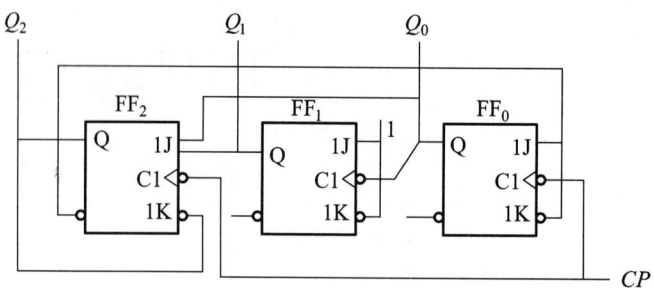

图 11-28 非二进制计数器

分析方法有多种,现用方程计算法进行分析。其基本步骤是:
(1)由电路图写出触发器的驱动方程、特性方程、CP 方程(同步计数器时不必写)。
(2)将驱动方程代入特性方程求触发器状态方程。
(3)依次设定初态代入状态方程求出次态。
(4)列出状态转换图、状态转换真值表或画出时序图,得出电路结论(图 11-29):

$$1J_0 = 1K_0 = \overline{Q^n}$$
$$1J_0 = 1K_0 = 1$$
$$1J_2 = Q_1^n Q_0^n \quad 1K_2 = Q_2^n$$
$$Q_2^{n+1} = J_2\overline{Q_2^n} + \overline{K_2}Q_2^n = \overline{Q_2^n}Q_1^n Q_0^n \quad CP_2 = CP$$
$$Q_1^{n+1} = J_1\overline{Q_1^n} + \overline{K_1}Q_1^n = \overline{Q_1^n} \quad CP_1 = CP$$
$$Q_0^{n+1} = J_0\overline{Q_0^n} + \overline{K_0}Q_0^n = \overline{Q_2^n}\,\overline{Q_0^n} + Q_2^n Q_0^n \quad CP_0 = CP$$

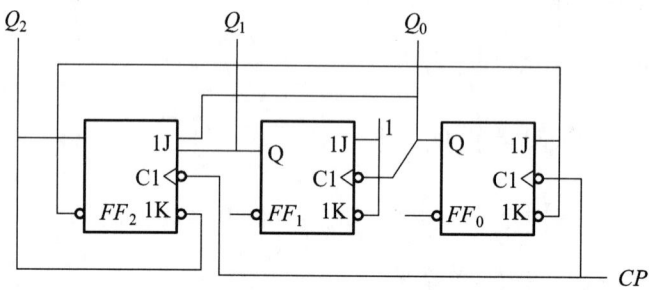

图 11-29 非二进制计数器

设定初态,依次求出次态:

$$Q_2^{n+1} = J_2\overline{Q_2^n} + \overline{K_2}Q_2^n = \overline{Q_2^n}Q_1^n Q_0^n, CP_2 = CP$$
$$Q_1^{n+1} = J_1\overline{Q_1^n} + \overline{K_1}Q_1^n = \overline{Q_1^n}, CP_1 = Q_0^n$$
$$Q_0^{n+1} = J_0\overline{Q_0^n} + \overline{K_0}Q_0^n = \overline{Q_2^n}\,\overline{Q_0^n}, CP_0 = CP$$
$$Q_2^n Q_1^n Q_0^n = 000 \to 001 \to 010 \to 011 \to 100 \to 000$$
$$Q_2^n Q_1^n Q_0^n = 101 \to 001$$
$$Q_2^n Q_1^n Q_0^n = 110 \to 010$$
$$Q_2^n Q_1^n Q_0^n = 111 \to 011$$

计数代码采用方案见图 11-30。

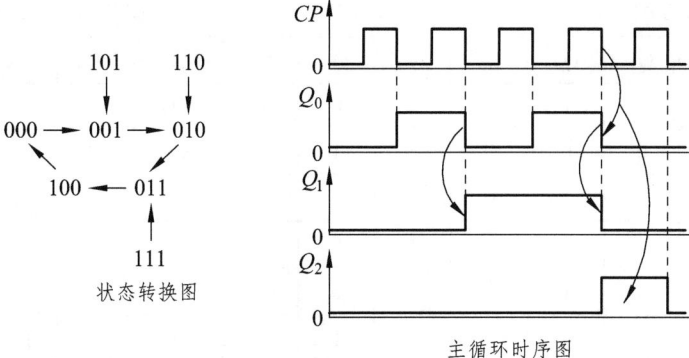

图 11-30 时序图

电路功能结论：异步可以自启动的 421 编码 5 进制加法计数器。

另一种方法是：有了状态方程后可填次态卡诺图得到结果，见图 11-31。

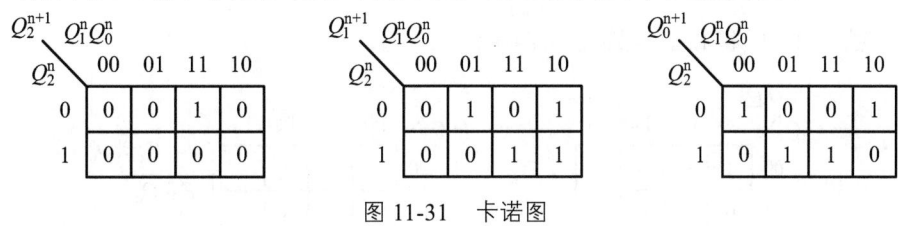

图 11-31 卡诺图

11.5.2 非二进制计数器的电路设计

利用集成触发器设计任意进制计数器，一般步骤：
（1）由设计要求画出状态转换图、时序图，选好触发器。
（2）列出状态转换对触发器输入端的状态要求，输入、输出状态。
（3）以现态和输入为变量，求出各触发器输入的逻辑函数（驱动方程）和输出函数式。
（4）仔细画出整个计数器的逻辑电路图。

【例 11-2】用下降沿触发的 JK 触发器，设计一个同步的按 8421 编码计数的十进制减法计数器。

解：题目已知计数器的编码、触发器等，因此，有状态转换图。

$$0000 \xrightarrow{/1} 1001 \xrightarrow{/0} 1000 \xrightarrow{/0} 0111 \xrightarrow{/0} 0110$$
$$\uparrow /0 \qquad\qquad\qquad\qquad\qquad\qquad\qquad\qquad \downarrow /0$$
$$0001 \xleftarrow{/0} 0010 \xleftarrow{/0} 0011 \xleftarrow{/0} 0100 \xleftarrow{/0} 0101$$

所以，直接做第二步列表，8421 码十进制减法计数真值表（表 11-4）：

表 11-4 真值表

CP	初态 Q^n				次态 Q^{n+1}				$Q^n Q^{n+1}$ 对 JK 要求				输出
	Q_3	Q_2	Q_1	Q_0	Q_3	Q_2	Q_1	Q_0	$J_3 K_3$	$J_2 K_2$	$J_1 K_1$	$J_0 K_0$	B
0	0	0	0	0	1	0	0	1	1×	0×	0×	1×	1

续表

CP	初态 Q^n				次态 Q^{n+1}				$Q^n Q^{n+1}$ 对 JK 要求				输出
	Q_3	Q_2	Q_1	Q_0	Q_3	Q_2	Q_1	Q_0	$J_3 K_3$	$J_2 K_2$	$J_1 K_1$	$J_0 K_0$	B
1	1	0	0	1	1	0	0	0	×0	0×	0×	×1	0
2	1	0	0	0	0	1	1	1	×1	1×	1×	1×	0
3	0	1	1	1	0	1	1	0	0×	×0	×0	×1	0
4	0	1	1	0	0	1	0	1	0×	×0	×1	1×	0
5	0	1	0	1	0	1	0	0	0×	×0	0×	×1	0
6	0	1	0	0	0	0	1	1	0×	×1	1×	1×	0
7	0	0	1	1	0	0	1	0	0×	0×	×0	×1	0
8	0	0	1	0	0	0	0	1	0×	0×	×1	1×	0
9	0	0	0	1	0	0	0	0	0×	0×	0×	×1	0

用卡诺法求 J、K 和 B 的函数式，见图 11-32。

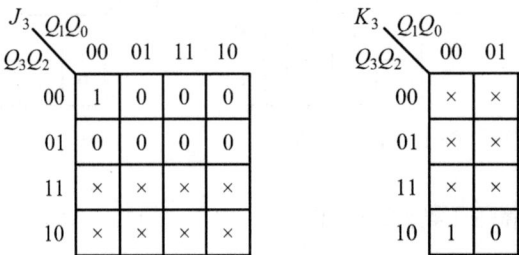

图 11-32 卡诺图

$J_1 = Q_2^n \overline{Q_0^n} + Q_3^n \overline{Q_0^n} = \overline{\overline{Q_3^n Q_2^n Q_0^n}}$ $K_1 = \overline{Q_0^n}$

$J_0 = 1$ $K_0 = 1$ $B = \overline{Q_3^n Q_2^n Q_1^n Q_0^n}$

按以上表达式画出的 8421 编码的十进制减法计数器逻辑图如图 11-33 所示：

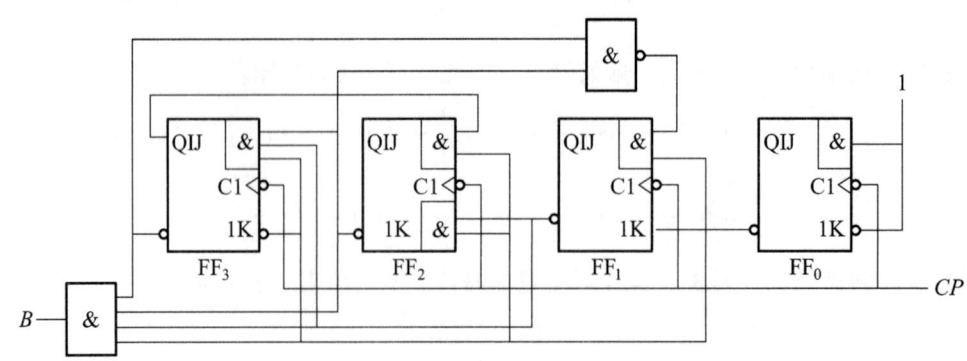

图 11-33 十进制减法计数器逻辑图

11.6 中规模集成计数器

11.6.1 （74LS163型）4位二进制加法计数器

74LS163型计数器功能见表11-5，其管脚分布见图11-34。

表11-5 74LS163型计数器功能表

输入									触发器状态			
CP	$\overline{CR}$	$\overline{LD}$	CT_P	CT_T	D_3	D_2	D_1	D_0	Q_3	Q_2	Q_1	Q_0
↑	0	×	×	×	×	×	×	×	0	0	0	0
↑	1	0	×	×	A_3	A_2	A_1	A_0	A_3	A_2	A_1	A_0
↑	1	1	1	1	×	×	×	×	4位二进制加计数			
↑	1	1	0	×	×	×	×	×	保持功能			
×	1	1	×	0	×	×	×	×	保持功能			

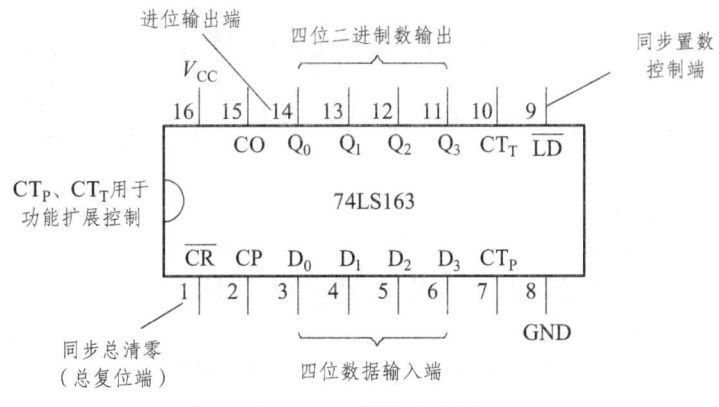

图11-34 管脚分布图

【例11-3】根据功能表，画出将74LS163连接成从清"0"开始，然后置入0101数据后开始计数的各端波形安排和连接图（图11-35）。

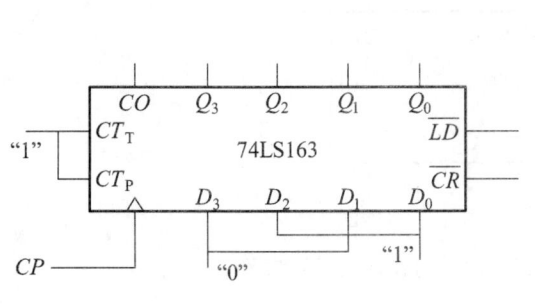
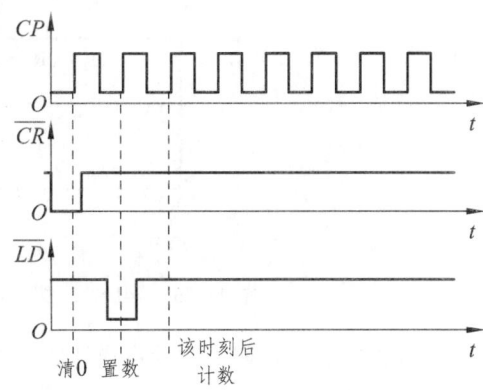

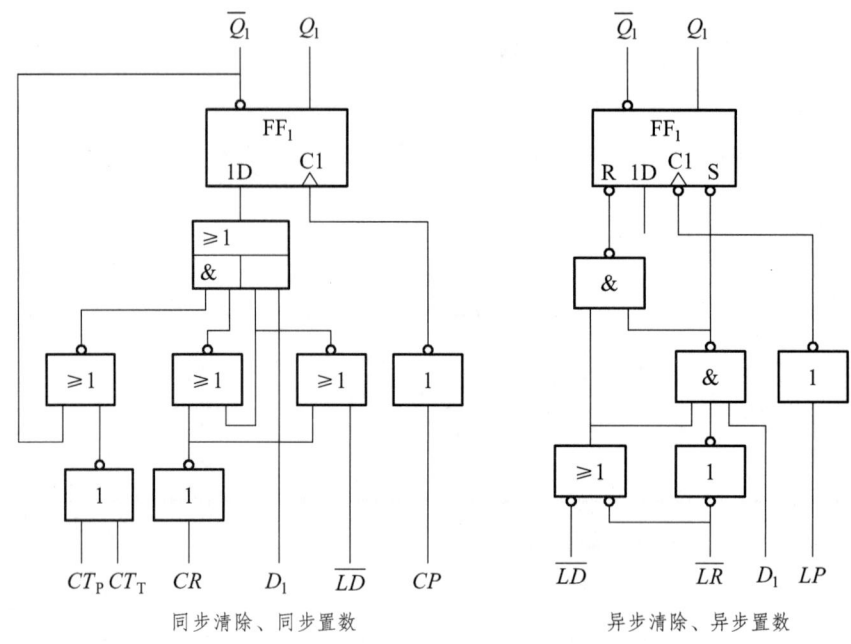

图 11-35 连线图

关于同步清零和同步置数：同步清除、置数是利用了触发器的同步输入端实现的，所以要 CP 脉冲。

关于异步清零和异步置数：异步清除（清零）、置数是用异步输入端 $\overline{R}_D$（R_D），$\overline{S}_D$（S_D）实现的，所以不要 CP 脉冲。

这一不同点请要十分注意！

11.6.2 （74LS217 型）十进制可逆计数器

双时钟触发：减法计数时钟输入→CP-（CP_D），加法计数时钟输入→CP+（CP_U），其引脚图见图 11-36。

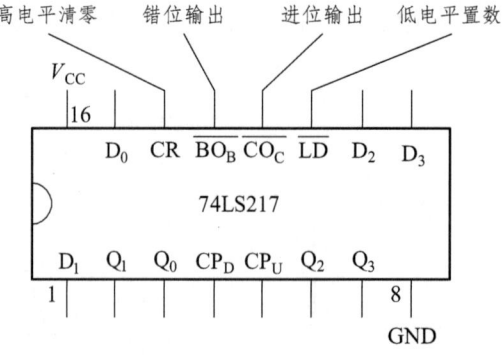

图 11-36 74LS217 型 BCD 码双时钟可逆计数器引脚图

74LS217 型 BCD 码双时钟可逆计数器功能见表 11-6。

表 11-6　74LS217 型 BCD 码双时钟可逆计数器功能

输入								触发器状态				说明
CR	$\overline{LD}$	CP_U	CP_D	D_3	D_2	D_1	D_0	Q_3	Q_2	Q_1	Q_0	
1	×	×	×	×	×	×	×	0	0	0	0	异步清 0
0	0	×	×	D	C	B	A	D	C	B	A	异步置数
0	1	↑	1	×	×	×	×	8421 加计数				
0	1	1	↑	×	×	×	×	8421 减计数				
0	1	1	1	×	×	×	×	保持不变				

11.6.3　集成计数器的功能扩展

中规模集成计数器有总清零端、置数端、数据输入端、进借位输出端、扩展控制端等，利用这些端可以把中规模集成计数器连接成各种进制的计数器。

1. 用清零法实现功能扩展

基本想法：在正常计数时，清零端 $\overline{CR}$ 或 CR 应在高电平（或低电平），当计到某个数据时（人为设定），清零端变低电平，然后又回到高电平，计数器重新开始计数。

具体步骤如下：

（1）确定 N 进制计数器的 SN 代码。

（2）利用 SN 代码，求 $\overline{CR}$（或 CR）的控制逻辑关系。

方法：低电平清零时，$\overline{CR} = \overline{\prod_{0\sim(n-1)} Q(1)}$；高电平清零时，$CR = \prod_{0\sim(n-1)} Q(1)$。式子表示 SN 代码中取值为 1 的各 Q 的连乘。

（3）按表达式画出电路图。必须十分注意：同步清零时，表达式应取 SN-1 状态中取值为 1 的各 Q 连乘。

【例 11-4】试用清零法将 74LS217 型十进制可逆计数器连接成一个六进制加法计数器。

解：分析可知，74LS217 为异步高电平清零，连接成加法计数模式，8421BCD 码加法计数时的 $S_6=Q_3Q_2Q_1Q_0=0110$，所以，清零控制端的逻辑关系为：$CR=Q_2Q_1$。

电路图如图 11-37 所示。

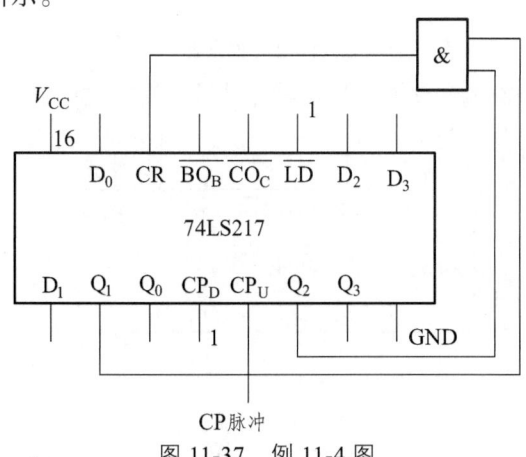

图 11-37　例 11-4 图

2. 用置数法实现功能扩展

该方法的基本思路：计数器可以从 0…0 开始计数，也可从某一个数据开始计数，而 0…0 或某个数据可以从数据输入端预置入计数器，然后开始计数。

方法：（1）画出计数器的状态转换图。

（2）将状态转换图中的最小数从预置数输入端输入，最大数的状态作置数控制，求出置数控制端 LD_{fei} 或 LD 的逻辑函数。

低电平置数控制时：$\overline{LD} = \overline{\prod_{0\sim(n-1)} Q(1)}$；高电平置数控制时：$LD = \prod_{0\sim(n-1)} Q(1)$。

（3）按表达式画出电路图。

必须十分注意：异步置数时，置数控制表达式应取最大数加 1 的计数状态中各 Q 连乘。

【例 11-5】试用置数法将 74LS217 双时钟可逆计数器连接成一个六进制减法计数器。

解：分析：74LS217 是双时钟的 BCD 码计数的可逆计数器，异步高电平清零，异步低电平置数，减法时应连接成减法计数模式；六进制减法计数器时的状态转换图为：

$Q_3Q_2Q_1Q_0$: 0000 ⟶ 0101 ⟶ 0100 ⟶ 0011
　　　　　　　　　　↑　　　　　　　　　　　↓
　　　　　　　　　0001 ⟵ 0010

从状态图可得：初态 0101 应从 $D_3D_2D_1D_0$ 置入，控制逻辑用 0000，但是在减法计数时，0000 减 1 首先出现 1001，所以应该用 $Q_3Q_2Q_1Q_0=1001$ 作为置数控制（图 11-38）。（1001 作为一个过度状态）故有：

$\overline{LD} = \overline{Q_3Q_0}$ 或 $\overline{LD} = \overline{CO}$（因为 74LS217 的进位输出是 $\overline{CO} = \overline{Q_3Q_0}$ ）

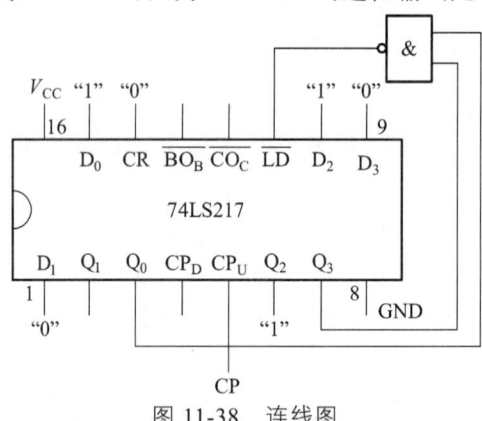

图 11-38　连线图

利用 74LS217 的进位输出实现的六进制减法计数（图 11-39）：

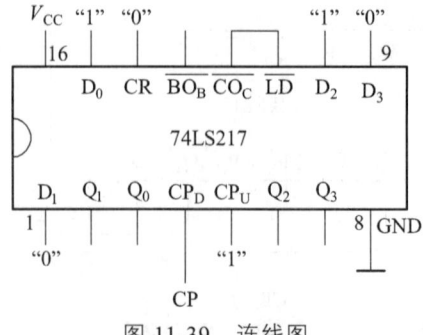

图 11-39　连线图

3. 大容量计数器的连接

大容量是指几十进制以上的计数器。连接原则：用小容量计数器串联实现；M（大容量）=M₁×M₂×⋯，如 60 进制计数器可用一个 6 进制和一个 10 进制计数器串联构成，即 60=6×10。十位计数器为 6 进制，个位计数器为 10 进制。

连接方法见图 11-40。

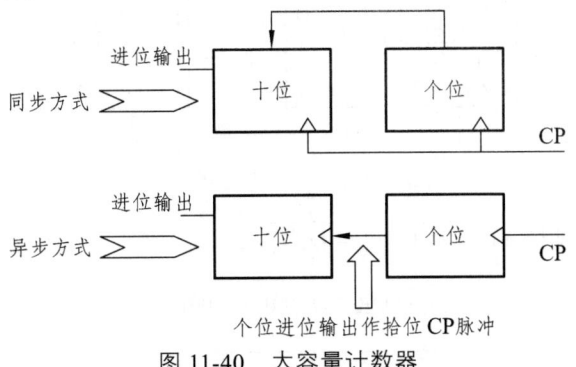

图 11-40 大容量计数器

同步式的 100 进制计数器：十位 10 进制用清零法实现，个位 10 进制用置数法实现（图 11-41）。

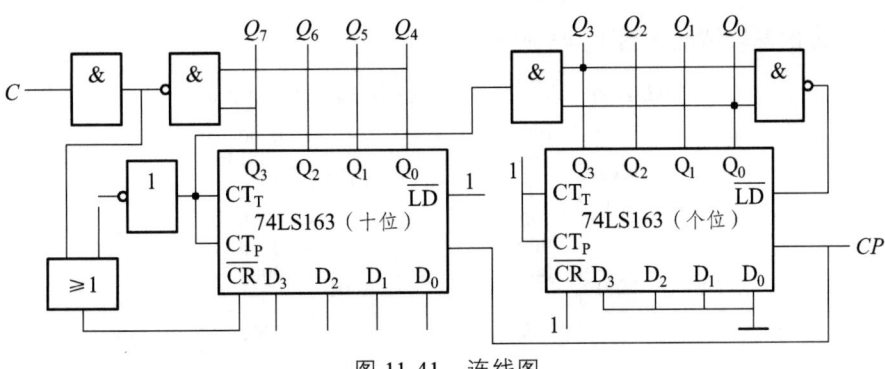

图 11-41 连线图

当个位尚未计到 1001 前，十位计数器的 CT_P、CT_T 为低电平，十位计数器不计数。当个位计到 1001 时，十位的 CT_P、CT_T 为 1，而下一个计数脉冲 CP 来到后，十位计一个 1，个位计数器回到 0000，然后又封锁十位计数器，只有个位计数，如此经过 10 次反复循环，得到 100 进制，见图 11-42。

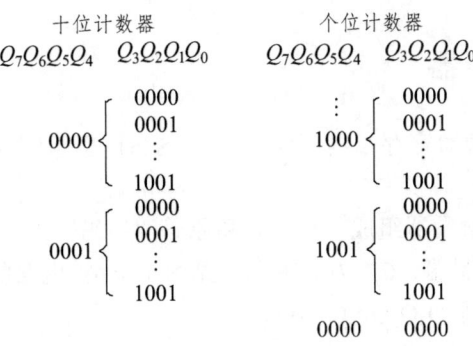

图 11-42 计数规则

异步式的 100 进制计数器：74LS163 是同步清零、置数，上升沿触发（图 11-43）。

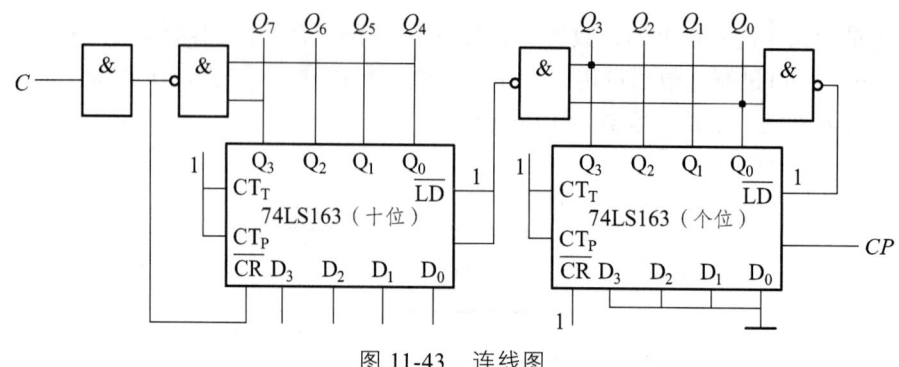

图 11-43 连线图

十位的 CP 脉冲图如图 11-44：$CP_{十位} = \overline{Q_3Q_0}$。

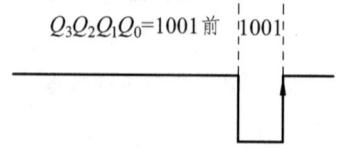

图 11-44 CP 脉冲图

十位和个位的翻转情况如图 11-45 所示：

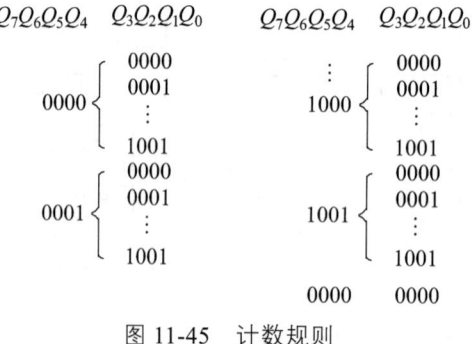

图 11-45 计数规则

11.7 寄存器和移位寄存器

11.7.1 数码寄存器

数码寄存器仅仅用来暂时寄存二进制信息。74LS451 型四位数码寄存器的内部逻辑电路图如图 11-46 所示。

数码寄存器由四个 D 触发器组成，有反码和原码两种码输出，$D_3D_2D_1D_0$ 是待寄存的数据输入端，LE 是写入数据控制端，CR 为清零端，见图 11-46。电路的操作过程如下：

（1）CR=1，寄存器清零 $Q_3Q_2Q_1Q_0=0000$。

（2）放置好数据，如 $D_3D_2D_1D_0=1011$。

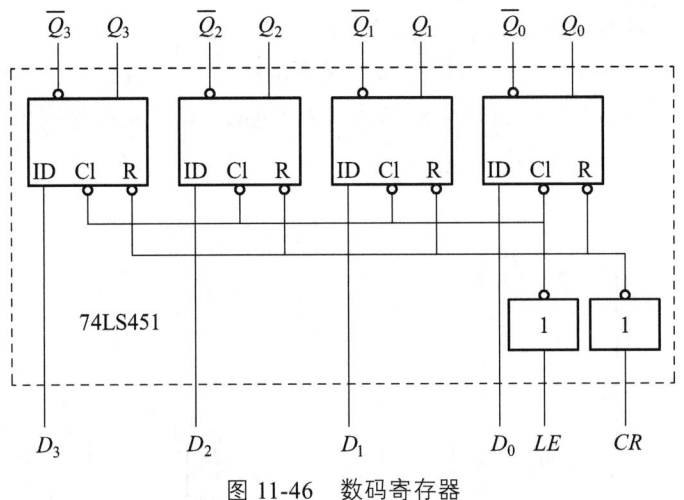

图 11-46 数码寄存器

(3) 给写命令 LE 高电平, 1011 就写入触发器中。

图 11-47 是由 8 个 D 触发器构成的 8 位数码寄存器, 电路具有三态输出, 一个写入控制和读出控制端。

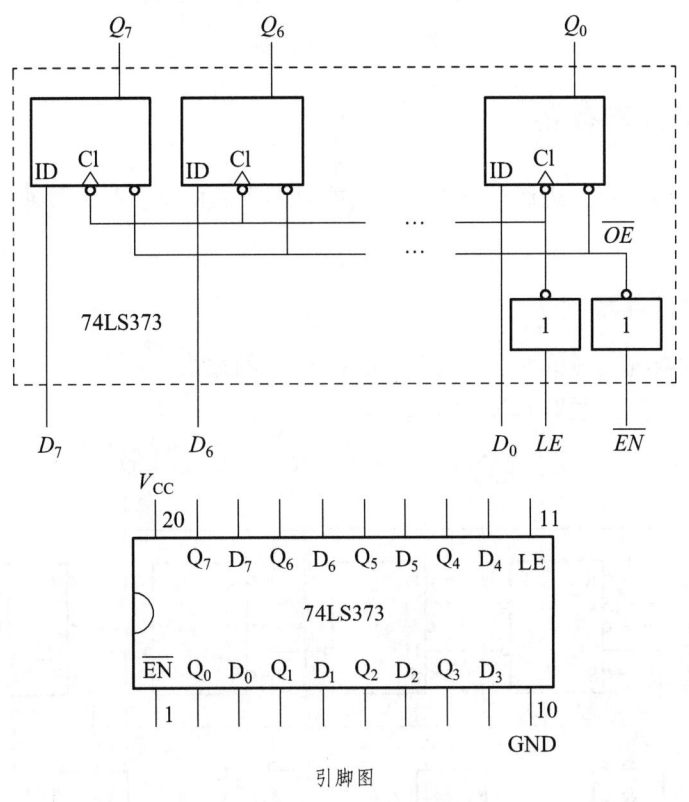

图 11-47 8 位数码寄存器

这是一个 CPU 和 RAM 之间进行信息读取的硬件电路, CPU 的地址低二位 A_1、A_0 控制 373 进行数据存入或读出, 373 作 RAM 的地址锁存用。数据读取具体操作如下:

(1) CPU 地址 $A_1A_0=11$, CPU 的 P_1 口送出一个数据, 然后 $A_1A_0=00$, 这时 CPU 送出的数

据被锁存在 373 中，该数据成为 RAM 的读写地址了。

（2）CPU 对该地址中的具体内容进行写入或读出操作，当 CPU 的 $A_2=0$，读出 RAM 中的信息传输到 CPU，当 $A_2=1$ 时，CPU 中的信息存入 RAM。其连接图见图 11-48。

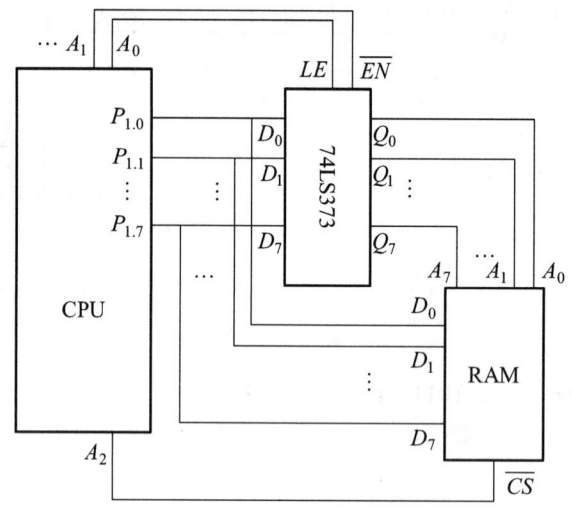

图 11-48　连接图

11.7.2　移位寄存器

移位寄存器除能寄存二进制信息以外，还能对存入的信息在时钟脉冲的作用下进行移位操作。

1. 单向移位寄存器

将寄存器中的数据实现单方向（向左或向右）移位操作。

四位右向移位寄存器逻辑电路如图 11-49 所示。

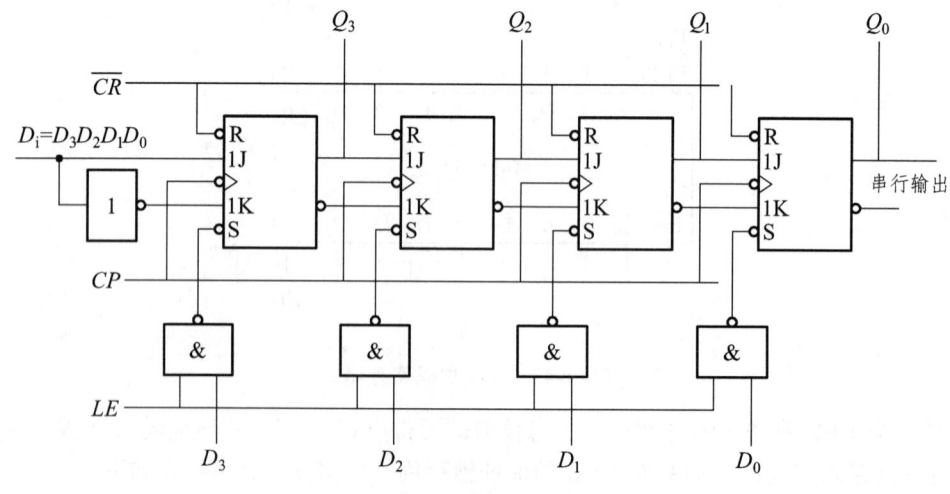

图 11-49　单向移位寄存器

电路的四种操作模式：

（1）串行输入/输出（SISO）：一位数据一个 CP 脉冲地依次存入，如存入 $D_3D_2D_1D_0=1011$ 信息。

（2）串行输入/并行输出（SIPO）：当用四个 CP 脉冲存入 1011 信息后，$Q_3Q_2Q_1Q_0=1011$，然后，就可以从 $Q_3Q_2Q_1Q_0$ 端一起输出。

（3）并行输入/输出（PIPO）：寄存器清零后，信息从并行输入端通过寄存命令 LE 一次存入，存入后可以从 $Q_3Q_2Q_1Q_0$ 端一起输出。

（4）并行输入/串行输出（PISO）：并行存入数据后，依次加入 CP 脉冲，则数据就从串行输出端依次输出。从数据的高低位讲，是高位数据依次向低位移位。所以，通常右移是指高位数据依次向低位移位，即每移动一位相当于÷2（×2-1）；而左移是指低位依次向高位移位操作，即每左移一位相当于×2。

2. 双向移位寄存器

在控制信号的控制下，信息可以依次从右向左或从左向右存入并实现移位操作。双向移位寄存器 CC40194 型的逻辑电路图如图 11-50 所示。

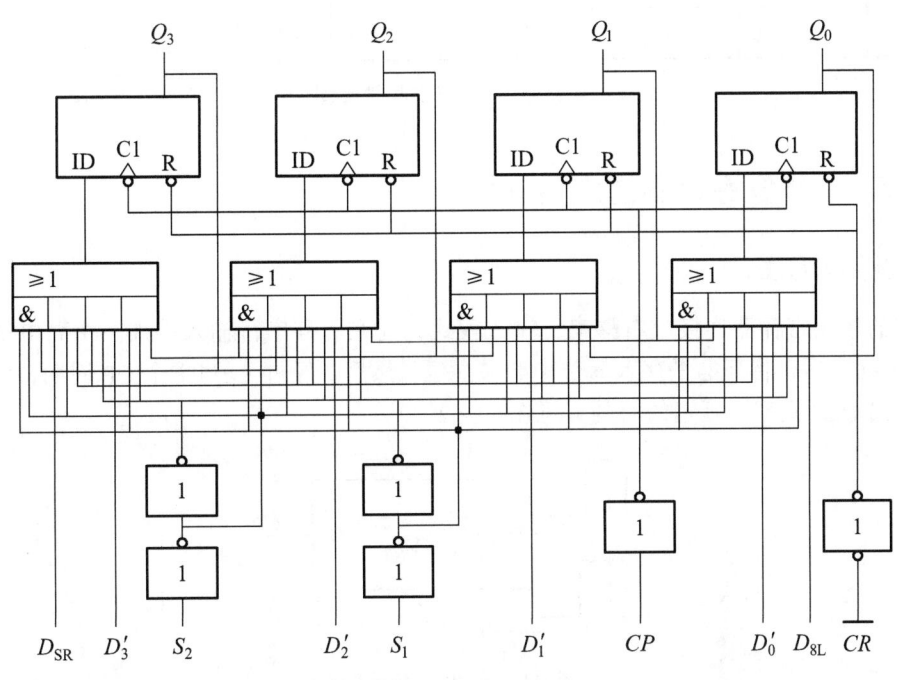

图 11-50 双向移位寄存器

四个 D 触发器的 D 端信息由四选一的选择器决定。S_2S_1 是四选一的地址控制。$S_2S_1=00$，为保持；$S_2S_1=01$，右移；$S_2S_1=10$，左移；$S_2S_1=11$，并行存数；可以写出四个 4/1 的输出函数关系式：如最高位 $1D_3$ 函数，

$$1D_3 = \overline{S}_2\overline{S}_1Q_3^n + \overline{S}_2S_1D_{SR} + S_2\overline{S}_1Q_2^n + S_2S_1D_3',$$

$$1D_2 = \overline{S}_2\overline{S}_1Q_2^n + \overline{S}_2S_1Q_3^n + S_2\overline{S}_1Q_1^n + S_2S_1D_2',$$

$$1D_1 = \overline{S}_2\overline{S}_1Q_1^n + \overline{S}_2S_1Q_2^n + S_2\overline{S}_1Q_0^n + S_2S_1D_1',$$

$$1D_0 = \overline{S}_2\overline{S}_1Q_0^n + \overline{S}_2S_1Q_1^n + S_2\overline{S}_1D_{SL} + S_2S_1D_0'$$

其状态表和管脚图见图 11-51。

功能	输入											输出状态			
	$\overline{CR}$	CP	S_2	S_1	D_{SR}	D_{SL}	D_3'	D_2'	D_1'	D_0'		Q_3	Q_2	Q_1	Q_0
清除	0	×	×	×	×	×	×	×	×	×		0	0	0	0
不变	1	0	×	×	×	×	×	×	×	×		Q_3	Q_2	Q_1	Q_0
并入	1	↑	1	1	×	×	D	C	B	A		D	C	B	A
不变	1	×	0	0	×	×	×	×	×	×		Q_3	Q_2	Q_1	Q_0
右移	1	↑	0	1	0	×	×	×	×	×		0	Q_3	Q_2	Q_1
	1	↑	0	1	1	×	×	×	×	×		1	Q_3	Q_2	Q_1
左移	1	↑	1	0	×	0	×	×	×	×		Q_2	Q_1	Q_0	0
	1	↑	1	0	×	1	×	×	×	×		Q_2	Q_1	Q_0	1

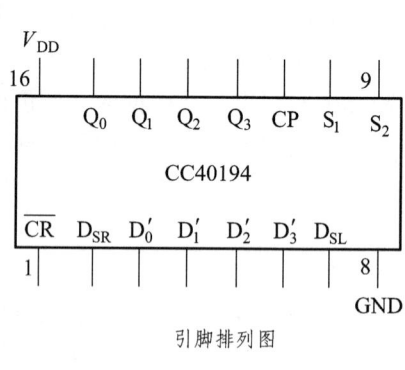

引脚排列图

图 11-51 状态表和管脚图

11.7.3 移位寄存器的应用举例

1. 数字延迟线

n 位的移位寄存器连接成右移串行输入模式,先在右移串行输入端加一个高电平脉冲,CP 上升沿到达后,将高电平存入 n 位中的最高位,然后,经过($n-1$)个 CP 周期,该高电平出现在输出 Q_0,实现了延迟的目的,见图 11-52。

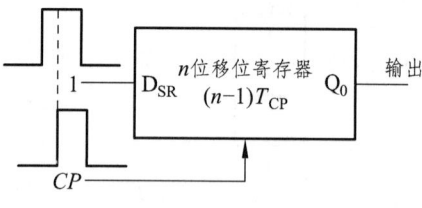

图 11-52 数字延迟线

2. 产生序列脉冲

n 位的移位寄存器连接成循环右移模式,如图 11-53,并行输入序列代码数据后,该序列就在移位寄存器中循环移位,产生一系列脉冲。如以 4 位为例子,并行存入 0110 序列代码后,序列脉冲波形如图 11-54 所示。

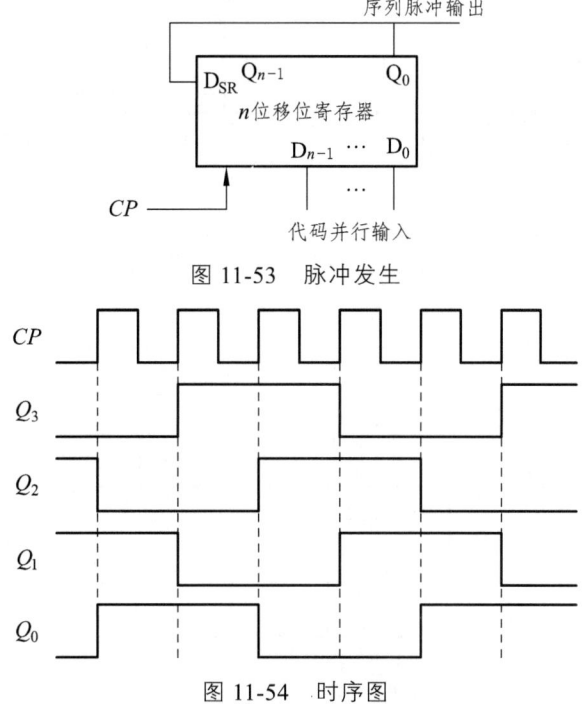

图 11-53 脉冲发生

图 11-54 时序图

3. 构成乘法器电路

乘法器的符号位用两个乘数的符号位异或实现，所以，乘法用原码运算最方便。下面求乘法运算时的算法。令被乘数为：$A = A_S A_{n-1} A_{n-2} \cdots A_1 A_0$，乘数为：$B = B_S B_{n-1} B_{n-2} \cdots B_1 B_0$。

两数值部分相乘有：

$$|Y| = |A| \cdot |B| = |A| \cdot (B_{m-1} \cdot 2^{m-1} + B_{m-2} \cdot 2^{m-2} + \cdots + B_1 \cdot 2^1 + B_0 \cdot 2^0)$$
$$= B_0 \cdot |A| \cdot 2^0 + B_1 \cdot |A| \cdot 2^1 + \cdots + B_{m-1} \cdot |A| \cdot 2^{m-1}$$

式中的 $2^0, 2^1, \cdots 2^{m-1}$ 分别表示不移位、左移一位、二位、$\cdots$、$m-1$ 位。这表明，乘积的数值等于被乘数左移和相加两部分操作完成。

2 个三位二进制数乘法电路见图 11-55。

4. 构成除法器（图 11-56）

时序逻辑电路的设计方法：

在前面用触发器设计计数器时，只要知道电路的状态转换图，在选定触发器型号后，就可以设计出电路来，因此，画出原始的状态转换图是关键。所以，一般时序电路设计步骤如下：

（1）进行逻辑抽象，得出待设计电路的状态转换图或状态转换表。由题意确定输入/输出变量及电路所需要的状态数。将状态编号后，按题意画出状态转换图。

（2）状态化简。电路的状态转换数目越少时，设计出来的电路也越简。如果两个状态在输入相同，输出也相同时，称这两个状态等价，这两个状态可以合并成为一个状态，状态化简后，使状态转换图最简。

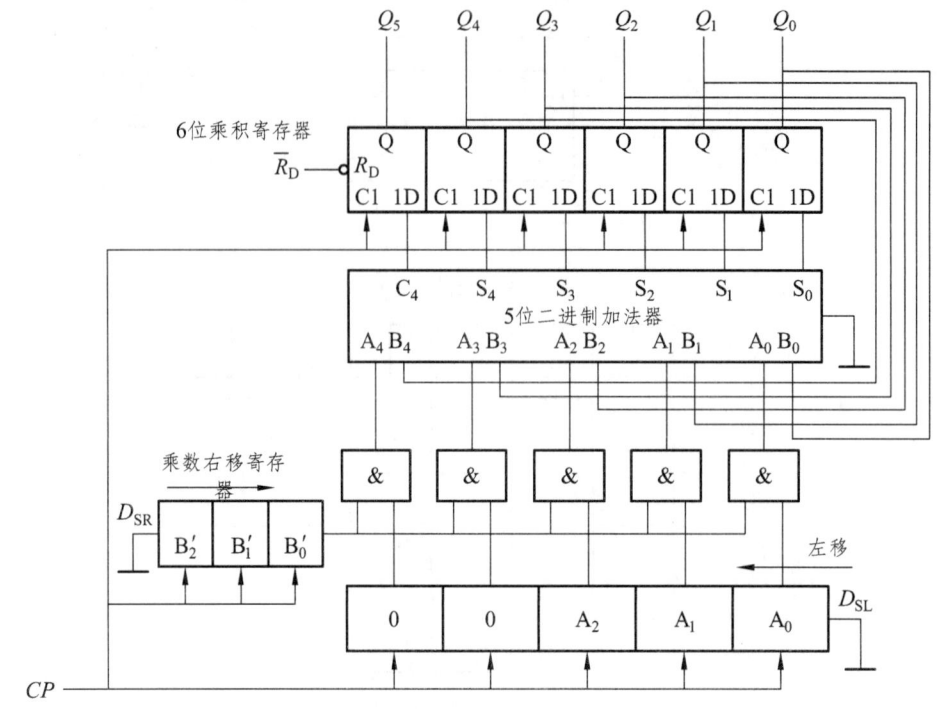

图 11-55 三位二进制数乘法电路

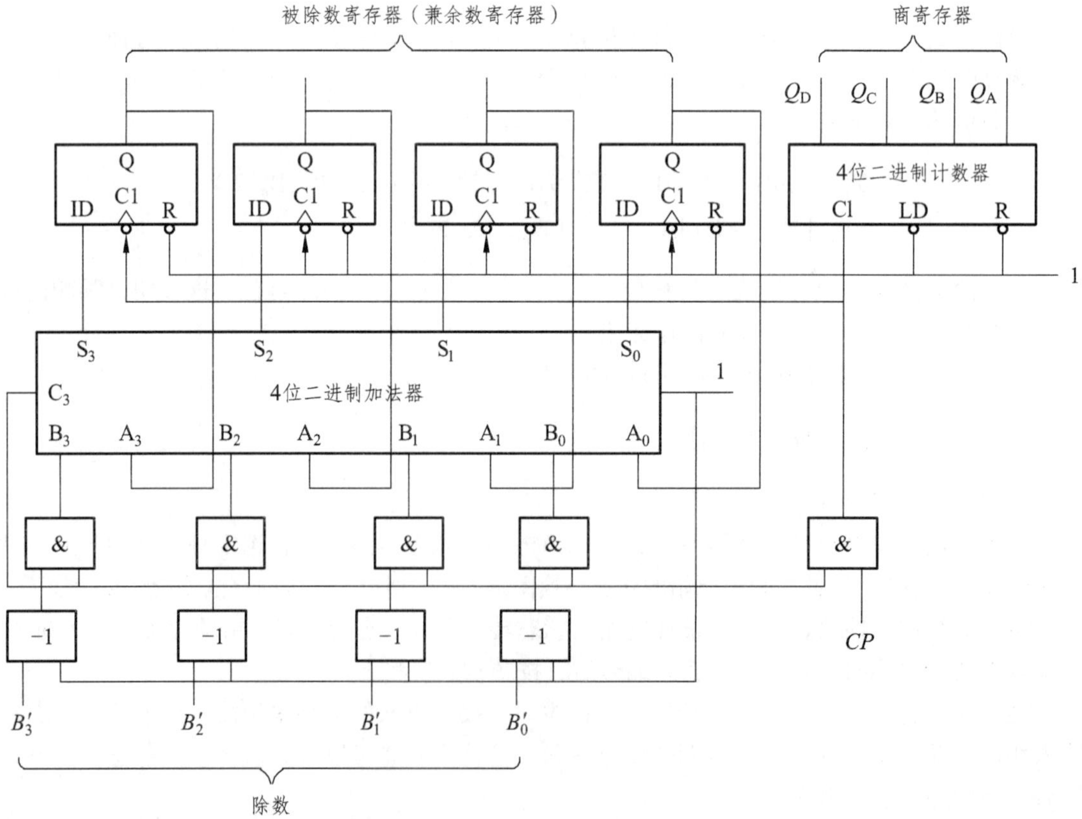

图 11-56 除法器

（3）状态分配（状态编码）。由状态转换图中的状态数，确定所需要的触发器个数 n，若状态数为 M，则触发器个数为：$2^{n-1} < M \leq 2^n$，n 个触发器可以有 2^n 个状态，当状态分配（状态编码）方案不合理时，设计出来的电路会复杂得多。通常，状态分配以自然二进制规律进行分配。然后，画出编码后的状态转换图。

（4）选定触发器的型号，列出现—次态状态转换、激励要求和电路输出状态关系表，求出驱动方程、输出方程，画出电路图。（这一步和计数器设计时相同。）

课后练习

11-1 图 11-57 是由与非门构成的基本 R-S 触发器，试画出在如图所示输入信号的作用下的输出端 Q 和 $\overline{Q}$ 波形。

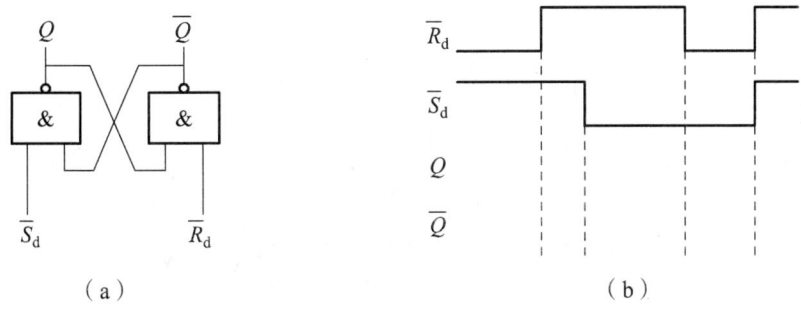

图 11-57 习题 11-1 图

11-2 试分析如图 11-58 所示电路，列出特性表，写出特性方程，说明其逻辑功能。

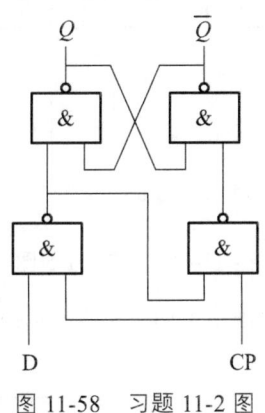

图 11-58 习题 11-2 图

11-3 已知 D 触发器 CP 和 D 的输入的波形如图 11-59 所示，设 D 触发器为上升沿触发，试对应画出输出端 Q 的波形。

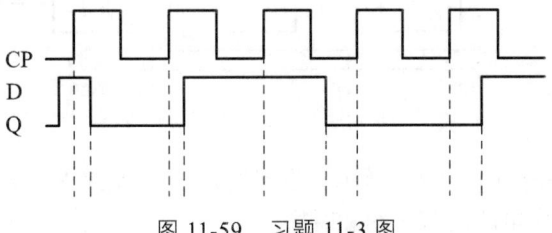

图 11-59 习题 11-3 图

11-4 试写出图 11-60 中各 TTL 触发器输出的次态函数（Q^{n+1}），并画出 CP 波形作用下的输出波形。（设各触发器的初态均为"0"。）

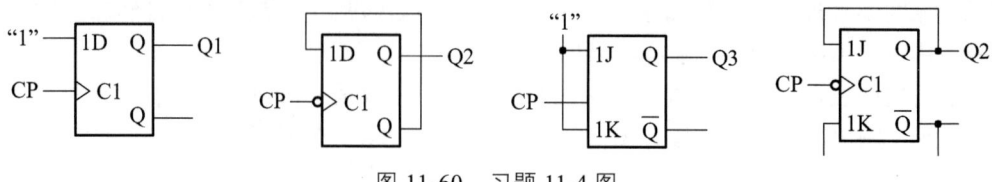

图 11-60 习题 11-4 图

11-5 时序逻辑电路如图 11-61（a）所示，触发器为维持阻塞型 D 触发器，设初态均为"0"。

（1）画出在题图 11-61（b）所示 CP 作用下的输出 Q_1、Q_2 和 Y 的波形。

（2）分析 Y 与 CP 的关系。

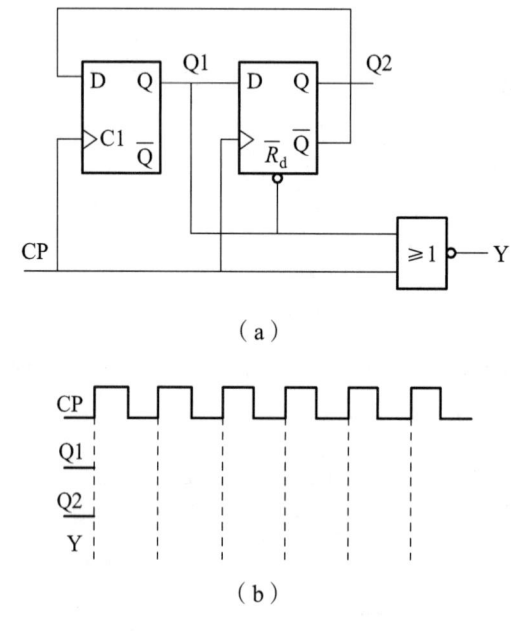

图 11-61 习题 11-5 图

11-6 如图 11-62 所示同步时序逻辑电路，试分析该电路为几进制计数器？画出电路的状态转换图。

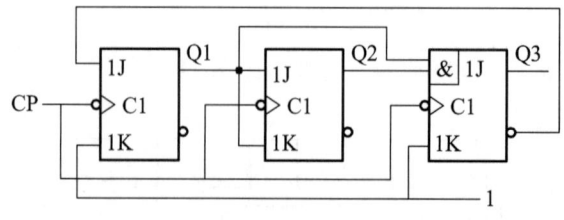

图 11-62 习题 11-6 图

11-7 时序逻辑电路如图 11-63 所示，设起始状态为 $Y_3Y_2Y_1Y_0=0001$，试分析电路的逻辑功能（要求画出图时序电路的状态图和时序图）。

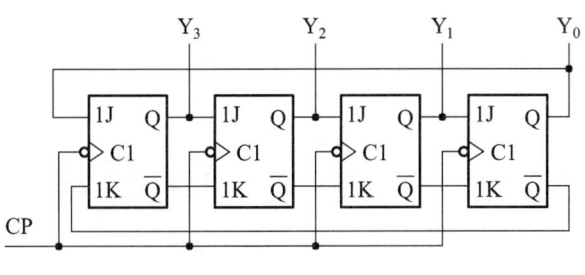

图 11-63 习题 11-7 图

11-8 在如图 11-64 所示电路图中，分别用复位法（异步清零）和置数法（同步置数）构成 M 进制计数器，试分析图 11-64 为几进制计数器。

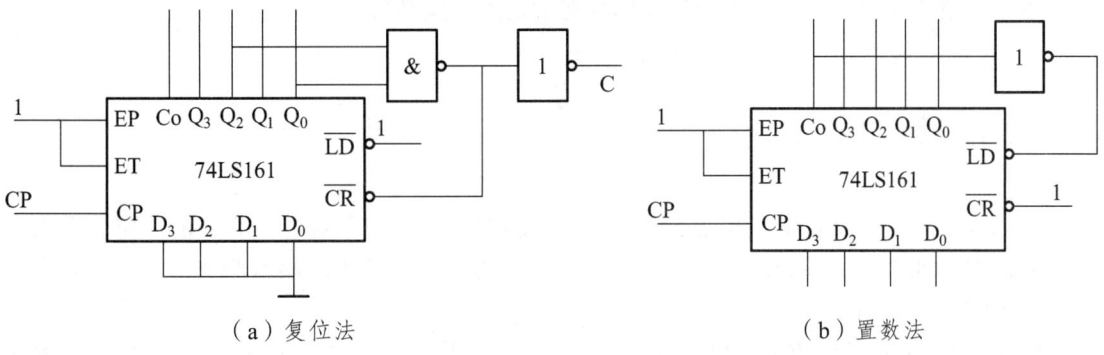

（a）复位法　　　　　　　　　　　　（b）置数法

图 11-64 习题 11-8 图

第 12 章 555 定时器及其应用

在数字电路中,提供脉冲信号一般有两种方法:一是采用脉冲振荡器直接产生,二是利用整形电路把已有的其他波形变换成所需要的脉冲波形。

本章介绍 555 定时器及其应用,如单稳态触发器、施密特触发器等。

12.1 定时器概述

在同步时序逻辑电路中,矩形脉冲作为时钟信号控制和协调着整个系统的工作。因此,时钟脉冲的特性直接关系到系统能否正常地工作。为了定量描述矩形脉冲的特性,通常给出图 12-1 中所标注的几个主要参数。

脉冲周期 T:周期性重复的脉冲序列中,两个相邻脉冲之间的时间间隔,有时也使用频率 $f = 1/T$ 表示单位时间内脉冲重复的次数。

脉冲幅度 U_m:脉冲电压的最大变化幅度。

脉冲宽度 t_w:从脉冲前沿上升到 $0.5U_m$ 起,到脉冲的下降沿到 $0.5U_m$ 为止的一段时间。

上升时间 t_r:脉冲上升沿从 $0.1U_m$ 上升到 $0.9U_m$ 所需要的时间。

下降时间 t_f:脉冲下降沿从 $0.9U_m$ 下降到 $0.1U_m$ 所需要的时间。

占空比 q:脉冲宽度与脉冲周期的比值,即

$$q = t_w/T$$

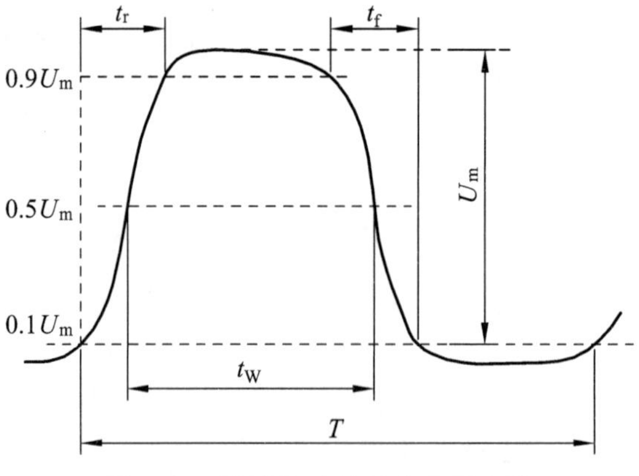

图 12-1 描述脉冲的几个主要参数

在脉冲电路中按实际需要来确定脉冲的周期和占空比,并希望脉冲的上升沿和下降沿尽可能小。此外,在将脉冲信号用于具体的数字系统时,有时还可能有一些特殊的要求,如脉

冲周期和幅度的稳定性等，这时还需要增加一些相应的性能参数来加以说明。

12.2 555 定时器

12.2.1 555 定时器概述

555 定时器是一种电路结构简单、使用方便灵活、用途广泛的多功能集成电路。只要外接几个阻容元件便可以组成施密特触发器、单稳态触发器、多谐振荡器等电路。555 定时器有双极型（如国产 5G555）和 CMOS 型（如国产 CC7555）。双极型 555 定时器的电源电压范围为 5～16 V，最大负载电流可达 200 mA。CMOS555 定时器电源电压范围为 3～18 V，最大电流负载小于 4 mA。所以，555 定时器可驱动微电机、指示灯、扬声器等，广泛用于脉冲的产生与变换、仪器与仪表、测量与控制、家用电器与电子玩具等领域。

12.2.2 555 定时器

图 12-2 所示是双极型 5G555 定时器的逻辑电路图。从原理电路可以看出，它是一个由模拟电路和数字电路共同组成的集成电路。其内部包含两个电压比较器 A_1 和 A_2（包括电阻分压电路）、G_1 和 G_2 组成的基本 RS 触发器、集电极开路的放电管 V 和缓冲输出级 G_3。由于比较器的分压电路由三个 5 kΩ 的电阻构成，所以称之为 555 电路。

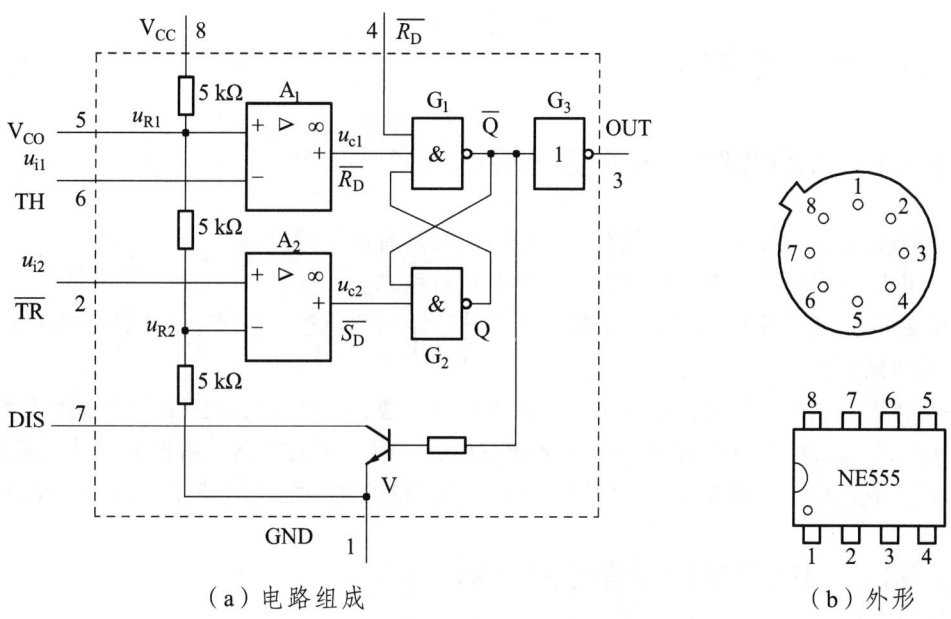

（a）电路组成　　　　　　　　　　（b）外形

图 12-2　555 定时器的电路组成

比较器 A_1 的同相端由分压电阻提供 $U_{R1}=\dfrac{2}{3}V_{CC}$ 作基准电压，反相端 TH 称阈值输入端。A_2 的反相端分压电阻提供 $U_{R2}=\dfrac{1}{3}V_{CC}$ 作基准电压，同相端 $\overline{TR}$ 端称触发输入端。V_{CO} 为控制端，

用于外接 V_{CO} 改变内部分压器分压值。$\overline{RD}$ 端为置 0 端，$\overline{RD}=0$ 时，输出端（OUT）输出电压 u_0 为低电平，正常工作时 $\overline{RD}$ 端必须为高电平。

设 TH 和 $\overline{TR}$ 端的输入电压分别为 u_{i1} 和 u_{i2}，则 555 定时器的工作过程如下：

当 $u_{i1}>U_{R1}$、$u_{i2}>U_{R2}$ 时，比较器 A_1 和 A_2 的输出 $u_{c1}=0$、$u_{c2}=1$，基本 RS 触发器被置 0，即 Q=0，$\overline{Q}$=1，输出 u_0=0，同时 V 导通。

当 $u_{i1}<U_{R1}$、$u_{i2}<U_{R2}$ 时，比较器 A_1 和 A_2 的输出 $u_{c1}=1$、$u_{c2}=0$，基本 RS 触发器被置 1，即 Q=1，$\overline{Q}$=0，输出 u_0=1，同时 V 截止。

当 $u_{i1}<U_{R1}$、$u_{i2}>U_{R2}$ 时，比较器 A_1 和 A_2 的输出 $u_{c1}=1$、$u_{c2}=1$，基本 RS 触发器保持原状态不变。

综上所述，555 定时器的功能如表 12-1 所示。

表 12-1　555 定时器的功能表

输入			输出	
$\overline{RD}$	$T_H(u_{i1})$	$\overline{T_R}(u_{i2})$	u_o	V 状态
0	×	×	0	导通
1	$>2/3V_{CC}$	$>1/3V_{CC}$	0	导通
1	$<2/3V_{CC}$	$>1/3V_{CC}$	不变	不变
1	×	$<1/3V_{CC}$	1	截止

12.3　单稳态触发器

12.3.1　单稳态触发器的工作特点

单稳态触发器与前面介绍过的双稳态触器比较具有以下特点：

（1）电路只有一个稳态，而另有一个状态是暂稳态。

（2）在外界触发脉冲作用下，电路能从稳态翻转到暂稳态，在暂稳态维持一段时间以后，又自动返回到稳态。

（3）暂稳态维持时间的长短取决于电路本身的参数，与触发脉冲的宽度和幅度无关。

单稳态触发器在数字电路中常用于脉冲整形、定时和延时电路。所谓整形就是把不规则的波形转换成宽度、幅度都相等的规则的波形；延时就是把输入信号延迟一段时间后再输出。

12.3.2　门电路组成单稳态触发器

1. 电路结构

图 12-3 是用 CMOS 门电路和 RC 微分延时电路组成的单稳态触发器，称为微分型单稳态触发器。u_i 为输入触发脉冲，高电平触发。

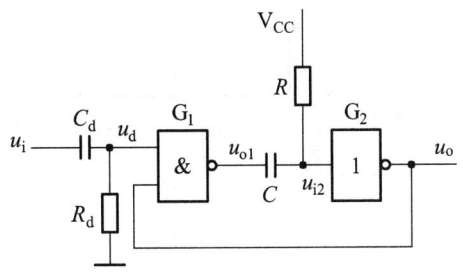

图 12-3 门电路构成的单稳态触发器

2. 工作原理

（1）稳定状态。

无触发信号输入（$u_i=0$）时，输入端为低电平，电源 V_{CC} 通过 R 为 G_2 输入端加上高电平，因此，u_o 为低电平，并加到 G_1 的另一输入端，使 u_{o1} 输出为高电平。电容 C 两端电压接近 0，这是电路的稳态。在触发信号到来之前，电路一直保持这一稳态。

（2）触发电路进入暂稳态。

当触发脉冲 u_i 加到电路输入端时，在 R_d 和 C_d 组成的微分电路的输出端得到一对正负脉冲 u_d。当 u_d 的正脉冲大于 G_1 的 U_{TH} 时，使 u_{o1} 产生负跳变，由于 C 两端电压不能突变，使 G_2 输入电压 u_{i2} 产生负跳变，并使 u_o 产生正跳变，又将其反馈到输入端。于是，电路产生如下正反馈过程：

$$u_d \uparrow \rightarrow u_{o1} \downarrow \rightarrow u_{i2} \downarrow \rightarrow u_o \uparrow$$

结果迅速使 u_{o1} 为低电平，由于 C 两端电压不能突变，u_{i2} 为低电平，可以使 u_o 输出高电平，电路进入暂稳态。

（3）自动翻转。

当 u_{o1} 为低电平时，电源 V_{CC} 经 R 向 C 充电，电容 C 两端电压逐渐升高，即 u_{i2} 升高。当 u_{i2} 上升到 U_{TH} 时，u_o 下降，u_{i1} 下降，u_{o1} 上升，又进一步使 u_{i2} 上升，电路又产生另一个正反馈过程。正反馈过程迅速使 u_{o1} 输出高电平，u_o 输出低电平。

$$u_{i2} \uparrow \rightarrow U_o \downarrow \rightarrow u_{o1} \uparrow$$

（4）恢复过程。

如果这时触发脉冲已消失（u_d 已回到低电平），则 u_o 输出低电平，u_{o1} 输出高电平，这时电容 C 经 R 放电，使 C 上电压恢复到稳态时的初始值 $u_c=0$。电路恢复到稳定状态，这一过程称为恢复过程。

根据以上的分析，画出电路中各点的电压波形如图 12-4 所示。

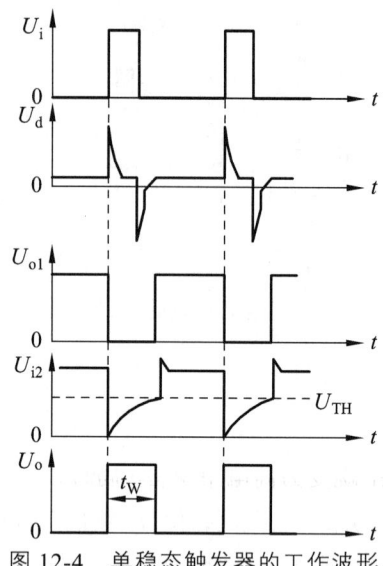

图 12-4 单稳态触发器的工作波形

3. 输出脉冲宽度的估算

为了定量地描述单稳态触发器的性能,经常使用输出脉冲宽度 t_w、输出脉冲幅度 U_m、恢复时间 t_{re}、分辨时间 t_d 等几个参数,其中最重要的是输出脉冲宽度 t_w。从上面分析和图 6-4 可知,输出脉冲宽度 t_W 就是暂稳态维持的时间。它等于电容 C 从 $u_c=0$ 开始充电到上升至 $u_{i2}=U_{TH}$(阈值电压)所需的时间。如果 $U_{TH}=0.5V_{CC}$,则暂稳态的脉冲宽度为

$$t_w \approx 0.7RC$$

微分型单稳态触发器可以用窄脉冲触发。在使用微分型单稳态触发器时,输入 u_i 的脉冲宽度应小于在输出脉冲宽度 t_w。

除微分型单稳态触发器外,还有积分型单稳态触发器,见课后练习题。

12.3.3 用 555 定时器构成的单稳态触发器

1. 电路构成

将定时器 5G555 的触发输入端 $\overline{TR}$ 作为触发信号 u_i 输入端,放电管 V 的集电极 DIS 端和阈值输入端 TH 接在一起,然后与定时元件 R、C 相接,便构成了单稳态触发器。电路如图 12-5(a)所示。

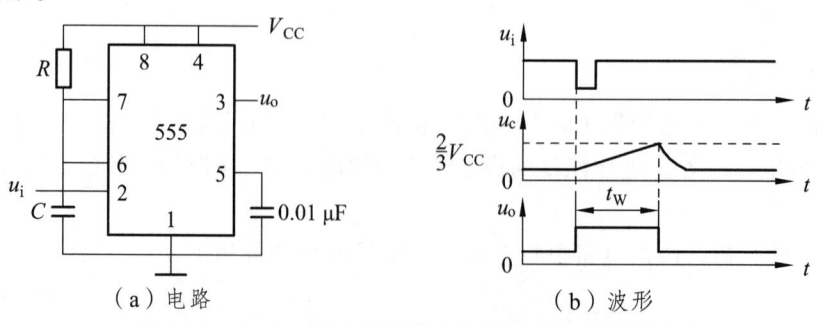

图 12-5 用 555 组成的单稳态触发器电路及波形图

2. 工作原理

以图 12-5（b）中输入触发信号 u_i 为例，分析电路的工作原理。

（1）稳定状态。

电路在接通电源后，V_{CC} 经 R 对电容 C 充电，u_c 电压升高，当上升到 $u_c \geq \frac{2}{3}V_{CC}$ 时，比较器 A_1 输出为 0，而此时 u_i 为高电平，且 $u_i \geq \frac{1}{3}V_{CC}$，电压比较器 A_2 输出为 1，基本 RS 触发器为置 0 状态，$\overline{Q}=1$，三极管 V 导通，电容 C 经 V 放电，电路进入稳定状态。

（2）触发进入暂稳态。

当输入 u_i 由高电平 V_{iH} 跳变到小于 $\frac{1}{3}V_{CC}$ 的低电平时，比较器 A_2 输出为 0，RS 触发器置 1，即 Q=1、$\overline{Q}=0$，输出 u_o 由低电平跳变为高电平 V_{OH}。同时，三极管 V 截止，电源 V_{CC} 经 R 对 C 充电，电路进入暂稳态。在暂稳态期间内，u_i 回到高电平。

（3）自动返回稳定状态。

随着电容充电，电容 C 上电压逐渐升高，当 u_c 上升到 $u_c \geq \frac{2}{3}V_{CC}$ 时，比较器 A_1 的输出为 0，基本 RS 触发器置 0，即 Q=0、$\overline{Q}=1$。输出 u_o 由高电平跳变到低电平。同时三极管 V 导通，电容 C 经 V 放电使 $u_c \approx 0$，电路回到稳定状态。

单稳态触发器的输出脉冲宽度 t_w 即为暂稳态维持的时间，它实际上为电容 C 上的电压 u_c 从 0 充到 $\frac{2}{3}V_{CC}$ 所需时间，可用下式进行估算

$$t_w \approx 1.1RC$$

12.4 用 555 定时器构成的施密特触发器

1. 电路组成

将 555 定时器的阈值输入端 TH 和触发输入端 $\overline{TR}$ 连在一起，作为触发信号 u_i 输入端，从 OUT 端输出 u_o，就构成了施密特触发器，电路如图 12-6 所示。

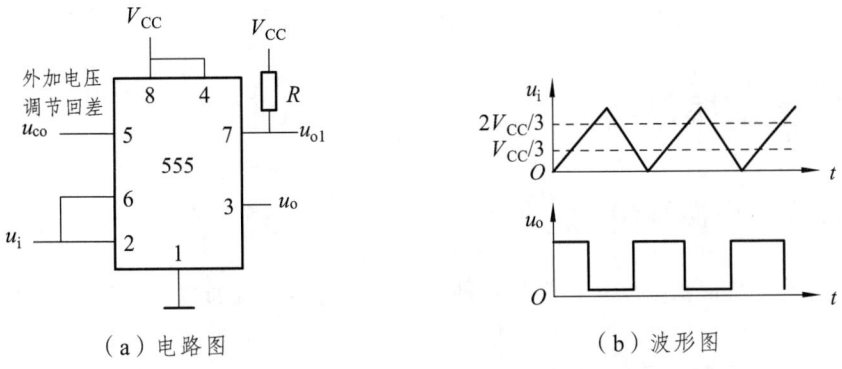

（a）电路图　　　　　　　　　（b）波形图

图 12-6　用 555 构成的施密特触发器及其波形图

为了提高基准电压的稳定性，常在 U_{CO} 控制端对地接一个 $0.01\ \mu F$ 的滤波电容。

2. 工作原理

为了分析方便，假设输入图 12-7 所示锯齿波信号。

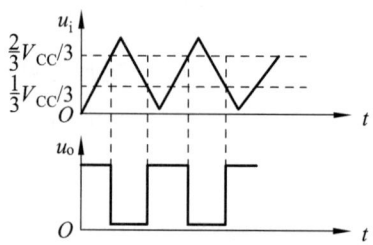

图 12-7 施密特触发器的工作波形

（1）当 $u_i < \frac{1}{3}V_{CC}$ 时，电压比较器 A_1 和 A_2 的输出 $u_{c1}=1$，$u_{c2}=0$，基本 RS 触发器置 1，即输出为高电平。

当 $\frac{1}{3}V_{CC} < u_i < \frac{2}{3}V_{CC}$ 时，电压比较器 A_1 和 A_2 的输出 $u_{c1}=1$，$u_{c2}=1$，基本 RS 触发器保持原状态不变。

（2）当 $u_i \geqslant \frac{2}{3}V_{CC}$ 时，电压比较器 A_1 和 A_2 的输出 $u_{c1}=0$，$u_{c2}=1$，基本 RS 触发器置 0，即 $Q=0$、$\overline{Q}=1$，输出由高电平跳变到低电平。此后 u_i 上升到 V_{CC}，然后再降低，但在未降到 $\frac{1}{3}V_{CC}$ 以前，电路输出状态不变。

（3）当 $u_i \leqslant \frac{1}{3}V_{CC}$ 时，基本 RS 触发器置 1，即 $Q=1$、$\overline{Q}=0$，输出 u_o 由低电平跳变到高电平。此后 u_i 下降到 0，然后再升高，但在未达到 $\frac{2}{3}V_{CC}$ 以前，电路输出状态不变。

由以上分析可知，施密特触发器的正向阈值电压为 $\frac{2}{3}V_{CC}$，电路的负向阈值电压为 $\frac{1}{3}V_{CC}$，所以施密特触发器的回差电压 ΔU_T 为

$$\Delta U_T = U_{T+} - U_{T-} = \frac{1}{3}V_{CC}$$

12.5 多谐振荡器

12.5.1 多谐振荡器

多谐振荡器也与正弦振荡器一样是一种自激振荡电路，接通直流电源后，电路不需任何外加输入信号，即可自动产生矩形脉冲信号输出。由于矩形脉冲信号中含有丰富的高次谐波成分，所以称之为多谐振荡器。

12.5.2 用555定时器构成的多谐振荡器

用555组成多谐振荡器，就是将555电路构成施密特触发器（TH端和$\overline{\text{TR}}$端接在一起），再外接具有时间常数的反馈回路组成多谐振荡器。基本多谐振荡器电路如图12-8所示。振荡器的振荡周期 T 和频率 f 由下式进行估算。

$$T \approx 0.7(R_1 + 2R_2)C$$

$$f = \frac{1}{T} = \frac{1}{0.7(R_1 + 2R_2)C}$$

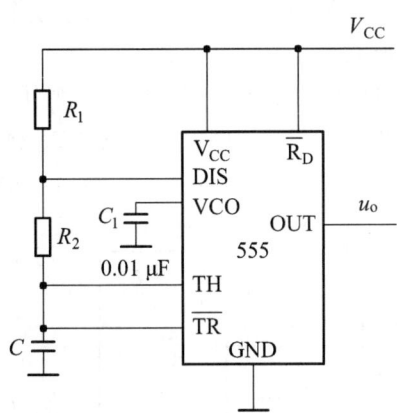

图12-8　用555组成多谐振荡器

电路的振荡脉冲的占空比 q 为

$$q = \frac{R_1 + R_2}{R_1 + 2R_2}$$

通过改变 R 和 C 的大小，就可实现振荡器的振荡频率和占空比的调节。

上式中占空比的调节始终是大于50%。为了得到小于或等于50%的占空比，将电路改进成图12-9所示电路。电路的充电时间常数 $\tau_充 \approx (R_1 + R_2)C$，而放电时间常数为 $\tau_放 \approx R_2 C$，两式中 R_1 和 R_2 分别包含 R_W 的上下部分。电路的振荡周期 T 为

$$T \approx 0.7(R_1 + R_2)C$$

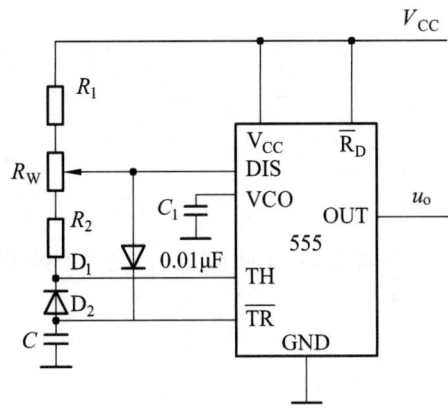

图12-9　占空比可调的多谐振荡器

占空比为 $q = \dfrac{R_1}{R_1+R_2}$

课后练习

12-1 什么是单稳态电路?单稳态电路的特点是什么？什么是可重复触发单稳态触发器？什么是不可重复触发单稳态触发器？

12-2 施密特触发器能否用来保存数据？

12-3 图 12-10 所示电路为一简易触摸开关电路。当手摸金属片时，发光二极管亮，经过一定时间后，发光二极管自动熄灭。

（1）试分析其工作原理，电路中用 555 电路组成了一个什么电路？

（2）在所给电路元件参数情况下，求当触摸后使发光二极管能亮多长时间？

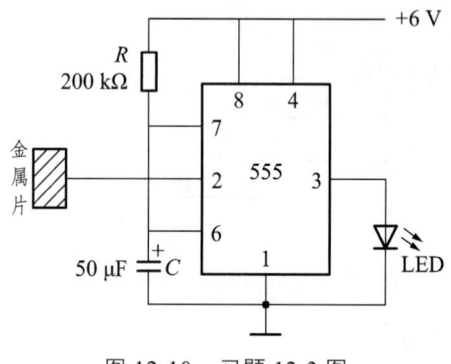

图 12-10 习题 12-3 图

12-4 如图 12-11 所示电路是由 CC7555 连接成的多谐振荡器，试画出 U_C 和 U_O 的波形。当不计 CC7555 的输出电阻时，写出振荡周期表达式。

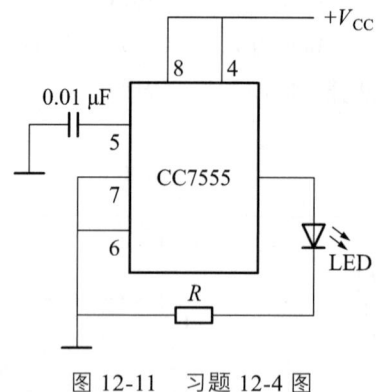

图 12-11 习题 12-4 图

12-5 试用 555 电路设计一个振荡周期为 1 s、占空比为 50% 的 RC 振荡器。

第3篇 技能训练篇

第 13 章 电子电路的设计思路与方法

电子电路设计是综合运用电子技术理论知识的过程，必须从实际出发，通过调查研究、查阅有关资料、方案比较及确定，以及设计计算选取元器件等环节，设计出一个符合实际需要、性能和经济指标良好的电路。由于电子元器件参数的离散性，加之设计者缺乏经验，理论上设计出来的电路，可能存在这样那样的问题，这就要求通过实验、调试来发现和纠正设计中存在的问题，使设计方案逐步完善，以达到设计要求。

模拟电路的设计，首先要根据电路的实际要求，拟订出切实可行的总体方案。在确定方案的过程中，应当反复研究设计要求、性能指标，然后根据确定的方案划分成若干个单元电路，并对各单元电路进行初步的设计，包括电路形式的确定、参数的计算、元器件的选用等。最后将设计好的各单元电路连接在一起，画出一个符合要求的完整电路。

13.1 模拟电子电路的设计方法

13.1.1 总体方案的确定

所谓总体方案，就是根据实际问题的要求和性能指标把要完成的任务分配给若干单元电路，并画出一个能反映出各单元功能的整体原理框图。这种框图不必太详细，总体的原理反映清楚就行了，必要时可加简要的文字说明。

例如在模拟电路中经常采用的多级放大电路，一般可分为输入级、中间级和输出级三个部分，如图 13-1 所示。在确定总体方案时，要根据放大器的增益、输入电阻、输出电阻、通频带和噪声系数等性能指标要求来确定电路结构。

图 13-1 多级放大电路的组成

对输入级，首先应考虑其输入电阻必须与信号源内阻相适应，根据信号源的特点来确定电路的形式。同时由于输入级的噪声会对整个电路产生很大影响，因此要求其噪声系数小。对中间级，主要是提高电压增益，当要求增益较高时，一级放大器难以满足要求，可以由若干级组成。在确定总体方案时，就要根据总的增益的要求来确定其级数。输出级主要是向负载提供足够的功率，因此要求其具有一定的动态范围和负载能力，应根据负载情况来确定电路的形式。为了改善放大器的性能，使之达到实际要求，在总体方案确定时还应考虑电路中采用何种类型的负反馈。

由于符合要求的总体方案可能有多种，设计时要根据自己的实际经验，参阅有关资料，对各种方案的优、缺点和可行性进行反复的比较，最后选择出功能全、运行可靠、简单经济、技术先进的最佳设计方案。

13.1.2　单元电路设计

一个复杂的电子电路，一般都由若干个单元电路组合而成。对单元电路进行设计，实际上是把复杂的任务简单化，这样便可利用学过的基本知识来完成较复杂的设计任务。只有各单元电路的设计合理，才能保证整体电路设计的质量。

在单元电路设计前，首先应根据各单元应完成的任务，拟定出各单元电路的性能指标，并选择电路的基本结构形式。一般情况下可在保证电路性能指标的前提下，采用典型电路或参考较成熟的常用电路，但设计者要敢于探索、勇于创新，使所设计的电路有所改进。

在每个单元电路的设计过程中，不仅要注意本单元电路的合理性，还应考虑各单元之间的相互影响，前后之间要互相配合，同时注意各部分输入信号和输出信号之间的关系。

13.1.3　电路参数计算

在电路基本形式确定之后，便可根据性能指标要求，运用模拟电路的理论知识，对各单元电路的有关元器件参数进行分析计算。例如放大电路，应根据增益或输出电压、输入电阻、输出电阻、通频带、失真度和稳定性等指标，计算电源电压、各电阻的阻值和功率、各电容的容量及工作电压等参数。

在进行元件参数计算时，应在正确理解电路原理的基础上，正确运用计算公式，有的可以采用近似计算公式。对于计算结果还要善于分析，并进行必要的处理，然后确定元器件的有关参数。一般来说，对元器件的工作电流、工作电压、功耗和频率等参数，必须满足电路设计指标的要求，对元器件的极限参数应留有足够的富余量。对电阻、电容的参数，应取与计算值相近的标称值。

13.1.4　元器件的选择

电子电路的设计过程，实际上就是选择最合适的元器件，用最合理的电路形式把它们组合起来，以实现要求的功能。实践证明，电子电路的各种故障，往往以元器件的故障、损坏形式表现出来。究其原因，并非都是元器件本身缺陷所造成的，而是元器件的选用不当所致。因此，在进行电路总体方案设计和单元电路的参数计算时，都应考虑如何选择元器件的问题。

一般来说，选择元器件应考虑两个方面的问题。

（1）从具体问题和电路的总体方案出发，确定需要哪些元器件，每个元器件应具备哪些功能。在单元电路的参数计算时，应根据电路指标要求、工作环境等，确定所选元器件参数的额定值，并留有足够的富余量，使其在低于额定值的条件下工作。

（2）在保证满足电路设计指标要求的前提下，尽可能减少元器件的品种和规格，以提高它们的复用率。要在仔细分析比较同类元器件在品种、规格、型号和制造厂商之间的差异后，选用便于安装、货源充足、价格低廉、信誉好、产品质量高的制造厂生产的元器件。

下面介绍常用元器件选择中的一些具体问题。

① 集成电路的选择。

由于集成电路可实现许多单元电路甚至某些电子系统的功能,因此,电子电路选用集成电路既方便又灵活,它不仅可以大大简化设计过程,而且减小了电路的体积,提高了电路工作的可靠性,安装和调试也极其方便。因此,在电子电路设计过程中应优先选用集成电路。常用的模拟集成电路有运算放大器、电压比较器、仪器用放大器、视频放大器、功率放大器、模拟乘法器、函数发生器、稳压器等。由于集成电路的品种很多,在选用时首先应根据总体方案确定选用什么功能的集成电路,然后考虑所选集成电路的性能,最后根据价格、货源等因素选择某种型号的集成电路。

集成电路的封装一般有陶瓷(或塑料)扁平式、金属圆形(或菱形)和塑料双列直插式三种。双列直插式封装便于安装和调试,更换也比较方便,目前大都选用这种封装形式的集成电路。

② 半导体分立器件的选择。

对于某些功能比较简单,只要用少量半导体分立器件就能解决问题的电子电路,一般可以选用半导体分立器件。另外,在某些信号频率高、工作电压高、电流大或要求噪声极低等的特殊电路中,也常采用半导体分立器件。

半导体分立器件包括二极管、三极管、场效应管和其他一些特殊的半导体器件,选用时应根据电路设计中的具体用途和要求来确定选用哪一种器件。对于同一种半导体器件,型号不同时适用的场合也不同,选用时必须注意。例如,在选用二极管时,首先要看其用途,用于整流时应选用整流二极管;高压整流则应选用硅整流堆。用于高频检波时应选用高频检波二极管。在高速脉冲电路中则应选用开关二极管。在选用半导体器件时,应根据电路设计中的有关参数,查阅半导体器件手册,使其实际使用的管压降、工作电流、频率、功耗和环境温度等都不超过手册中的规定值,以保证半导体器件的性能和安全工作。

在选用晶体三极管时,首先要确定管子的类型,是 NPN 型还是 PNP 型,然后根据电路设计指标的要求选用所需型号的管子。例如,根据电路的工作频率确定选用相应工作频率的三极管,根据输出功率确定选用相应输出功率的三极管。另外再考虑管子的电流放大系数 β、特征频率 f_T 等参数。

三极管的极限参数有集电极最大允许电流 I_{CM}、集电极-发射极反向击穿电压 $U_{BR(CEO)}$、集电极最大允许耗散功率 P_{CM} 等。这些参数反映了三极管在实际使用时应受到的限制。在选用三极管时,要查阅手册,了解这些参数,使三极管使用时不超过这些参数,并且还应留有一定的富余量。

③ 电阻器的选择。

电阻器是电子电路中最常用的元器件,其种类很多,性能各异。根据电阻器的结构形式分类,有固定电阻器、可调电阻器和电位器。在选用时首先应根据其在电路中的用途确定选用哪一种结构形式的电阻器。

电阻器的主要性能参数有标称阻值及容许误差、额定功率(共分为 19 个等级,常用的有 $\frac{1}{8}$W、$\frac{1}{4}$W、$\frac{1}{2}$W、1W、2W 等)和温度系数等。表 13-1 列出了电阻器的标值系列和容许误差。表中所列数值再乘以 10^n,就构成实际电阻的标称阻值(其中 n 为正数或负数,单位为 Ω)。

表 13-1 电阻器标称值系列和容许误差

系列代号	E24	E12	E6	系列代号	E24	E12	E6
容许误差	±5%	±10%	±20%	容许误差	±5%	±10%	±20%
系列标称阻值	1.0	1.0	1.0	系列标称阻值	3.3	3.3	3.3
	1.1				3.6		
	1.2	1.2			3.9	3.9	
	1.3				4.3		
	1.5	1.5			4.7	4.7	4.7
	1.6				5.1		
	1.8	1.8			5.6	5.6	
	2.0				6.2		
	2.2	2.2	2.2		6.8	6.8	6.8
	2.4				7.5		
	2.7	2.7			8.2	8.2	
	3.0				9.1		

在电子电路中,对电阻器阻值的要求,一般允许有一定的误差。因此,除精密电阻器或特殊需要的自制电阻外,通常都选用标称值的通用电阻器。电阻器容许误差分别为±5%、±10%、±20%。

为了使电阻器在电路中安全运行,其额定功率应大于电阻器在电路中实际消耗功率的一倍以上。此外,电阻器的使用电压不应超过其容许的最高工作电压。

用不同材料制成的电阻器具有不同的性能和特点,在一般电子电路中,对电阻器的要求并不高,可选用价格便宜、体积小的碳膜电阻器。在低噪声和耐热性、稳定性要求较高的电路中,可选用金属膜电阻器或线绕电阻器。在高频电路中,可选用自身电感量很小的合金箔电阻器。要求在高温下工作时,可选用金属氧化膜电阻器。

在选用电阻器时,除了要考虑其性能和特点外,还应根据安装和机械结构的需要,考虑电阻器的尺寸大小和旋转轴柄的长短、轴端的式样及轴上是否需要紧锁装置等。

④ 电容器的选择。

电容器也是电子电路中常用的元件。其种类很多,按其结构分,有固定电容器、半可变电容器、可变电容器三种。电容器的主要性能参数有:标称容量及容许误差、额定工作电压、绝缘电阻、损耗等,表 13-2 列出了固定电容器的标称容量系列和容许误差,表中所列数值乘以 10^n,构成实际电容的标称容量(其中 n 为正数或负数,单位为 pF)。

表 13-2　固定电容器标称容量系列和容许误差

系列代号	E24	E12	E6
容许误差	±5%（Ⅰ级）	±10%（Ⅱ级）	±20%（Ⅲ级）
标称容量	10，11，12，13，15，16，18，20，22，24，27，30，33，36，39，43，47，51，56，62，75，82，91	10，12，15，18，22，27，33，39，47，56，68，82	10，15，22，33，47，68

在选用电容器时，首先要根据在电路中的作用及工作环境来确定其类型。例如，在耦合、旁路、电源滤波及去耦电路中，由于对电容的精度要求不高，可选择价格低、误差大、稳定性较差的铝电解电容器。对于高频电路中的滤波、旁路电容器，可选择无电感的铁电陶瓷电容器或独石电容器。应用于高压环境中的电容器，可选用耐压较高、稳定性好、温度系数小的云母电容器、高压瓷介质电容器或高压穿心式电容器。

在需要同时兼顾高频和低频时，可以用一支容量大的铝电解电容器与另一支容量小的无感电容器并联使用。

在电源滤波电路中，用一支容量较大的铝电解电容器就可以起到滤波作用，但这种电容器的电感效应大，对高次谐波的滤波效果较差，为此通常再并联一支 0.01～0.1 μF 的高频滤波电容器（如高频瓷介质电容器），其滤波效果就更佳。

电容器的容量应根据电路的要求选用标称值。但要注意的是，不同类型的电容器其标称系列的分布规律是不同的，选用时可以查阅有关资料。

电容器的容许误差等级一般分为三级，如表 13-2 所示。大多数情况下，对电容器的滤波要求不高，除振荡、定时、选频等电路外，一般对容许误差并无严格要求。

为了使电容器能在电路中长期可靠地工作，其实际工作电压不仅不能超过它的耐压值（或称电容器的直流工作电压），而且还要留有足够的富余量，一般选用耐压值为其实际工作电压的两倍以上。在交流电路中，电容器所加交流电压的最大值，同样不可超过它的耐压值。

由于电容器两极板间的介质并非绝对的绝缘体，它们间的电阻称为绝缘电阻，其值一般在 1 000 MΩ 以上。绝缘电阻小，不仅会引起绝缘能量的损耗，影响电路的正常工作，而且还会影响电容器的使用寿命。所以，选用电容器时绝缘电阻越大越好。

13.1.5　电路图的画法

各单元电路设计完毕之后，应画出总电路图，以便为电路的组装调试和维修提供依据。电路图在绘制过程中应注意以下几点：

（1）电路图的总体安排要合理，图面必须紧凑而清晰，元器件的连接和排列必须均匀，连线画成水平线或竖线。在折弯处要画成直角，而不要画成斜线或曲线。两条连线相交时，如果两线在电气上是相通的，则在两线的交点处要打上黑点。

（2）电路图中的所有元器件的图形符号必须使用国家统一的标准符号。各种符号在同一种图上的大小要比例合适，同一种符号的大小要尽量一致。元器件图形符号的排列方向与图纸的底边平行或垂直，尽量避免使用斜线排列。

（3）图中的每个元器件应写明其文字符号的主要的参数，中大规模电路在电路图中一般只用方框表示，但方框中应标明其型号，方框边线的两侧标出管脚编号及其功能名称。

（4）电路图中的信号流向，一般从输入端或信号源画起，自左至右，自下而上，按信号的流向画出个单元电路，而且尽量要画在同一张图上。如果电路比较复杂，也可分画成几张图，但应把主电路图画在同一张图纸上，而把一些相对独立或次要的部分画在另外的图纸上，并用适当的方式说明各图纸在电路连线之间的关系。例如在图纸的断口处做上标记、标明连线代号，并标出信号从一张图纸到另一张图纸的引出点和引入点。

（5）电路图画好后要仔细检查有无错误，特别是二极管的方向，有极电容器的极性和电源的极性等容易发生错误的地方更要认真的检查。

13.2 模拟电子电路的安装

电子电路设计完成后，都要安装成实验电路，以便对理论设计做出检验，如不能达到要求，还需要对原实验方案进行修改，使之达到实验要求和更加完善。尤其对初学者，由于没有经验，更需要经过多次的实验和修改，才能使设计方案符合实际需要。实践证明，一个理论设计十分合理的电子电路，由于电路安装不当，将会严重影响电路的性能，甚至使电路根本无法工作。因此，电子电路的结构布局、元器件的安排布置、线路的走向及连接线路的可靠性等实际安装技术，是完成电子电路设计的重要环节。作为实验和课程设计，一般采用在电路板上焊接或在面包板上插接的方法安装电子电路。下面介绍电子电路安装的一些基本知识。

13.2.1 整体结构布局和元器件的安置

在电子电路安装过程中，整体结构布局和元器件的安置，首先应考虑电气性能上的合理性，其次要尽可能注意整齐美观。具体注意以下几点：

（1）整体结构布局要合理，要根据电路板或面包板的面积，合理布置元器件的密度。当电路较复杂时，可由几块电路板组成，相互之间再用连线或电路板插座连成整体。要充分利用每块电路板的使用面积，并尽量规范电路板相互间的连线。为此，最好按电路功能的不同分配电路板。

（2）元器件的安置要便于调试、测量和更换。电路图中相邻的元器件，在安装时原则上应就近安置。不同级的元器件不要混在一起，输入级和输出级之间不能靠近，以免引起级与级之间的寄生耦合，干扰和噪声增大，甚至产生寄生振荡。

（3）对于有磁场产生相互影响和干扰的元器件，应尽可能分开或采取自身屏蔽。如有输入变压器和输出变压器时，应将二者相互垂直安装。

（4）发热元器件（如功率管）的安装要尽可能靠电路板的边缘，有利于散热，必要时需加装散热器。为保证电路稳定工作，晶体管、热敏器件等对温度敏感的元器件要尽量远离发热元器件。

（5）元器件的标志（如型号和参数）安装时一律向外，以便检查。元器件在电路板上的安装方向原则上应横平竖直。查接集成电路时首先要认清管脚排列的方向，所有集成电路的插入方向应保持一致，集成电路上有缺口或小孔标记的一端一般在左侧。

（6）元器件的安置还应注意中心平衡和稳定，对较重的元器件，在安装时，高度要尽量降低，使中心贴近电路板。对于各种可调的元器件应安置在便于调整的位置。

13.2.2 正确布线

电子电路布线是否合理，不仅影响其外观，更会影响电子电路的性能。电路中（特别是较高频率的电路）常见的自激振荡，往往就是由于布线不合理所致。因此，为了保证电路工作的稳定性，电路在安装时的布线应注意以下几点：

（1）所有布线应直线排列，并做到横平竖直，以减小分布参数对电路的影响。走线要尽可能短，信号线不可迂回，尽量不要形成闭合回路。信号线之间、信号线与电源线之间不要平行，以防让寄生耦合而引起电路自激。

（2）布线应贴近电路板，不应悬空，更不要跨接在元器件上面，走线之间应避免相互重叠，电源线不要紧靠有源器件的引脚，以免测量时不小心造成短路。

（3）为使布线整洁美观，并便于测量和检查，要尽可能选用不同颜色的导线。电源线的正、负极和地线的颜色应有规律，通常用红色线接电源正极，黑色或蓝色线接负极，地线一般用黑色线。

（4）布线时一般先布置电源线和地线，再布置信号线。布线时要根据电路原理图或装配图，从输入级到输出级布线，切忌东接一根西接一根没有规律，这样容易形成错线和漏线。

（5）地线（公共端）是所有信号共同使用的通路，一般地线较长，为了减小信号通过公共阻抗的耦合，地线要求选用较粗的导线。对于高频信号，输出线与输入级不允许共用一条地线，在多级放大电路中，各放大级的接地元件应尽量采用一点接地的方式。各种高频和低频去耦电容器的接地端，应尽量远离输入级的接地点。

13.2.3 电路板的焊接

电子电路性能的好坏，不但与电路的设计、元器件的质量有关，还与电路的装接质量有关。在电路板上焊接电子元器件，是装接电子电路常用的方法。装接质量不仅取决于焊接工具和焊料，还取决于焊接技术。

焊接工艺将直接影响焊接质量，从而影响电子电路的整体性能，对初学者来说，首先要求焊接牢固，一定不能有虚焊，因为虚焊将会给电路造成严重的隐患，给调试和检修工作带来极大的麻烦。其次，作为一个高质量的焊点应光亮、圆滑、焊点大小适中。下面介绍锡焊操作中的一些基本要领。

1. 净化焊件表面

由于焊锡不能润湿金属氧化物，因此，电子元器件和导线在焊接前都必须将表面刮净（镀金和镀银等焊件不必刮），使金属呈现光泽，并及时搪锡。净化后的焊件不可用手触摸，以免焊件重新被氧化。

2. 控制焊接时间和温度

由于不同的焊件有不同的热容量和导热率，因此，可焊性也不相同。在焊接时应根据不同的焊接对象控制焊接的时间，从而控制焊点的温度。焊接时间太短，温度不够，焊锡沾不上或呈"豆腐渣"状，这样极易形成虚焊。反之，焊接时间过长、温度过高，不仅会使焊剂失效，焊点不易存锡，而且会造成焊锡流淌，引起电路短路，甚至烫坏元器件。

3. 掌握焊锡用量

焊锡太少，焊点不牢；用量过多，又将在焊点上形成焊锡的过多堆积，这不仅有损美观，也容易形成假焊或造成电路短路。因此，在焊接时烙铁头上的沾锡多少是要根据焊点大小来决定，一般以能包住被焊物体并形成一个圆滑的焊点为宜。

4. 掌握正确的焊接方法

焊接时，待电烙铁加热后，在烙铁头的刃口处沾上适量的焊锡，放在被焊物件的位置，并保持一定的角度，当形成焊点后电烙铁要迅速离开。焊接时必须扶稳焊件，在焊锡未凝固前不得晃动焊件，以免形成虚焊，当焊接怕热元器件时，可用镊子夹住其引线帮助散热。焊接完毕之后认真检查焊点，以确保焊接质量。

13.3 模拟电子电路的调试

电子电路的调试是电子电路设计中的重要内容，它包括电子电路的测试和调整两个方面。测试是对已经安装完成的电路进行参数及工作状态的测量，调整是在测量的基础上对电路元器件的参数进行必要的修正，使电路的各项性能指标达到设计要求。电子电路的调试通常用两种方法。

第一种称为分块调试法，这是采用边安装边调试的方法。由于电子电路一般都由若干个单元电路组成，因此，把一个复杂的电路按原理图上的功能分成若干个单元电路，分别进行安装和调试。在完成各单元电路调试的基础上，扩大安装和调试的范围，最后完成整机的调试。采用这种方法既便于调试，又能及时发现和解决存在的问题。对于新设计的电路，这是一种常用的方法。

第二种称为统一调试法，这是在整个电路安装完成之后，进行一次性的统一调试。这种方法一般适用于简单电路或已定型的产品。

上述两种方法的调试步骤基本一样，具体介绍如下。

13.3.1 通电前的检查

电路安装好后，必须在没有接通电源的情况下，对电路进行认真细致的检查，以便发现并纠正电路在安装过程中的疏漏和错误，避免在电路通电后发生不必要的故障，甚至损坏元件。其主要内容有：

1. 检查元器件

检查电路中各个元器件的各参数是否符合设计要求。这时可对照原理图或装配图进行检查。在检查时还要注意各元器件引脚之间有无短路，连接处的接触是否良好。特别注意集成芯片的方向和引脚、二极管管脚、二极管的方向和电解电容器的极性等是否连接正确。

2. 检查连线

电路连线的错误是造成电路故障的主要原因之一。因此，在通电前必须检查所有连线是否正确，包括错线、多线和少线等，查线过程中还要注意各连线的接触点是否良好。在有焊接的地方应检查焊点是否牢固。

3. 检查电源进线

在检查电源的进线时，先查看一下线的正、负极性是否接对。然后用万用表的"×1"挡测量进线之间有无短路现象，再用万用表的"$\Omega \times 10\ \text{k}$"挡检查两进线间有无开路现象。如电源进线之间有短路或开路现象时，不能接通电源，必须在排除故障后才能通电。

13.3.2 通电检查

在上述检查无误后，根据设计要求，将电压相符的电源接入电路。电源接通后不应急于测量数据或观察结果，而应首先观察电路中有无异常现象。如有无冒烟，是否闻到异常气味，如有则应立即判断电源，重新检查电路并找出原因，待故障排除后方可重新接通电源。

13.3.3 静态调试

这是在电路接通电源而没有接入外加信号的情况下，对电路直流工作状态进行的测量和调试。如在模拟电路中，对各级晶体管的静态工作点进行测量，三极管 U_{BE} 和 U_{CE} 值是否正常，如果 $U_{BE}=0$ 说明管子截止或者已损坏，$U_{CE} \approx 0$ 说明管子饱和或已损坏。对于集成运算放大器，则应测量各有关管脚的直流电位是否符合设计要求。

对于数字电路，就是在输入端加固定电平时，测量电路中各点电位值，并与设计值相比较，查看有无超出允许范围，各部分的逻辑关系是否正确。

通过静态调试可以判断电路的工作是否正常。如果工作状态不符合要求，则应及时调整电路参数，直至各测量值符合要求为止。如果发现有损坏元器件，应及时更换，并分析原因进行处理。

13.3.4 动态调试

电路经过静态调试并已达到设计要求后，便可以在输入端接入信号进行动态调试。对于模拟电路，一般应按照信号的流向，从输入级开始逐级向后进行调试。当输入端加入适当频率和幅度的信号后，各级的输出端都应该有相应的信号输出。这时应测出各有关点输出（或输入）信号的波形形状、幅度、频率和相位的关系，并根据测量结果估算电路的性能指标。凡达不到设计要求的，应对电路有关参数进行调整，使之达到要求。若调试过程中发现电路工作不正常，应立即切断电源和输入信号，找出原因并排除故障后再进行动态调试。经过初步动态调试后，如果电路性能已基本达到设计指标要求，便可以进行电路性能指标的全面测量。

对于数字电路的动态调试，一般应先调整好振荡电路，以便为整个数字系统提供标准的时钟信号。然后再分别调试控制电路、信号处理电路、输入输出电路及各种执行机构。在调试过程中要注意各部分电路的逻辑关系和时序关系，应该对照设计时的时序图，检查各个点的波形是否正常。

必须指出，掌握正确的调试方法，不仅可以提高电路的调试效果，缩短调试的过程，而且还可以保证电路的各项性能指标达到设计要求。为此，在调试时应注意以下几点：

（1）在进行电路调试前，应在设计的电路原理图上或装配图上标明主要测试点的电位值及相应的波形图，以便在调试时做到心中有数，有的放矢。

（2）调试前先要熟悉有关测试仪器的使用方法和注意事项，检查仪器的性能是否良好。有的仪器在使用之前需要进行必要的校正，避免在测量过程中由于仪器使用不当，或仪器的性能达不到要求而造成测量结果的误差，甚至得出错误的结果。

（3）测量仪器的地线（公共端）应和被测电路的地线连接在一起，使之形成一个公共的电位参考点，这样测量的结果才是正确的。测量交流信号时测试线应该使用屏蔽线，并将屏蔽线的屏蔽层接到被测电路的地线上，这样可以避免干扰，以保证测量结果的准确。在信号频率比较高时，还应该采用带探头的测试线，以减小分布电容的影响。

（4）在电路调试过程中，要保持良好的心理状态，出现故障或异常现象时不要手忙脚乱草率从事，而要切断电源，认真查找原因，以确定是原理上的问题还是安装中的问题。切不可一遇到问题就拆掉线路重新安装。

（5）在调试电路过程中要有严谨的科学作风和实事求是的态度，不能凭主观感觉和经验，而应始终借助仪器进行仔细的测量和观察，做到边测量、边记录、边分析、边解决问题。

13.3.5　二极管和三极管的检测方法

1．二极管的检测方法与经验

（1）检测小功率二极管。

① 判别正、负电极。

（a）观察外壳上的符号标记。通常在二极管的外壳上标有二极管的符号，带有三角形箭头的一端为负极，另一端是正极。

（b）观察外壳上的色点。在点接触二极管的外壳上，通常标有极性色点（白色或红色）。一般标有色点的一端即为正极。还有的二极管上标有色环，带色环的一端则为负极。

（c）以阻值较小的一次测量为准，黑表笔所接的一端为正极，红表笔所接的一端为负极。

② 检测最高工作频率 f_M。晶体二极管工作频率，除了可从有关特性表中查阅出外，实用中常用眼睛观察二极管内部的触丝来加以区分，如点接触型二极管属于高频二极管，面接触

型二极管为低频二极管。另外，也可以用万用表"R×1k"挡进行测试，一般正向电阻小于 1kΩ 的多为高频管。

③ 检测最高反向击穿电压 V_{RM}。对于交流电来说，因为其方向不断变化，所以最高反向电压也就是二极管承受的交流峰值电压。需要指出的是，最高反向工作电压并不是二极管的击穿电压。一般情况下，二极管的击穿电压要比最高反向工作电压高得多（约高一倍）。

（2）变容二极管的检测。

将万用表置于 R×10K 挡，无论红黑表笔怎样对调测量，变容二极管的两引脚间的电阻值均应为无穷大。如果在测量中发现万用表指针向右有轻微摆动或阻值为零，说明被测二极管有漏电故障或已被击穿。变容二极管若有漏电故障或内部电路性故障，用万用表是无法检测的。必要时可以用替换法进行检测判断。

（3）单色发光二极管的检测。

在万用表外部附接一节 1.5 V 的干电池，检测电压增加至 3 V（发光二极管的开启电压为 2 V）。将万用表两表笔轮换接触发光二极管的两管脚。若管子性能良好，必定有一次正常发光，此时，黑表笔所接的为正极，红表笔所接的为负极。

2. 三极管的检测方法

（1）中小功率管的检测。

已知型号和管脚排列的三极管，可按下述方法来判断其性能好坏。

（a）测量极间电阻。将万用置于"R×100"挡或"R×1k"挡，按照红、黑的六种不同接法进行测试。其中，发射结和集电结的正向电阻值比较低，其他四种接法测得的电阻值都很高，约为几百千欧至无穷大。但不管是低阻还是高阻，硅材料三极管的极间电阻要比锗材料三极管的极间电阻大得多。

（b）三极管的穿透电流 I_{CEO} 的数值近似等于管子的放大倍数 β 和集电结的反向电流 I_{CBO} 的乘积。I_{CBO} 随着环境温度的升高而增长很快，I_{CBO} 的增加必然造成 I_{CBO} 的增大。而 I_{CEO} 的增大将直接影响管子工作的稳定性，所以在使用中应尽量选用 I_{CEO} 的小管子。

通过用万用表电阻挡直接测量三极管 e-c 极间电阻的方法，可间接估计 I_{CEO} 的大小，具体方法如下：

万用表电阻的量程一般选用"R×100"挡或"R×1K"挡，对于 PNP 管，黑表笔接 e 极，红表笔接 c 极；对于 PNP 型三极管，黑表笔接 c 极，红表笔接 e 极。要求测得的电阻越大越好。

e-c 间的阻值越大，说明管子的 I_{CEO} 越小；反之，所测阻值越小，说明管子的 I_{CEO} 越大。一般来说，中、小功率硅管、锗材料低频管，其阻值应分别在几百千欧、几十千欧以上，如果阻值很小或测试时万用表指针来回晃动，则表明 I_{CEO} 很大，管子的性能不稳定。

（c）测量放大能力（β）。

目前有些型号的万用表具有测量三极管 h_{FE} 的刻度线及测试插座，可以很方便地测量三极管的放大倍数。现将万用表功能开关拨至 h_{FE} 位置，并使两端接的表笔分开，把被测三极管插入测试插座，即可从刻度线上读出管子的放大倍数。

另外，有些型号的中、小功率三极管，生产厂家直接在其管壳顶部标示出不同色点来表明管子的放大倍数 β 值，但要注意各厂家所用色标并不一定完全相同。

（2）检测判别电极。

（a）判定基极。用万用表"R×100"挡或"R×1k"挡测量三极管三个电极中每两个电极之间的正、反向电阻值。当用第一根表笔接某一电极，而第二表笔先后接触另外两个电阻值均测得低阻值时，第一根表笔所接的那个电极即为基极 b，若红表笔分别接其他两极，测得的阻值较小，则被测三极管为 NPN 型管。

（b）判定集电极 c 和发射极 e。（以 PNP 为例）将万用表置于"R×100"挡或"R×1k"挡，红表笔接基极 b，用黑表笔分别接触另外两个管脚时，所测得的电阻值会是一个大些，一个小些。在阻值小的一次测量中，黑表笔所接管脚为集电极；在阻值较大的一次测量中，黑表笔所接管脚为发射极。

（3）判别高频管与低频管。

高频管的截止频率大于 3 MHz，而低频管的截止频率小于 3 MHz，一般情况下，二者是不能互换的。

（4）在路电压检测判别法。

在实际应用中，小功率三极管多焊接在印刷电路板上，由于元件的安排密度大，拆卸比较麻烦，所以在检测时常用万用表直流电压挡去测量被测三极管各个引脚的电压值，以来推断其工作是否正常，进而判断其好坏。

（5）大功率晶体三极管的检测。

利用万用表检测中小功率三极管的极性、管型及性能的各种方法，对检测大功率三极管来说基本上适用。但由于大功率三极管的工作电流比较大，因而其 PN 结的面积也比较大。PN 结较大，其反向饱和电流也必然较大。所以，像测量中、小功率三极管极间电阻那样，使用万用表的"R×1k"挡测量，必然测得电阻值很小，好像极间短路一样，所以通常使用"R×10"或"R×1k"挡检测大功率三极管。

13.4　电子电路的故障分析与处理

电子电路调试过程中常常会遇到各种各样的故障，学会分析和处理这些故障，可以提高分析问题和解决问题的能力。

13.4.1　故障产生的原因

对于新设计安装的电路来说，测试中产生故障的原因主要有以下这些：

（1）实际安装接线的电路与设计的原理电路不符。这主要表现为电路接线时的错误，元器件使用错误或引脚接错等，致使电路工作不正常。

（2）元器件、实验电路板或面包板损坏。电子电路通常有很多元器件（包括集成芯片）安装在实验电路板或印刷板上，这些元器件只要有一个损坏或印刷电路板中的连线有一处断裂，都将造成电路故障而无法正常工作，对于面包板，如内部存在短路、开路等现象，也将造成电路故障。

（3）安装和布线不当，如安装时出现断线或线路走向不合理、集成电路方向插反或闲置端未作正确处理等，都将造成电路的故障。

（4）工作环境不当。电子电路在高温或严寒环境下工作，特别是在强干扰源环境中工作，将会受到不可忽视的影响，严重时电路将无法正常工作。

（5）测试操作错误，如测试仪器的连接方式不当、测试点位置接错、测试线断线或接触不良等。此外，测试仪器本身故障或使用方法不当等都会造成电路测试过程中的故障。

13.4.2 故障的诊断方法

电子电路调试过程中出现各种故障是难免的，在查找故障时，首先要有耐心和细心，切忌马虎，同时要开动脑筋，进行认真的分析和判断。下面介绍几种常用的诊断电子电路故障的方法。

1. 直观检查法

直观检查法是在电路不通电的情况下，通过目测，对照电路原理图和装配图，检查每个器件和集成电路的型号是否正确，极性有无接反，管脚有无损坏，连线有无接错（包括是否有漏线、错线、短路和接触不良等）。

2. 信号寻迹法

对于自己设计安装并非常熟悉的电路，由于对电路各部分的工作原理、工作波形、性能指标等都比较了解，因此可以按照信号的流向逐级寻找故障。一般是在电路的输入端增加适当信号，然后用示波器或电压表逐级检查信号在电路内部的传输情况，从而观察和判断其功能是否正常。如有问题应及时处理。

信号寻迹法也可以从输出级向输入级倒退进行，即先从最后一级的输入端加合适信号，观察输出端是否正常。若正常，再将信号加到前一级的输入端，继续进行检查，直至各电路都正常为止。

3. 分割测试法

对于一些有反馈回路的故障判断是比较困难的，如振荡器、带有各种类型反馈的放大器，因为它们各级的工作情况互相有牵连，查找故障时需把反馈环路断开，接入一个合适的信号，使电路成为开环系统，然后再逐级查找发生故障的部分。

4. 对半分割法

当电路由若干串联模块组成时，可将其分割成两个相等的部分（对半分割），通过测试的方法先判断这两部分中究竟哪一部分有故障，然后把有故障的部分再分成两半来进行检查，直到找出故障的位置。显然，采用半分割法可以减少测试的工作量。

5. 替代法

用经过测试且工作正常的单元电路，代替相同的但存在故障或有疑问的相应电路，以便很快判断故障的部位。有些元器件的故障往往不很明显，如电容器的漏电、电阻的变质、晶体管和集成电路的性能下降等，可以用相同规格的优质元器件逐一替代，从而可很快地确定有故障的元器件。

应当指出，为了迅速查找电路的故障，可以根据具体情况灵活运用上述一种或几种方法，切不可盲目检测，否则不但不能找出故障，反而可能引出新的故障。

第 14 章　Altium Designer 与手工制板

14.1　Altium Designer 介绍

电路设计自动化 EDA（Electronic Design Automation）指的就是将电路设计中各种工作交由计算机来协助完成，如电路原理图（Schematic）的绘制、印刷电路板（PCB）文件的制作、执行电路仿真（Simulation）等设计工作。随着电子科技的蓬勃发展，新型元器件层出不穷，电子线路变得越来越复杂，电路的设计工作已经无法单纯依靠手工来完成，电子线路计算机辅助设计已经成为必然趋势，越来越多的设计人员使用快捷、高效的 CAD 设计软件来进行辅助电路原理图、印制电路板图的设计，打印各种报表。

Altium Designer 除了全面继承包括 Protel 99SE、Protel DXP 在内的先前一系列版本的功能和优点外，还进行了许多优化和增加了很多高端功能。该平台拓宽了板级设计的传统界面，全面集成了 FPGA 设计功能和 SOPC 设计实现功能，从而允许工程设计人员能将系统设计中的 FPGA 与 PCB 设计及嵌入式设计集成在一起。由于 Altium Designer 在继承先前 Protel 软件功能的基础上，综合了 FPGA 设计和嵌入式系统软件设计功能，所以 Altium Designer 对计算机的系统需求比先前的版本要高一些。

14.2　创建一个新的 PCB 工程

在 Altium Designer 里，一个工程包括所有文件之间的关联和设计的相关设置。一个工程文件，例如×××.PrjPCB，是一个 ASCII 文本文件，它包括工程里的文件和输出的相关设置，例如，打印设置和 CAM 设置。与工程无关的文件被称为"自由文件"。与原理图和目标输出相关联的文件都被加入到工程中，例如 PCB、FPGA、嵌入式（VHDL）和库。当工程被编译时，设计校验、仿真同步和比对都将一起进行。任何原始原理图或者 PCB 的改变都将在编译的时候更新。

所有类型的工程的创建过程都是一样的。本章以 PCB 工程的创建过程为例进行介绍，先创建工程文件，然后创建一个新的原理图并加入到新创建的工程中，最后创建一个新的 PCB，和原理图一样加入到工程中。

作为本章的开始，先来创建一个 PCB 工程：

（1）选择 File→New→Project→PCB Project，或在 Files 面板的 New 选项中单击 Blank Project（PCB）。如果这个选项没有显示在界面上，则从 System 中选择 Files。也可以在 Altium Designer 软件的 Home Page 的 Pick a Task 部分中选择 Printed Circuit Board Design，并单击 New

Blank PCB Project。

（2）Projects 面板框显示在屏幕上。新的工程文件 PCB_Project1.PrjPCB 已经列于框中，并且不带任何文件，如图 14-1 所示。

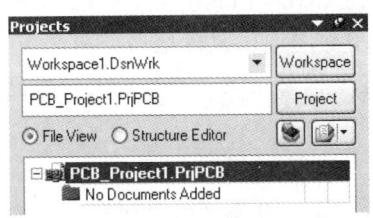

图 14-1　PCB 工程的创建

（3）重新命名工程文件（扩展名.PrjPCB），选择 File→Save Project As。保存于您想存储的地方，在 File Name 中输入工程名 Multivibrator.PrjPCB 并单击 Save 保存。

14.3　创建一个新的电气原理图

1. 新建电路原理图

（1）选择 File→New→Schematic，或者在 Files 面板的 New 选项中单击 Schematic Sheet。在设计窗口中将出现一个命名为 Sheet1.SchDoc 的空白电路原理图并且该电路原理图将自动被添加到工程当中。该电路原理图会在工程的 Source Documents 目录下。

（2）通过文件 File→Save As 可以对新建的电路原理图进行重命名，并可以将文件保存到用户所需要的硬盘位置，如输入文件名字 Multivibrator.SchDoc 并且点击保存。

当用户打开该空白电路原理图时，用户会发现工程目录改变了。主工具条包括一系列的新建按钮，其中有新建工具条，包括新建条目的菜单工具条，和图表层面板。用户现在就可以编辑电路原理图了。

用户能够自定义许多工程的外观，例如，用户能够重新设置面板的位置或者自定义菜单选项和工具条的命令。

现在我们可以在继续进行设计输入之前将这个空白原理图添加到工程中，如图 14-2 所示。

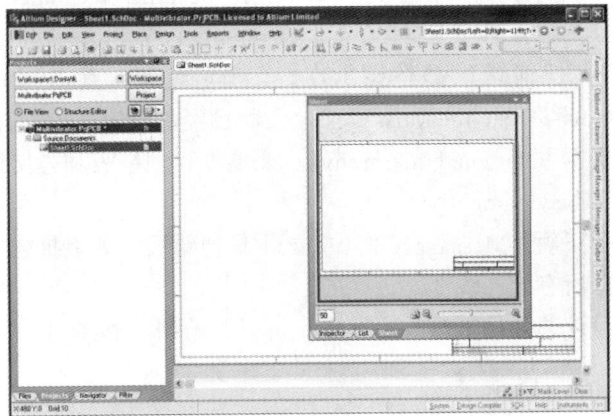

图 14-2　新建电路原理图

2. 添加电路原理图到工程当中

如果添加到工程中的电路原理图以空文档的形式被打开，可以通过在工程文件名上点击右键并且在工程面板中选择 Add Existing to Project 选项，选择空文档并点击 Open。更简单的方法是，还可以在 Projects 面板中简单地用鼠标拖拽空白文档到工程文档列表中的面板中。该电路原理图在 Source Documents 工程目录下，并且已经连接到该工程。

3. 设置原理图选项

在绘制电路原理图之前要做的第一件事情就是设置合适的文档选项，通过下面步骤完成：

（1）从 Menus 菜单中选择 Design→Document Options，文档选项设置对话框就会出现。通过向导设置，现在只需要将图表的尺寸设置唯一改变的设置只有将图层的大小设置为 A4。在 Sheet Options 选项中，找到 Standard Styles 选项，点击到下一步将会列出许多图表层格式。

（2）选择 A4 格式，并且点击 OK，关闭对话框并且更新图表层大小尺寸。

（3）重新让文档适合显示的大小，可以在 View→Fit Document 中选择。在 Altium Designer 中，可以通过设置热键的方法让菜单处于激活状态。任何子菜单都有自己的热键用来激活。

例如，前面提到的 View→Fit Document，可以通过按下 V 键和 D 键来实现。许多子菜单，比如 Eidt→DeSelect 能直接用一个热键来实现。激活 Eidt→DeSelect→All on Current Document，只需按下 X 热键，并且按下 S 热键即可。

4. 下面将介绍电路原理图的总体设置

（1）选择 Tools→Schematic Preferences，打开电路原理图偏好优先设置对话框。这个对话框允许用户设置适用于所有原理图的为全局配置参数的偏好设置，适用于全部原理图。

（2）在对话框左边的树形选项中单击 Schematic→Default Primitives，激活并使用 Permanent 选项。单击 OK 以关闭该对话框。

（3）在开始设计原理图前，保存此原理图，选择 File→Save [快捷键：F, S]。

5. 编译工程

编译工程可以检查设计文件中的设计草图和电气规则的错误，并提供给用户一个排除错误的环境。我们已经在 Project 对话框中设置了 Error Checking 和 Connection Matrix 选项。

要编译多频振荡器工程，只需选择 Project→Compile PCB Project 即可。

当工程被编译后，任何错误都将显示在 Messages 上，点击 Messages 来查看错误（View→Workspace Panels→System→Messages）。工程已经编译完后的文件，在 Navigator 面板中将和可浏览的平衡层次（flattened hierarchy）、元器件、网络表和连接模型一起，被将列出所有对象的连接关系在 Navigator 中。

如果电路设计完全正确，Messages 中不会显示任何错误。如果报告中显示有错误，则需要检查电路并纠正确保所有的连线都是正确的。

现在已经完成了设计并且检查过了原理图，可以开始创建 PCB 了。

14.4 创建一个新的 PCB 文件

在将原理图设计转变为 PCB 设计之前,需要创建一个新的 PCB 和至少一个板外形轮廓(board outline)。在 Altium Designer 中创建一个新的 PCB 的最简单的方法就是运用 PCB 板向导,它可让用户根据行业标准选择自己创建的自定义板的大小。在任何阶段,都可以使用后退按钮检查或修改该向导的之前页面。

1. 用 PCB 向导(图 14-3)创建一个新的 PCB

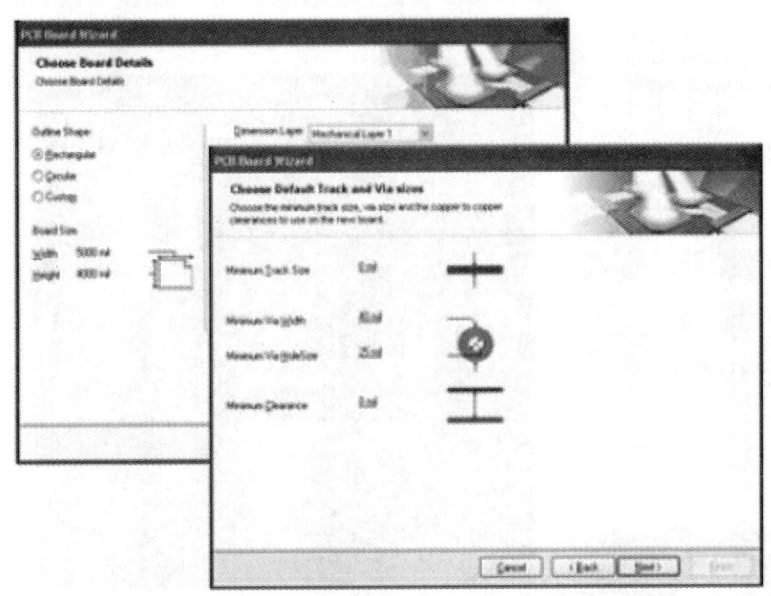

图 14-3 PCB 板向导

(1)创建一个新的 PCB,点击 PCB Board Wizard,在 Files 底部的 New from Template 选项内点击 PCB Board Wizard 部分。如果在屏幕上没有显示此选项,按一下向上箭头图标关闭一些上层上面的选项。

(2)打开 PCB Board Wizard 向导界面,单击下一步继续。

(3)设置测量单位 Imperial,例如 1000mi = 1in。

(4)向导的第三页可选择需要的板纲要形。本页将确定我们自己的电路板尺寸。从板纲要形列表中选择 Custom,并点击下一步。

(5)在下一页,输入自定义板的选项。对于例子给出的电路,2 in×2 in 的板便足够了。在 Width 和 Height 中选择 Rectangular 和 type 2000。取消选择 Title Block & Scale、Legend String 和 Dimension Lines。单击 Next 继续。

(6)此页用于选择板的层数。例子中的电路需要两层信号层而并不需要电源层。单击 Next 继续。

(7)选择 thruhole vias only 设置设计中的孔类型,并点击 Next。

(8)下一页用于设置元件/布线选项。选择 Through-hole components 选项并设置 One Track

与邻近焊盘之间可以通过的线的数量。单击 Next。

（9）下一页用于设置一些设计规则，如线的宽度和孔的大小。离开选项则设置为默认值。单击 Next。

（10）单击 Finish。PCB Board Wizard 已经设置完所有创建新板所需的信息。PCB 编辑器现在将显示一个新的 PCB 文件，名为 PCB1.pcbdoc。

（11）PCB 文件显示出一个预设大小的白色图纸和一个空板（黑色为底，带栅格），如图 14-4 所示。如果需要关闭，选择 Design→Board Options，并在板设置对话框中取消选择 Display Sheet。用户可以用 Altium Designer 的其他 PCB 模板来添加边界、栅格参考和标题。

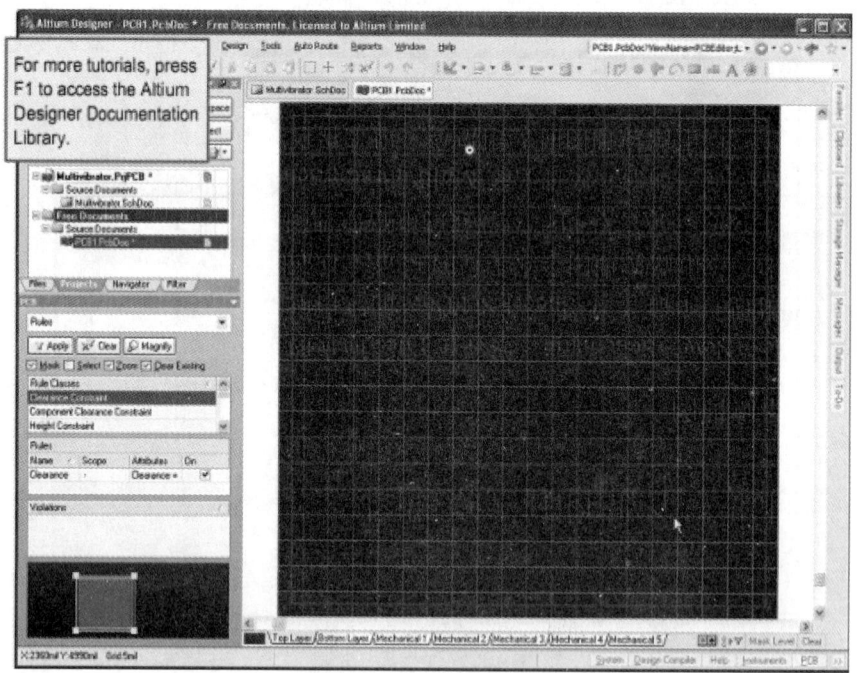

图 14-4　PCB 文件

如需了解更多有关 board shapes、sheets 和 templates，请翻阅参阅 Preparing the Board for Design Transfer 手册。

（12）现在图纸已关闭，如需显示板的形状，选择 View→Fit Board [快捷键：V，F]。

（13）PCB 文件自动添加（连接）工程并被列在 Projects 中源文件里工程名的下方。通过选择 File→Save As 重新命名新的 PCB 文件（带 .PcbDoc 扩展名）。浏览到用户想存储 PCB 的位置，在 File Name 里键入文件名 multivibrator.pcbdoc，并点击 Save。

2. 在工程中添加一个新的 PCB

如果要将 PCB 文件作为自由文件添加到一个已经打开的工程中，则需在 Projects 中右键单击 PCB 工程文件，并选择 Add Existing to Project。选择新的 PCB 文件名并点击打开。现在 PCB 文件已经被列在 Project 下的 Source Documents 中，并与其他工程文件相连接。用户也可直接将自由文件拖拉到工程文件下。保存工程文件。

3. 导入设计

在将原理图的信息导入到新的 PCB 之前,请确保所有与原理图和 PCB 相关的库是可用的。因为只有默认安装的集成库被用到,所以封装已经被包括在内。如果工程已经被编译并且原理图没有任何错误,则可以使用 Update PCB 命令来产生 ECOs(Engineering Change Orders,工程变更命令),它将把原理图的信息导入到目标 PCB 文件,如图 14-5 所示。

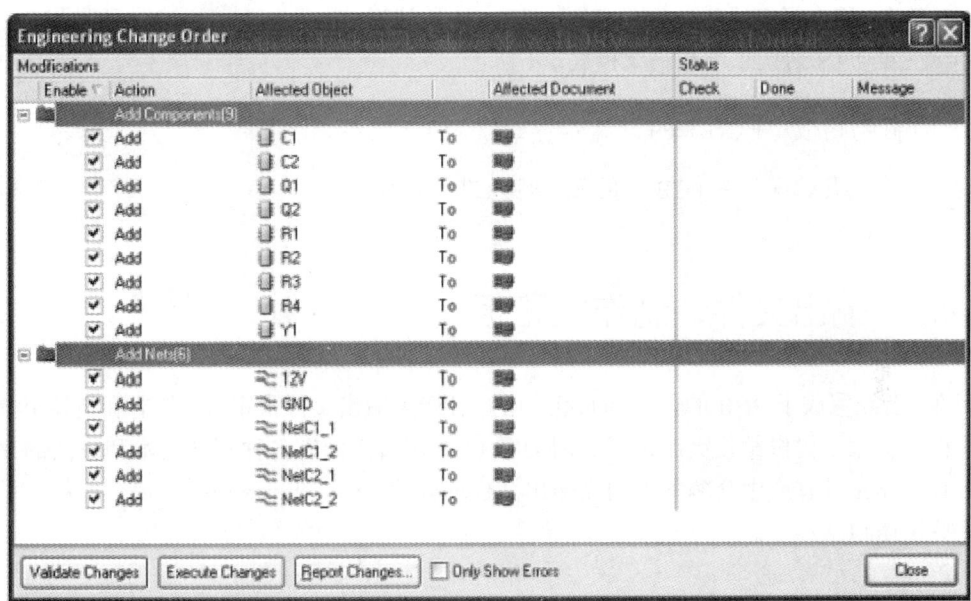

图 14-5 信息导入

4. 更新 PCB

将原理图的信息转移到目标 PCB 文件:

(1)打开原理图文件 multivibrator.schdoc。

(2)选择 Design→Update PCB Document(multivibrator.pcbdoc)。该工程被编译并且将工程变更命令对话框显示出来。

(3)点击 Validate Changes。如果所有的更改被验证,状态列表(Status list)中将会出现绿色标记。如果更改未进行验证,则关闭对话框,并检查 Messages 框更正所有错误。

(4)点击 Execute Changes,将更改发送给 PCB。当完成后,Done 那一列将被标记。

(5)单击 Close,目标 PCB 文件打开,并且已经放置好元器件,结果如图 14-6 所示。如果用户无法看到自己电路上的元器件,请使用快捷键 V,D(View→Document)。

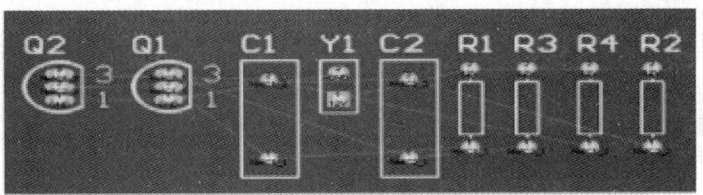

图 14-6 元器件封装放置完成

5. 对 PCB 工作环境的设置

在我们开始摆放元器件在板上之前，我们需要对 PCB 工作环境进行相关设置，例如栅格、层以及设计规则。PCB 编辑工作环境允许 PCB 设计在二维及三维模式下表现出来。

二维模式是一个多层的、理想的普通 PCB 电路设计的环境，如放置元器件、电路和连接。三维模式对检验用户的设计的表面及内部电路都非常有用（三维模式不支持提供二维模式下的全部功能）。用户可以通过：File→Switch To 3D，或者 File→Switch To 2D[快捷键为 2（二维）、3（三维）]来切换二维与三维模式。

6. 印刷电路板（PCB）的设计

现在，我们开始摆放在 PCB 上的元器件及进行布线。

14.5 输出文件，制作电路板

现在，已经完成了 PCB 的设计和布线，用户可产生输出文件来审查、制造和组装 PCB 板。这些文件通常用于提供给板级制造商，因为在 PCB 制造方面有各种不同技术和方法的存在，Altium Designer 具有产生众多各种用途输出文件的能力。

这些用途包括：

1. 装配输出

装配图——显示电路板每一面上元器件位置和原点信息，代表制板的立场和方向。

抓取选择和放置文件——用于元件放置机械手在电路板上摆放元器件，被智能放置装置用来智能放置元件。

2. 文件输出

文件产出复合综合图纸——成品板组装，包括元件和线路。

PCB 的三维打印——采用从三维视图观察电路板立体角度的看法。

示意原理图打印版画——绘制设计的原理图示意图图纸中使用的设置。

3. 制作输出

绘制复合钻孔图综合演示图纸——在一张图纸中演示板的位置和大小绘制电路板上钻孔位置和尺寸的复合图纸。

演示图纸/向导钻孔绘制/导向——在多张图纸上，在不同的图纸中演示分别绘制钻孔板的位置和大小尺寸。

最终的绘制图纸——把所有的制作文件合成单个绘制输出。

Gerber 文件——制作 Gerber 格式的制作信息。

NC Drill Files——创建能被数控钻孔机使用的制造信息。

ODB++——创建 ODB++数据库格式的制造信息。

Power-Plane Prints——创建内电层和电层分割图纸。
Solder/Paste Mask Prints——创建阻焊层进行印刷电路板上绿油。
Test Point Report——创建在不同模式下设计的测试点的输出结果。

4. 网络列表输出

网络列表描述在设计上逻辑之间的元器件组件连接，对于移植到其他电子产品设计中是非常有帮助的。

5. 报告输出

Bill of Materials——为了制作板的需求而创建的一个在不同格式下部件和零件的清单。
Component Cross Reference Report——在设计好的原来图的基础上，创建一个组件的列表。
Report Project Hierarchy——在该项目上创建一个原文件的清单。
Report Single Pin Nets——创建一个报告，列出任何只有一个连接的网络。
Simple BOM——创建文本和该 BOM 的 CSV（逗号隔开的变量）文件。

大部分的输出文件是用作配置的，在需要的时候设置输出。在完成更多的设计后，用户会发现自己经常为每个设计采用相同或相似的输出文件。

Altium Designer 提供一个叫作 Output Job Files 的方式机制，该机制方式使用一种接口——Output Job Editor，可用于将各种输出文件捆绑在一起，将它们发送给各种输出方式媒体（直接打印 PDF 和生成文件）。

想得到更多使用 OutputJob Editor 的信息，请回到 OutputJob Editor 的参考部分。
想得到更多使用打印 PDF 的信息，请回到打印 PDF 的参考部分。

6. 手动输出文件

在 PCB 设计过程的最后阶段，为了更好地满足生产，我们将在指导中说明如何产生 Gerber 及数控钻孔文件和 BOM 文件。我们在这里不再使用 Output Job Editor，但是使用单步的菜单命令→全部输出文件也可以从菜单命令中直接创建。该配置输出文件是作为项目的一部分存储的。

7. 生成 Gerber 文件（图 14-7）

每一个 Gerber 文件和板的一个层关联——器件层、顶部信号层、底部的信号层、焊料掩蔽层等。

可取的做法是，在提供用于制造的输出文件之前，先咨询电路板制造商，以确认他们的要求。

为教程中的 PCB 创建输出文件：
选择 File→Fabrication Outputs→Gerber Files。该设置对话框显示。
单击 Layers tab，然后按下 Plot Layers 按钮，并选择 Used On。单击 OK 以接受其他默认设置。

该 Gerber 档案产生后即被 CAM 编辑器打开显示。该 Gerber 文件存储在 Project Outputs 文件夹中，这是自动产生的文件夹。每个文件都有反映其层次的扩展名称，例如：

multivibrator.gto 为 Gerber Top Overlay。这些都会被添加到 Projects 面板的 Generated CAM Document 文件夹中。

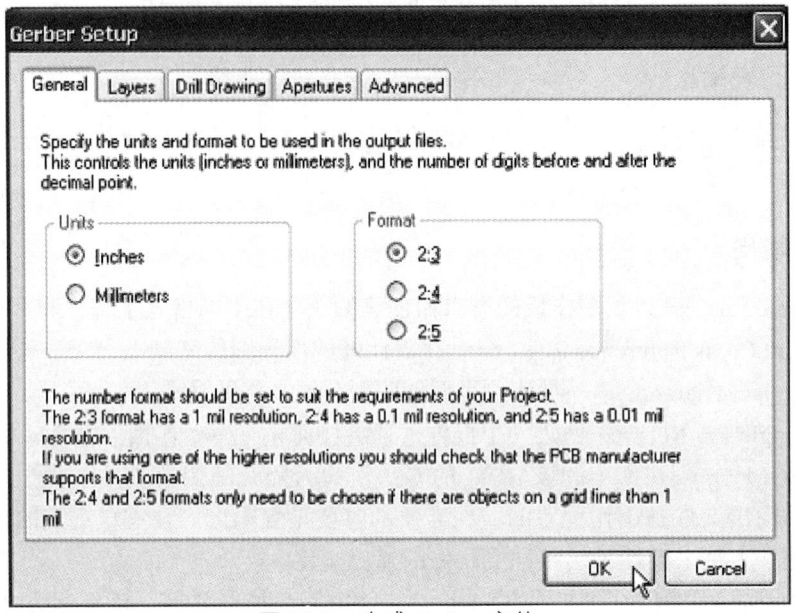

图 14-7 生成 Gerber 文件

类似地，选择 File→Fabrication Outputs→NC Drill Files 命令来打开 NC Drill Setup 对话框来创建没有连接的通孔数据。

8. 创建一个器件清单

为教程中的 PCB 创建一个器件清单（BOM）的步骤为：

（1）选择 Reports→Bill of Materials，显示 Bill of Materials for PCB Document 对话框，如图 14-8 所示。

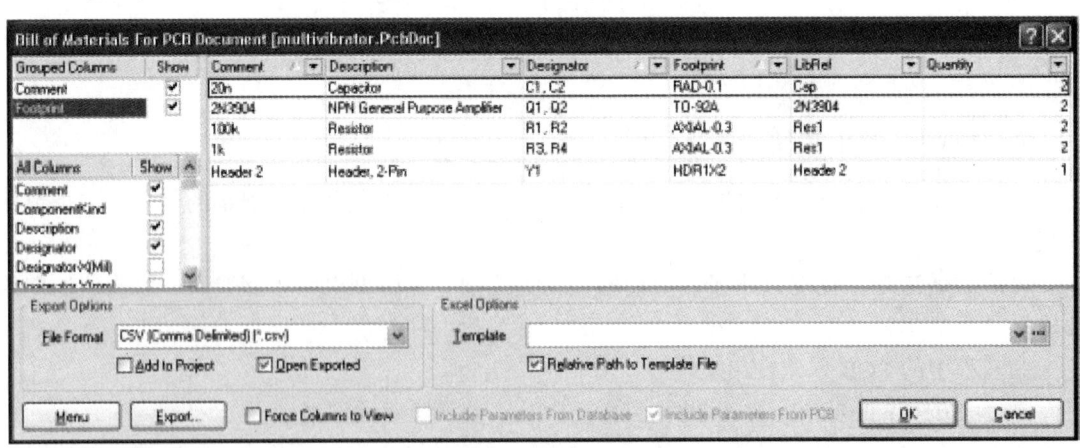

图 14-8 器件清单

（2）使用此对话框，以建立起自己的 BOM。在用户想要输出到报告的每一栏中都启用 Show 选项。

（3）从 All Columns 清单选择并拖动栏标题到 Grouped Columns 清单，以便在 BOM 中按该数据类型来分组元件。例如，若要以封装来分组，在 All Columns 中选择 Footprint，并拖拽到分 Grouped Columns 清单。该报告将据此进行分类。

（4）使能 Open Exported 选项，选择的 CSV 为文件格式，然后点击导出按钮创建并在您 CSV 查看器（例如 Microsoft Excel）中立即打开 BOM 文件。还有许多可供选择的 BOM 和其他报告的类型，这就提供了高度的灵活性。

关闭对话框，此时便已经完成了 PCB 设计过程。

14.6 手工电子线路板制作简介

电子产品的开发过程，不可避免地要经过线路板的试制。试制最常用的办法是把设计好的 PCB 文件送到专业的线路板厂去制作（"打样"）。通常这种过程要经过三天到一周的时间。产品的研发，时间就是生命。一个产品开发过程中少则经过三五次、多则十几次的修改使开发人员无法忍耐过多的等待，于是在实验室环境下，开发人员想方设法通过各种手段以实现快速制板。手工电子线路板腐蚀是一种常用的方法。

14.7 手工制板流程

1. 打印电路板

将绘制好的电路板用转印纸打印出来，注意滑的一面面向自己，一般打印两张电路板，即一张纸上打印两张电路板。在其中选择打印效果最好的制作线路板。

2. 裁剪覆铜板

用感光板制作电路板全程图解。覆铜板也就是两面都覆有铜膜的线路板。将覆铜板裁成电路板的大小，不要过大，以节约材料。

3. 预处理覆铜板

用细砂纸把覆铜板表面的氧化层打磨掉，以保证在转印电路板时，热转印纸上的碳粉能牢固地印在覆铜板上，打磨好的标准是板面光亮，没有明显污渍。

4. 转印电路板

将打印好的电路板裁剪成合适大小，把印有电路板的一面贴在覆铜板上，对齐好后把覆铜板放入热转印机，放入时一定要保证转印纸没有错位。一般来说经过 2~3 次转印，电路板就能很牢固地转印在覆铜板上。热转印机事先就已经预热，温度设定在 160~200 ℃，由于温度很高，操作时要注意安全！

5. 腐蚀线路板

先检查一下电路板是否转印完整，若有少数没有转印好的地方可以用黑色油性笔修补。然后就可以腐蚀了，等线路板上暴露的铜膜完全被腐蚀掉时，将线路板从腐蚀液中取出清洗干净，这样一块线路板就腐蚀好了。腐蚀液的成分为浓盐酸、浓双氧水、水，比例为 1 : 2 : 3 （体积比），在配制腐蚀液时，先放水，再加浓盐酸、浓双氧水，若操作时浓盐酸、浓双氧水或腐蚀液不小心溅到皮肤或衣物上要及时用清水清洗。由于要使用强腐蚀性溶液，操作时一定要注意安全！

6. 线路板钻孔

线路板上是要插入电子元件的，所以就要对线路板钻孔了。依据电子元件管脚的粗细选择不同的钻针。在使用钻机钻孔时，线路板一定要按稳，钻机速度不能开得过慢，请仔细监督操作人员操作。

7. 线路板预处理

钻孔完后，用细砂纸把覆在线路板上的墨粉打磨掉，用清水把线路板清洗干净。水干后，用松香水涂在有线路的一面。为加快松香凝固，我们用热风机加热线路板，只需 2~3 min 松香就能凝固。

14.8 蚀刻概述与反应机理

1. 蚀刻概述

目前，印刷电路板（PCB）加工的典型工艺采用"图形电镀法"。即先在板子外层需保留的铜箔上，也就是电路的图形部分上预镀一层铅锡抗蚀层，然后用化学方式将其余的铜箔腐蚀掉，这个过程称为蚀刻。

要注意的是，这时的板子上面有两层铜，在外层蚀刻工艺中仅仅有一层铜是必须被全部蚀刻掉的，其余的将形成最终所需要的电路。这种类型的电镀叫图形电镀，其特点是镀铜层仅存在于铅锡抗蚀层上。另外一种工艺称为"全板镀铜工艺"，与图形电镀相比，全板镀铜的最大缺点是板面各处都要镀两次铜而且蚀刻时还必须都把它们腐蚀掉。因此当导线线宽十分精细时将会产生一系列的问题。同时，侧腐蚀会严重影响线条的均匀性。

目前，锡或铅锡是最常用的抗蚀层，用在氨性蚀刻剂的蚀刻工艺中。氨性蚀刻剂是普遍使用的化工药液，与锡或铅锡不发生任何化学反应。氨性蚀刻剂主要是指氨水/氯化氨蚀刻液，下面作主要介绍。

对蚀刻质量的基本要求就是能够将除抗蚀层下面以外的所有铜层完全去除干净，止此而已。从严格意义上讲，如果要精确地界定，那么蚀刻质量必须包括导线线宽的一致性和侧蚀程度。由于目前腐蚀液的固有特点，不仅向下而且对左右各方向都会产生蚀刻作用，所以侧蚀几乎是不可避免的。

侧蚀问题是蚀刻参数中经常被提出来讨论的一项，它被定义为蚀刻深度与侧蚀宽度之比，称为蚀刻因子。在印刷电路工业中,它的变化范围很宽泛,从 1 到 5。显然,小的侧蚀度或大的蚀刻因子是最令人满意的。

蚀刻设备的结构及不同成分的蚀刻液都会对蚀刻因子或侧蚀度产生影响,或者用乐观的话来说,可以对其进行控制。采用某些添加剂可以降低侧蚀度。这些添加剂的化学成分一般属于商业秘密,各自的研制者是不向外界透露的。

从许多方面看,蚀刻质量的好坏,早在印制板进入蚀刻机之前就已经存在了。因为印制电路加工的各个工序或工艺之间存在着非常紧密的内部联系,没有一种不受其他工序影响又不影响其他工艺的工序。许多被认定是蚀刻质量的问题,实际上在去膜甚至更以前的工艺中已经存在了。同时,这也是由于蚀刻是自贴膜,是感光开始的一个长系列工艺中的最后一环,之后,外层图形即转移成功了。环节越多,出现问题的可能性就越大。这可以看成印制电路生产过程中一个很特殊的方面。

另外,在许多时候,由于反应而形成溶解,在印刷电路工业中,残膜和铜还可能在腐蚀液中形成堆积并堵在腐蚀机的喷嘴处和耐酸泵里,此时不得不停机处理和清洁,从而影响了工作效率。

2. 反应机理

所有有关蚀刻的理论都承认这样一条最基本的原则,即尽量快地让金属表面不断地接触新鲜的蚀刻液。对蚀刻过程所进行的化学机理分析也证实了上述观点。在氨性蚀刻中,假定所有其他参数不变,那么蚀刻速率主要由蚀刻液中的氨(NH_3)来决定。因此用新鲜溶液与蚀刻表面作用,其目的主要有两个:一是冲掉刚刚产生的铜离子;二是不断提供进行反应所需要的氨(NH_3)。

反应式:$Cu(NH_3)Cl_2 + Cu \rightarrow 2Cu(NH_3)_2Cl$

$$2Cu(NH_3)_2Cl + 2NH_4Cl + 2NH_3 + 1/2O_2 \rightarrow 2Cu(NH_3)_4Cl_2 + H_2O$$

在印制电路工业的传统知识里,特别是印制电路原料的供应商们,大家公认,氨性蚀刻液中的一价铜离子含量越低,反应速度就越快。这已由经验所证实。事实上,许多氨性蚀刻液产品都含有一价铜离子的特殊配位基(一些复杂的溶剂),其作用是降低一价铜离子含量(这些即是他们的产品具有高反应能力的技术秘诀),可见一价铜离子的影响是不小的。将一价铜离子浓度由 5‰ 降至 0.05‰,蚀刻速率会提高一倍以上。

由于蚀刻反应过程中生成大量的一价铜离子,又由于一价铜离子总是与氨的络合基紧紧结合在一起,所以保持其含量近于零是十分困难的。通过大气中氧的作用将一价铜转换成二价铜可以去除一价铜。用喷淋的方式可以达到上述目的。

这就是要将空气通入蚀刻箱的一个功能性的原因。但是如果空气太多,又会加速溶液中的氨损失而使 pH 值下降,其结果仍使蚀刻速率降低。氨在溶液中也是需要加以控制的变化量。一些用户采用将纯氨通入蚀刻储液槽的做法。这样做必须加一套 pH 计控制系统。当自动测得的 pH 结果低于给定值时,溶液便会自动进行添加。

3. 影响蚀刻速率的因素

蚀刻液中的 Cu^{2+} 的浓度、pH 值、氯化铵浓度以及蚀刻液的温度对蚀刻速率均有影响。掌握这些因素的影响才能控制溶液,使之始终保持恒定的最佳蚀刻状态,从而得到好的蚀刻质量。

① Cu^{2+} 浓度的影响。

因为 Cu^{2+} 是氧化剂,所以 Cu^{2+} 的浓度是影响蚀刻速率的主要因素。研究铜离子浓度与蚀刻速率的关系表明:在 082.5 g/L 时,蚀刻时间长;在 82.5～120 g/L 时,蚀刻速率较低,且溶液控制困难;在 135～165 g/L 时,蚀刻速率高且溶液稳定;在 165～225 g/L 时,溶液不稳定,趋向于产生沉淀。

在自动控制蚀刻系统中,铜离子浓度是用比重控制的。在印制板的蚀刻过程中,随着铜的不断溶解,溶液的比重不断升高,当铜比重超过一定值时,自动补加氯化铵和氨的水溶液,调整比重到合适的范围。一般控制在 1.165～1.185 g/L。

② 溶液 pH 值的影响。

蚀刻液的 pH 值应保持在 8.0～8.8。当 pH 值降到 8.0 以下时,一方面是对金属抗蚀层不利。另一方面,蚀刻液中的铜不能被完全络合成铜氨络离子,溶液要出现沉淀,并在槽底形成泥状沉淀。这些泥状沉淀能在加热器上结成硬皮,可能损坏加热器,还会堵塞泵和喷嘴,给蚀刻造成困难。如果溶液 pH 值过高,蚀刻液中氨过饱和,游离氨释放到大气中,会导致环境污染。另外,溶液的 pH 值增大也会增大侧蚀的程度,而影响蚀刻的精度。

③ 氯化铵含量的影响。

通过蚀刻再生的化学反应可以看出:$[Cu(NH_3)_2]^{1+}$ 的再生需要有过量的 NH_3 和 NH_4Cl 存在。如果溶液中缺乏 NH_4Cl,而使大量的 $[Cu(NH_3)_2]^{1+}$ 得不到再生,蚀刻速率就会降低,以至失去蚀刻能力。所以,氯化铵的含量对蚀刻速率影响很大。随着蚀刻的进行,要不断补加氯化铵。但是,溶液中 Cl^- 含量过高会引起抗蚀层被侵蚀。一般蚀刻液中 NH_4Cl 含量在 150 g/L 左右。

④ 温度的影响。

蚀刻速率与温度有很大关系,蚀刻速率随着温度的升高而加快。

蚀刻液温度低于 40 ℃ 时,蚀刻速率很慢,而蚀刻速率过慢会增大侧蚀量,影响蚀刻质量。温度高于 60 ℃ 时,蚀刻速率明显增大。但 NH_3 的挥发量也大大增加,导致污染环境并使蚀刻液中化学组分比例失调。故蚀刻温度一般应控制在 45～55 ℃ 为宜。

4. 退　锡

当蚀刻完成后,需要将保护图形的锡抗蚀层除去。我们这里使用的是殷田公司 SS-188 退锡水,这是一种硝酸型退锡水,其主要反应式为:

$$4HNO_3 + Sn + O_x \longrightarrow S_n(NO_3)_2 + R$$
　　　　　(氧化剂)　　　　　　　(还原产物)

$$R + O_2 \longrightarrow O_x$$

由于氧化剂 O_x 能再生,反应过程消耗量少,其作用似于催化作用,可加速退锡速率。控制比重:1.2～1.45 g/L。

14.9　蚀刻过程中常出现的问题及其处理方法

1. 蚀刻速率降低

这个问题与许多因素有关,要检查蚀刻条件,例如湿度、喷淋压力、溶液比重、pH 值和氯化铵的含量等，使之达到适宜的范围。

2. 蚀刻溶液中出现沉淀

这个问题是由于氨的含量过低（pH 值降低），或用水稀释等原因造成的。溶液比重过大也会造成沉淀

3. 抗蚀镀层被侵蚀

这是蚀刻液 pH 值过低或 Cl^- 含量过高造成的。

4. 铜表面发黑，蚀刻不动

这是蚀刻液中 NH_4Cl 的含量过低造成的。蚀刻过程中常出现的问题及其成因和处理方法见表 14-1。

表 14-1　蚀刻过程中常出现的问题及其成因和处理方法

问题	成因	解决方法
1. 退膜未净	a. 速度过快，药液浓度不够； b. 喷嘴、滤网堵塞，压力下降； c. 夹菲林	a. 调整药水，降低机速； b. 保养设备，换缸； c. 改善电镀状况
2. 蚀板未净	a. 机速与压力不适当； b. 药水超出控制范围； c. 板面电镀不均匀，局部过厚； d. 喷嘴、滤网堵塞； e. 退膜未净； f. 退膜后氧化； g. 蚀刻温度不够	a. 调整机速与喷压； b. 调节药水至正常范围； c. 改善板电状况； d. 保养； e. 加强退膜控制； f. 退膜后即刻蚀刻； g. 升温/检查加热器是否损坏
3. 退膜未净	a. 药水比重过高； b. 喷嘴滤网堵塞； c. 重钻板存放时间长	a. 添加新药水； b. 保养； c. 尽快重钻

第 15 章　电子技术基础实验

15.1　二极管性能测试

15.1.1　实训目的

（1）了解二极管的结构和性能特点。
（2）测试普通二极管的单向导电性。
（3）学习绘制二极管伏安特性曲线。
（4）树立仪表的精度及误差等基本意识。

15.1.2　实训器材（表 15-1）

表 15-1　实训器材

序号	类别	数量	备注
1	模拟万用表 MF47	1 台	
2	稳压电源	1 台	
3	面包板	1 块	
4	电阻	2 个	阻值不同
5	普通二极管	1 个	IN4007
6	稳压二极管	1 个	
7	发光二极管	1 个	

15.1.3　任务实施

任务一：用数字万用表测量二极管好坏及其极性
方法 1：使用数字万用表二极管挡，红黑表笔分别接于二极管的两端。
方法 2：把万用表的转换开关拨到欧姆挡的"R×1k"挡位（注意不要使用"R×1"，以免电流过大烧坏二极管）。将万用表红黑表笔分别接到二极管的阳极和阴极，若正向电阻小，反向电阻大，则二极管可以使用；若正、反向电阻都很小，说明二极管短路损坏；若正反向电阻接近无穷大值，说明二极管断路损坏。

任务二：测试半导体二极管的伏安特性曲线（图 15-1）

（1）将二极管正向串接于电路中，调节稳压电源的输出电压 U。

（2）改变输出电压值，二极管的 D 的正向施压 U_{D+} 可在 0～0.75 V 取值。在 0.5～0.75 V 应该多取几个测量点。记录所对应的电流值。

（3）将二极管反向串联在电路中，调节稳压电源的输出电压 U，记录所对应的电流值。

（4）将所得值绘制成曲线，即得伏安特性曲线。

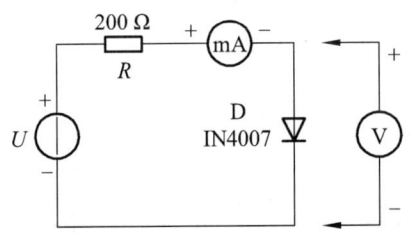

图 15-1　二极管伏安特性曲线测试图

注：① 测二极管正向特性时，稳压电源输出应从小到大逐渐增加，应时刻注意电流表读数。
　　② 进行不同测量时，应先估算电压和电流值，合理选择仪表的量程，勿使被测量超过仪表量程。仪表的极性也不可接错。

任务三：半波整流电路测试（图 15-2）

将整流二极管正向串接于电路中，用信号发生器提供一定频率、幅值的 V_1，将示波器观察输出端电压波形。

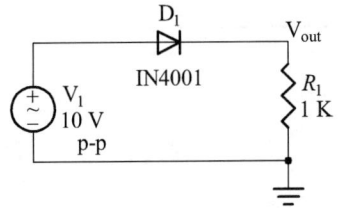

图 15-2　二极管半波整流电路图

任务四：认识并检测发光二极管

驱动几个发光二极管，观察发光二极管类型、发光二极管正常工作时的正向导通电压以及电流。

使用数字万用表二极管挡，红黑表笔分别接于发光二极管的两端（通常情况下发光二极管长管脚为阳极，短管脚为负极），正向连接时可观察到发光二极管的正向导通电压，使用数字万用表与发光二极管串联，观察发光二极管的工作电流。

任务五：整理、清洁

（1）将所有元器件放入元器件盒内，清点元器件数量及类别，如有损坏，及时向老师报告。

（2）将数字万用表置于合理的挡位，拔下表笔，规整放入对应的包装盒内。

（3）将所有仪表、元器件放在工位对应位置，整齐有序。

（4）清洁工位及附近区域。

15.2 三极管特性测试

15.2.1 实训目的

（1）万用表判断三极管管脚、类型。
（2）三极管输出特性测试。
（3）三极管开关特性测试，组建开关电路。

15.2.2 实训器材（表 15-2）

表 15-2 实训器材

序 号	类 别	数 量	备 注
1	模拟万用表 MF47	1 台	
2	数字万用表 VC88A	1 台	
3	色环电阻	4 个	阻值不同
4	电感	2 个	型号不同
5	电容	2 个	型号不同
6	1.5 V 干电池	1 节	
7	9 V 干电池	1 节	

15.2.3 实验原理

1. 使用万用表测量三极管

首先将万用表打到测试三极管挡，直到测试出如下结果：

（1）如果三极管的黑表笔接其中一个管脚，而用红表笔测其他两个管脚都导通有电压显示，那么此三极管为 PNP 三极管，且黑表笔所接的脚为三极管的基极 B。用上述方法测试时其中万用表的红表笔接其中一个脚的电压稍高，那么此脚为三极管的发射极 E，剩下的电压偏低的那个管脚为集电极 C。

（2）如果三极管的红表笔接其中一个管脚，而用黑表笔测其他两个管脚都导通有电压显示，那么此三极管为 NPN 三极管，且红表笔所接的脚为三极管的基极 B。用上述方法测试时其中万用表的黑表笔接其中一个脚的电压稍高，那么此脚为三极管的发射极 E，剩下的电压偏低的那个管脚为集电极 C。

另一种方法是使用 h_{FE} 挡来进行判断。在确定了三极管的基极和管型后，将三极管的基极按照基极的位置和管型插入到电流放大系数测量孔中，其他两个引脚插入到余下的三个测量孔中的任意两个，观察显示屏上数据的大小，找出三极管的集电极和发射极，交换位置后再测量一下，观察显示屏数值的大小，反复测量 4 次，对比观察。以所测的数值最大的一次为准，就是三极管的电流放大系数，相对应插孔的电极即是三极管的集电极和发射极。

2. 绘制三极管的输入输出特性曲线

（1）晶体管的伏安特性曲线是描述三极管的各端电流与两个 PN 结外加电压之间的关系的一种形式，其特点是能直观、全面地反映晶体管的电气性能的外部特性。

（2）三极管电路分共射级、共基极和共集电极电路（本实验主要介绍共射级电路）。现介绍以 NPN 型三极管共射级接法时的特性曲线，测试线路如图 15-3 所示。

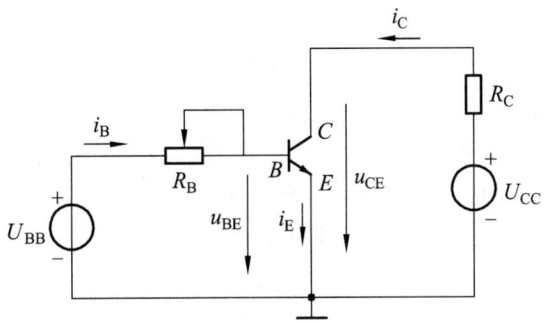

图 15-3　三极管特性曲线的测试电路

（3）图 15-4 所示是三极管的输出特性曲线。从图中可以看出，当 i_B 变化，i_C 与 u_{CE} 的关系曲线就会移动，因此三极管的输出特性是一簇曲线。集电极电流 i_C 与集电极电压 u_{CE} 之间的关系可以用如下函数表示：

$$i_C = f(u_{CE})\big|_{i_B=常数}$$

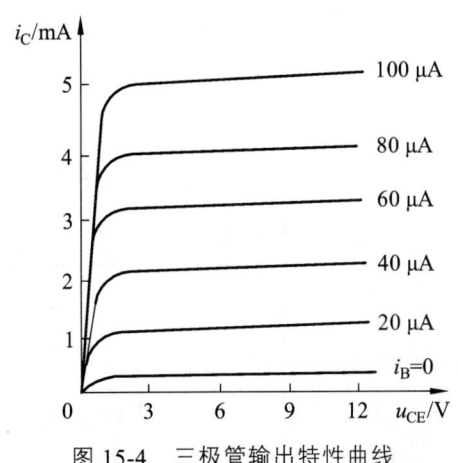

图 15-4　三极管输出特性曲线

3. 三极管开关特性测试，组建开关电路

图 15-5 就是一个最基本的三极管开关电路，NPN 的基极需连接一个基极电阻（R_2），集电极上连接一个负载电阻（R_1）。

首先，我们要清楚当三极管的基极没有电流时候集电极也没有电流，三极管处于截止状态，即断开；当基极有电流时将会导致集电极流过更大的放大电流，即进入饱和状态，相当于关闭。当然基极要有一个符合要求的电压输入才能确保三极管进入截止区与饱和区。

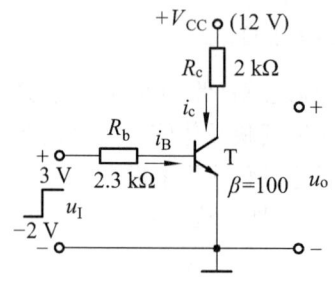

图 15-5 三极管开关电路

对硅三极管而言,其基极与射极之间正向偏压值约为 0.7 V,因此欲使三极管截止,V_{in} 必须低于 0.7 V,以使三极管的基极电流为零。通常在设计时,为了可以更确定三极管必处于截止状态起见,往往使 V_{in} 值低于 0.3 V。当然输入电压愈接近零伏特便愈能保证三极管开关必处于截止状态。三极管的状态、电流关系和条件见表 15-3。

表 15-3 三极管的状态、电流关系和条件

状态	电流关系	条件
放大	$i_C = \beta i_B$	发射结正偏 集电结反偏
饱和 临界	$i_C < \beta i_B$ $I_{CS} = \beta I_{BS}$	两个结正偏
截止	$i_B \approx 0, i_C \approx 0$	两个结反偏

15.2.4 任务实施

1. 测量三极管

分别用指针式万用表和数字万用表测表 15-4 中的三极管,填写表 15-4。

表 15-4 三极管测量结果

序号	型号		是 PNP 还是 NPN?	是硅管还是锗管?	性能好坏
1	9011	1: 2: 3:			
2	9012	1: 2: 3:			
3	9013	1: 2: 3:			
4	9014	1: 2: 3:			

2. 三极管输出特性的测试

按图 15-6 所示连接线路，图中 U_1、U_2 由实验箱直流信号源提供。

调节 U_2，使其电压为 3 V，即 $u_{CE}=3$ V 不变，然后调节 U_1，使得电阻 R 上的电压为 1.0 V，即可得基极电流 $i_B = u_R / R = 1.0$ mA，然后测量 i_C，填入表 15-5 中，按表 15-5 中数据进行测量，测量完后绘制三极管输出特性曲线。

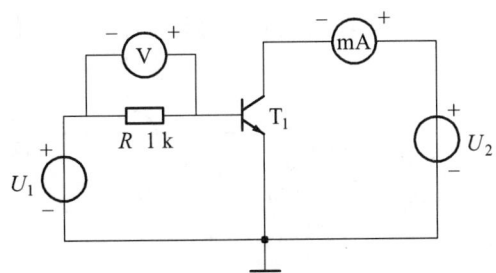

图 15-6　三极管输出特性曲线测试连接电路

表 15-5　三极管输出特性测试结果

参数	$u_{CE}=3$ V			$u_{CE}=5$ V		
U_R / V	1.0	3.0	5.0	1.0	3.0	5.0
i_C /mA						
$i_B = U_R / R$ / mA						

3. 三极管开关特性测试，组建开关电路

在放大器输入阶跃信号，$U_L = -2$ V，$U_H = +3$ V，按照图 15-6 所示连接电路图，同时用示波器观察放大器输出电压 u_O 波形，并画入图 15-7 中。

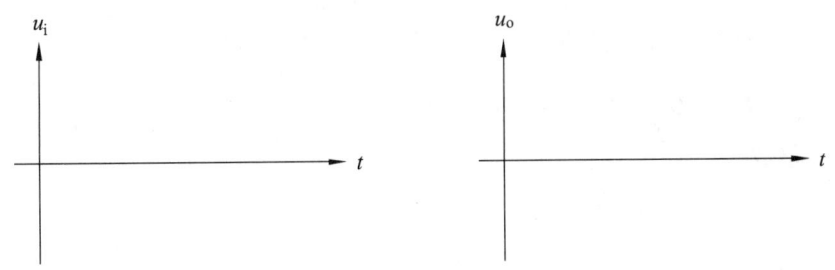

图 15-7　波形侧视图

15.3　基本放大电路（共射极）

15.3.1　实训目的

（1）学会放大器静态工作点的调试方法，分析静态工作点对放大器性能的影响。
（2）掌握放大器电压放大倍数、输入电阻、输出电阻及最大不失真输出电压的测试方法。

（3）熟悉常用电子仪器及模拟电路实验设备的使用。

15.3.2 实验原理

图 15-8 所示为电阻分压式工作点稳定单管放大器实验电路。它的偏置电路采用 R_{B1} 和 R_{B2} 组成的分压电路，并在发射极中接有电阻 R_E，以稳定放大器的静态工作点。当在放大器的输入端加入输入信号 u_i 后，在放大器的输出端便可得到一个与 u_i 相位相反、幅值被放大了的输出信号 u_0，从而实现了电压放大。

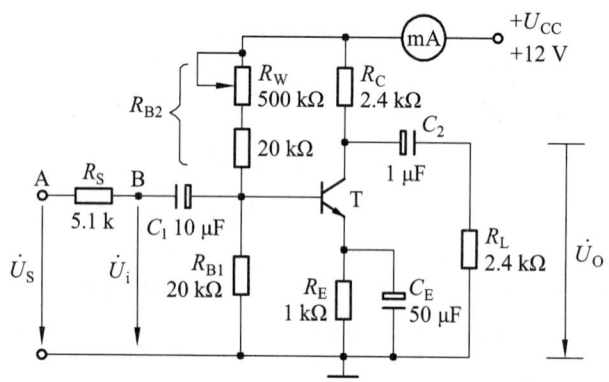

图 15-8 共射极单管放大器实验电路

在图 15-8 所示电路中，当流过偏置电阻 R_{B1} 和 R_{B2} 的电流远大于晶体管 T 的基极电流 I_B 时（一般为 5~10 倍），它的静态工作点可用下式估算

$$U_B \approx \frac{R_{B1}}{R_{B1}+R_{B2}} U_{CC}$$

$$I_E \approx \frac{U_B - U_{BE}}{R_E} \approx I_C$$

$$U_{CE} = U_{CC} - I_C(R_C + R_E)$$

电压放大倍数

$$A_V = -\beta \frac{R_C // R_L}{r_{be}}$$

输入电阻

$$R_i = R_{B1} // R_{B2} // r_{be}$$

输出电阻

$$R_0 \approx R_C$$

由于电子器件性能的分散性比较大，因此在设计和制作晶体管放大电路时，离不开测量和调试技术。在设计前应测量所用元器件的参数，为电路设计提供必要的依据，在完成设计和装配以后，还必须测量和调试放大器的静态工作点和各项性能指标。一个优质放大器，必定是理论设计与实验调整相结合的产物。因此，除了学习放大器的理论知识和设计方法外，还必须掌握必要的测量和调试技术。

放大器的测量和调试一般包括：放大器静态工作点的测量与调试，消除干扰与自激振荡及放大器各项动态参数的测量与调试等。

1. 放大器静态工作点的测量与调试

（1）静态工作点的测量。

测量放大器的静态工作点，应在输入信号 $u_i = 0$ 的情况下进行，即将放大器输入端与地端短接，然后选用量程合适的直流毫安表和直流电压表，分别测量晶体管的集电极电流 I_C 以及各电极对地的电位 U_B、U_C 和 U_E。一般实验中，为了避免断开集电极，所以采用测量电压 U_E 或 U_C，然后算出 I_C 的方法，例如，只要测出 U_E，即可用

$I_C \approx I_E = \dfrac{U_E}{R_E}$ 算出 I_C（也可根据 $I_C = \dfrac{U_{CC} - U_C}{R_C}$，由 U_C 确定 I_C），同时也能算出 $U_{BE} = U_B - U_E$，$U_{CE} = U_C - U_E$。

为了减小误差，提高测量精度，应选用内阻较高的直流电压表。

（2）静态工作点的调试。

放大器静态工作点的调试是指对管子集电极电流 I_C（或 U_{CE}）的调整与测试。

静态工作点是否合适，对放大器的性能和输出波形都有很大影响。如工作点偏高，放大器在加入交流信号以后易产生饱和失真，此时 u_O 的负半周将被削底，如图 15-9（a）所示；如工作点偏低则易产生截止失真，即 u_O 的正半周被缩顶（一般截止失真不如饱和失真明显），如图 15-9（b）所示。这些情况都不符合不失真放大的要求。所以在选定工作点以后还必须进行动态调试，即在放大器的输入端加入一定的输入电压 u_i，检查输出电压 u_O 的大小和波形是否满足要求。如不满足，则应调节静态工作点的位置。

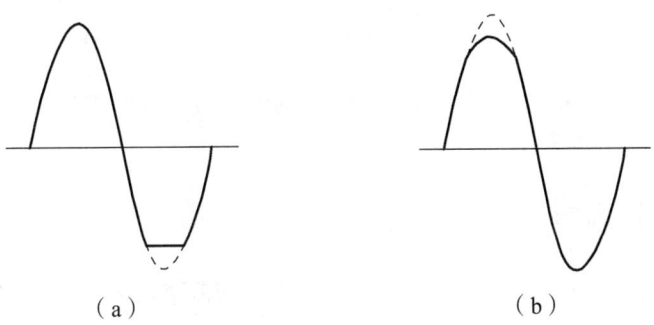

图 15-9　静态工作点对 u_O 波形失真的影响

改变电路参数 U_{CC}、R_C、R_B（R_{B1}、R_{B2}）都会引起静态工作点的变化，如图 15-10 所示。但通常多采用调节偏置电阻 R_{B2} 的方法来改变静态工作点，如减小 R_{B2}，则可使静态工作点提高等。

最后还要说明的是，上面所说的工作点"偏高"或"偏低"不是绝对的，应该是相对信号的幅度而言，如输入信号幅度很小，即使工作点较高或较低也不一定会出现失真。所以确切地说，产生波形失真是信号幅度与静态工作点设置配合不当所致。如需满足较大信号幅度的要求，静态工作点最好尽量靠近交流负载线的中点。

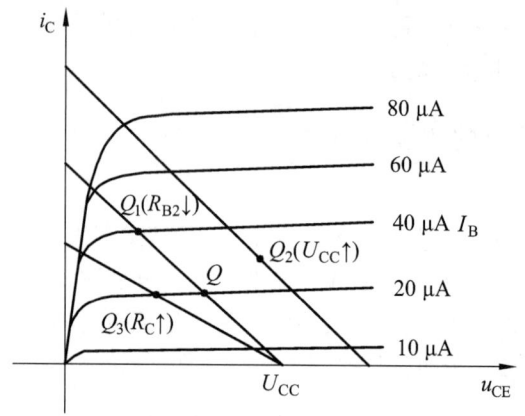

图 15-10 电路参数对静态工作点的影响

2. 电压放大倍数 A_V 的测量

调整放大器到合适的静态工作点，然后加入输入电压 u_i，在输出电压 u_o 不失真的情况下，用交流毫伏表测出 u_i 和 u_o 的有效值 U_i 和 U_o，则

$$A_V = \frac{U_o}{U_i}$$

15.3.3 实验设备与器件

（1）+12 V 直流电源。　　（2）函数信号发生器。
（3）双踪示波器。　　　　（4）交流毫伏表。
（5）直流电压表。　　　　（6）直流毫安表。
（7）频率计。　　　　　　（8）万用电表。
（9）晶体三极管 3DG6×1（$\beta = 50 \sim 100$）或 9011×1（管脚排列如图 2-2 所示）
（10）电阻器、电容器若干。

15.3.4 实验内容

实验电路如图 15-7 所示。为防止干扰，信号源、交流毫伏表和示波器的引线仪器的公共端必须连在一起（共地）。

1. 调试静态工作点

接通直流电源前，先将 R_W 调至最大，函数信号发生器输出旋钮旋至零。接通+12 V 电源、调节 R_W，使 $I_C = 2.0$ mA，用直流电压表测量 U_B、U_E、U_C 及用万用电表测量 R_{B2} 值。记入表 15-6。

表 15-6　$I_C = 2$ mA

测 量 值				计 算 值		
U_B/V	U_E/V	U_C/V	R_{B2}/kΩ	U_{BE}/V	U_{CE}/V	I_C/mA

2. 测量电压放大倍数

在放大器输入端加入频率为 1 kHz 的正弦信号 u_S,调节函数信号发生器的输出旋钮使放大器输入电压 $U_i \approx 10 \text{ mV}$,同时用示波器观察放大器输出电压 u_o 波形,在波形不失真的条件下用交流毫伏表测量下述三种情况下的 U_o 值,并用双踪示波器观察 u_o 和 u_i 的相位关系,记入表 15-7。

表 15-7　$I_C = 2.0 \text{ mA}$　$U_i = \text{mV}$

R_C/kΩ	R_L/kΩ	U_o/V	A_V	观察记录一组 u_O 和 u_1 波形	
2.4	∞			u_i	u_o
1.2	∞				
2.4	2.4				

3. 观察静态工作点对电压放大倍数的影响

置 $R_C = 2.4 \text{ kΩ}$,$R_L = \infty$,U_i 适量,调节 R_W,用示波器监视输出电压波形,在 u_o 不失真的条件下,测量数组 I_C 和 U_o 值,记入表 15-8。

表 15-8　$R_C = 2.4 \text{ kΩ}$　$R_L = \infty$　$U_i = \text{ mV}$

I_C/mA			2.0		
U_o/V					
A_V					

测量 I_C 时,要先将信号源输出旋钮旋至零(即使 $U_i = 0$)。

4. 观察静态工作点对输出波形失真的影响

置 $R_C = 2.4 \text{ kΩ}$,$R_L = 2.4 \text{ kΩ}$,$u_i = 0$,调节 R_W 使 $I_C = 2.0 \text{ mA}$,测出 U_{CE} 值,再逐步加大输入信号,使输出电压 u_0 足够大但不失真。然后保持输入信号不变,分别增大和减小 R_W,使波形出现失真,绘出 u_0 的波形,并测出失真情况下的 I_C 和 U_{CE} 值,记入表 15-9 中。每次测 I_C 和 U_{CE} 值时都要将信号源的输出旋钮旋至零。

表 15-9　$R_C = 2.4 \text{ kΩ}$　$R_L = \infty$　$u_i = \text{ mV}$

I_C/mA	U_{CE}/V	u_0 波形	失真情况	管子工作状态
		u_o		
2.0		u_o		
		u_o		

5. 测量最大不失真输出电压

置 $R_C = 2.4\,\text{k}\Omega$，$R_L = 2.4\,\text{k}\Omega$，按照实验原理中静态工作点的调试方法，同时调节输入信号的幅度和电位器 R_W，用示波器和交流毫伏表测量 U_{OPP} 及 U_O 值，记入表 15-10。

表 15-10　$R_C = 2.4\,\text{k}\Omega$　$R_L = 2.4\,\text{k}\Omega$

I_C/mA	U_{im}/mV	U_{om}/V	U_{OPP}/V

15.3.5　实训总结

（1）列表整理测量结果，并把实测的静态工作点、电压放大倍数、输入电阻、输出电阻之值与理论计算值比较（取一组数据进行比较），分析产生误差原因。

（2）总结 R_C、R_L 及静态工作点对放大器电压放大倍数、输入电阻、输出电阻的影响。

（3）讨论静态工作点变化对放大器输出波形的影响。

（4）分析讨论在调试过程中出现的问题。

15.4　集成运放电路及其应用

15.4.1　实验目的

（1）初步接触集成运算放大器，了解其外观特征、管脚设置及外围电路的连接。

（2）通过反向比例放大电路和同向比例放大电路的输入、输出之间关系的测量，初步了解运算放大器电路的功能。

（3）进一步熟悉示波器的使用，练习使用双踪示波器测量直流及交流信号，以及两路信号的对比。

15.4.2　实验设备与器材

（1）双踪示波器：1 台。
（2）万用表：1 台。
（3）精密电源：1 台。
（4）正弦波信号发生器：1 台。
（5）电子试验台：1 个。
（6）面包板、相关电子器件及辅材：若干。

15.4.3　实验原理及内容

1. 集成运放 LM741 简介

集成运放是一种高放大倍数、高输入阻抗、低输出阻抗的直接耦合多级放大器，具有两个输入端和一个输出端，可对直流和交流信号进行放大。本实验采用的 LM741 如图 15-11 所示：1、5 为调零端，2 为反向信号输入端，3 为同向信号输入端，6 为信号输出端，7 为电源电压正端，4 为电源电压负端。

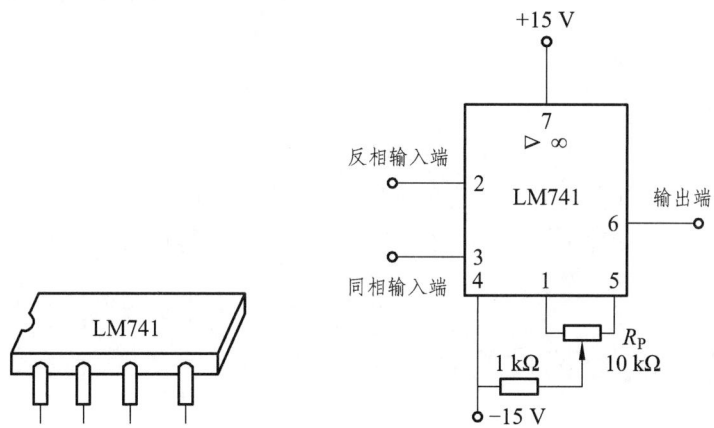

图 15-11　LM741 集成运放

2. 实验中用到的两种基本运算电路

（a）反向比例放大电路（图 15-12）：

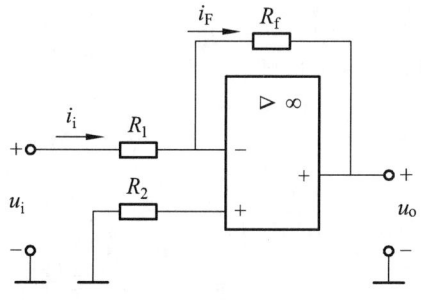

图 15-12　反向比例放大电路

输出电压大小与输入电压成正比，极性相反。
放大系数为 R_f/R_1

$$U_O = \frac{R_f}{R_1} \cdot U_i$$

（b）同向比例放大电路（图 15-13）：

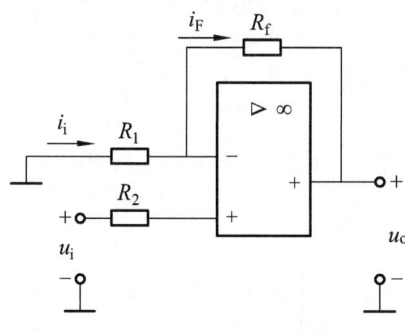

图 15-13　同向比例放大电路

输出电压大小与输入电压成正比,极性相同。

$$U_\mathrm{O} = \left(1 + \frac{R_f}{R_1}\right) \cdot U_i$$

放大系数为 $(1+R_f/R_1)$。

3. 调 零

由于集成运放一般都存在失调电压和失调电流,会影响运算精度,因而使用前应先调零。使得输入电压 U_i 为 0(接地),调节 1、5 之间的可变电阻使得输出电压 U_o 为 0 即可。

15.5 基本逻辑芯片应用

15.5.1 实训目标

(1)熟悉门电路的逻辑功能、逻辑表达式、逻辑符号。
(2)熟悉 74LS00 芯片的管脚图。
(3)学会搭建 74LS00 逻辑门电路。
(4)掌握 74LS00 芯片的输入输出特性。

15.5.2 实训原理

(1)熟知 7400 的逻辑表达式:$F = \overline{A \cdot B}$。
(2)掌握 7400 的真值表:

A	B	Y
0	0	1
1	0	1
0	1	1
1	1	0

(3)熟悉 7400 的引脚排列:1、2 输入;3 输出;4、5 输入;6 输出;7 接地;9、10 输入;8 输出;11、12 输入;13 输出;14 接电源。

15.5.3 实验仪器及材料

(1)仪器设备:数字万用表、直流稳压电源。
(2)器件:
LED 指示灯 1 个;
74LS00 二输入端四与非门(管脚分布见图 15-14) 1 片;
74LS20 四输入端双与非门 1 片。

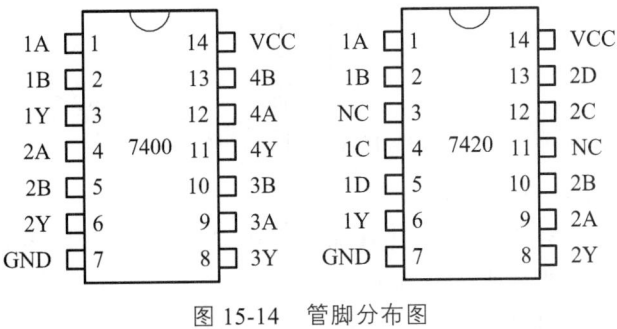

图 15-14 管脚分布图

15.5.4 实验接线图（图 15-15）

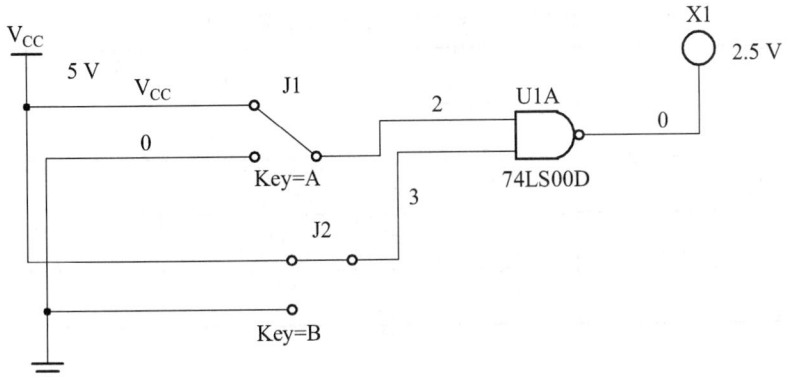

（a）AB 为高电平输入，灯不亮

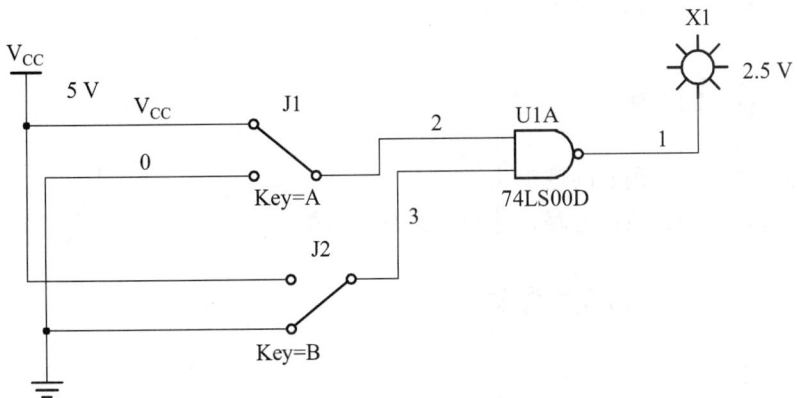

（b）A 为高电平，B 为低电平，灯亮

图 15-15 实验接线图

15.5.5 实验内容及步骤

实验前按数字电路实验箱使用说明书先检查电源是否正常，按图 15-15 所示实验接线图接好连线。注意集成块芯片不能插反。线接好后经实验指导教师检查无误方可通电实验。实验中改动接线须先断开电源，接好线后再通电实验。74LS00 的逻辑符号见图 15-16。

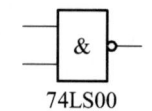

图 15-16　逻辑符号

74LS00 型与非门逻辑功能测试：

（1）用逻辑电平开关给门输入端 A、B 输入信号，用"H"或"1"表示输入高电平（5 V），用"L"或"0"表示输入低电平（0V）。

（2）用发光二极管（LED）显示输出状态，当 LED 亮时，表示输出状态为"1"；当 LED 灭时，表示输出状态为"0"。

（3）将结果填入表 15-11，判断功能是否正确。

表 15-11　与非门输入输出逻辑关系

输入 A	输入 B	输出 Y
0	0	
0	1	
1	0	
1	1	

15.6　数码显示电路

15.6.1　实训目标

（1）熟悉编码器、译码器的逻辑功能。
（2）学会搭建数码管显示电路，并测试其逻辑功能。

15.6.2　74LS138 芯片概述

1. 工作原理

74LS138 为 3 线 – 8 线译码器。

① 当一个选通端（E1）为高电平，另两个选通端[（/E2）和（/E3）]为低电平时，可将地址端（A0、A1、A2）的二进制编码在 Y0 至 Y7 对应的输出端以低电平译出。比如：A2A1A0=110 时，则 Y6 输出端输出低电平信号。

② 利用 E1、E2 和 E3 可级联扩展成 24 线译码器；若外接一个反相器还可级联扩展成 32 线译码器。

③ 若将选通端中的一个作为数据输入端时，74LS138 还可作数据分配器。

④ 可用在 8086 的译码电路中，扩展内存。

2. 引脚功能（图 15-17）

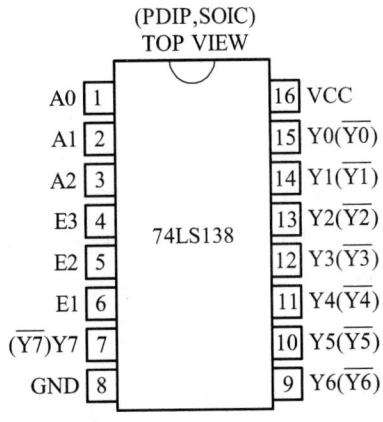

图 15-17　管脚分布图

A0 ~ A2：地址输入端；
STA（E1）：选通端；
/STB（/E2）、/STC（/E3）：选通端（低电平有效）；
/Y0 ~ /Y7：输出端（低电平有效）；
VCC：电源正；
GND：地；

A0 ~ A2 对应 Y0 ~ Y7；A0、A1、A2 以二进制形式输入，然后转换成十进制，对应相应 Y 的序号输出低电平，其他均为高电平。

3. 74LS138 功能表（表 15-12）

表 15-12　74LS138 功能表

输入						输出							
STA	/STB	/STC	A2	A1	A0	/Y0	/Y1	/Y2	/Y3	/Y4	/Y5	/Y6	/Y7
×	1	×	×	×	×	1	1	1	1	1	1	1	1
×	×	1	×	×	×	1	1	1	1	1	1	1	1
0	×	×	×	×	×	1	1	1	1	1	1	1	1
1	0	0	0	0	0	0	1	1	1	1	1	1	1
1	0	0	0	0	1	1	0	1	1	1	1	1	1
1	0	0	0	1	0	1	1	0	1	1	1	1	1
1	0	0	0	1	1	1	1	1	0	1	1	1	1
1	0	0	1	0	0	1	1	1	1	0	1	1	1
1	0	0	1	0	1	1	1	1	1	1	0	1	1
1	0	0	1	1	0	1	1	1	1	1	1	0	1
1	0	0	1	1	1	1	1	1	1	1	1	1	0

15.6.3 CD4511 显示译码器概述

1. 工作原理

CD4511 是 BCD 锁存/七段译码器/驱动器常用的显示译码器件。CD4511 是一个用于驱动共阴极 LED（数码管）显示器的 BCD 码——七段码译码器，CD4511 的里面有上拉电阻，可直接或者接一个电阻与七段数码管接口。

特点：具有 BCD 转换、消隐和锁存控制功能，七段译码及驱动功能的 CMOS 电路能提供较大的拉电流，可直接驱动 LED 显示器。

2. 引脚功能（图 15-18）

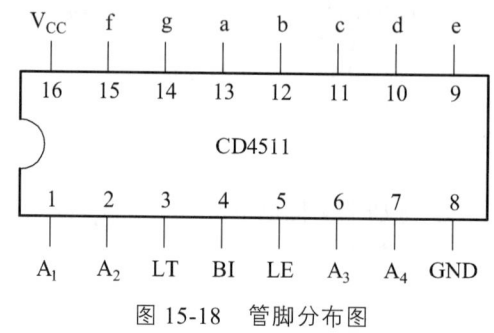

图 15-18 管脚分布图

CD4511 引脚功能：

BI：4 脚是消隐输入控制端，当 BI=0 时，不管其他输入端状态是怎么样的，七段数码管都会处于消隐也就是不显示的状态。

LE：锁定控制端，当 LE=0 时，允许译码输出。LE=1 时译码器是锁定保持状态，译码器输出被保持在 LE=0 时的数值。

LT：3 脚是测试信号的输入端，当 BI=1、LT=0 时，译码输出全为 1，不管输入 DCBA 状态如何，七段均发亮全部显示。它主要用来检测数七段码管是否有物理损坏。

A1、A2、A3、A4 为 8421BCD 码输入端。

a、b、c、d、e、f、g 为译码输出端，输出为高电平 1 有效。

3. 功能表（表 15-13）

表 15-13 CD4511 功能表

输入							输出							显示字形
LE	$\overline{BI}$	$\overline{LT}$	D	C	B	A	a	b	c	d	e	f	g	
×	×	0	×	×	×	×	1	1	1	1	1	1	1	8
×	0	1	×	×	×	×	0	0	0	0	0	0	0	消隐
0	1	1	0	0	0	0	1	1	1	1	1	1	0	0
0	1	1	0	0	0	1	0	1	1	0	0	0	0	1
0	1	1	0	0	1	0	1	1	0	1	1	0	1	2

续表

输入							输出							显示字形
LE	$\overline{BI}$	$\overline{LT}$	D	C	B	A	a	b	c	d	e	f	g	
0	1	1	0	0	1	1	1	1	1	1	0	0	1	3
0	1	1	0	1	0	0	0	1	1	0	0	1	1	4
0	1	1	0	1	0	1	1	0	1	1	0	1	1	5
0	1	1	0	1	1	0	0	0	1	1	1	1	1	6
0	1	1	0	1	1	1	1	1	1	0	0	0	0	7
0	1	1	1	0	0	0	1	1	1	1	1	1	1	8
0	1	1	1	0	0	1	1	1	1	0	0	1	1	9
0	1	1	1	0	1	0	0	0	0	0	0	0	0	消隐
0	1	1	1	0	1	1	0	0	0	0	0	0	0	消隐
0	1	1	1	1	0	0	0	0	0	0	0	0	0	消隐
0	1	1	1	1	0	1	0	0	0	0	0	0	0	消隐
0	1	1	1	1	1	0	0	0	0	0	0	0	0	消隐
0	1	1	1	1	1	1	0	0	0	0	0	0	0	消隐
1	1	1	×	×	×	×	锁存							锁存

用 CD4511 实现数码管驱动电路如图 15-19 所示：

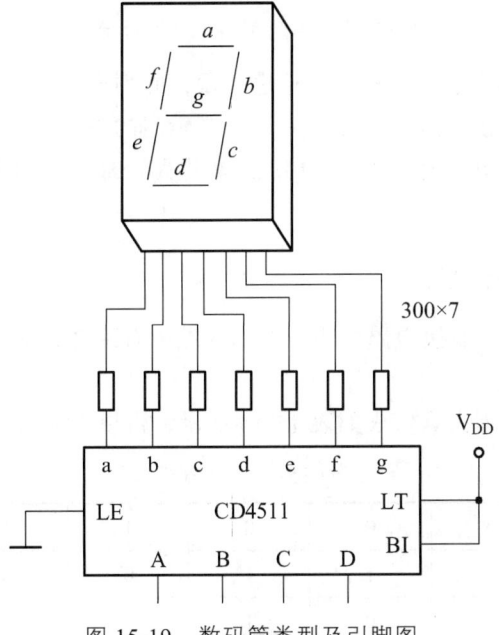

图 15-19　数码管类型及引脚图

15.7 组合逻辑电路的设计与测试

15.7.1 实验目的

掌握组合逻辑电路的设计与测试方法。

15.7.2 实验原理

（1）使用中、小规模集成电路来设计组合电路是最常见的逻辑电路。设计组合电路的一般步骤如图 15-20 所示。

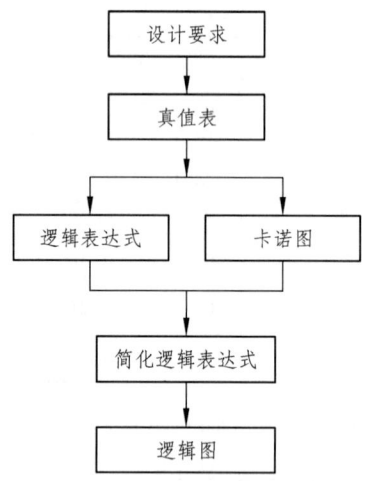

图 15-20　组合逻辑电路设计流程

（2）根据设计任务的要求建立输入、输出变量，并列出真值表。然后用逻辑代数或卡诺图化简法求出简化的逻辑表达式，并按实际选用逻辑门的类型修改逻辑表达式。根据简化后的逻辑表达式，画出逻辑图，用标准器件构成逻辑电路。最后，用实验来验证设计的正确性。

任务一：

1. 组合逻辑电路设计举例

用"与非"门设计一个表决电路。当三个输入端中有两个或三个为"1"时，输出端才为"1"。

设计步骤：根据题意列出真值表如表 15-14 所示，再填入卡诺图表 15-15 中。

表 15-14　真值表

A	0	0	0	0	1	1	1	1
B	0	0	1	1	0	0	1	1
C	0	1	0	1	0	1	0	1
Y	0	0	0	1	0	1	1	1

表 15-15　卡诺图表

A\BC	00	01	11	10
0			1	
1		1	1	1

由卡诺图得出逻辑表达式,并演化成"与非"的形式:

$$Y = AB + AC + BC$$

$$Y = \overline{\overline{AB} \cdot \overline{BC} \cdot \overline{AC}}$$

根据逻辑表达式画出用"与非门"构成的逻辑电路如图 15-21 所示。

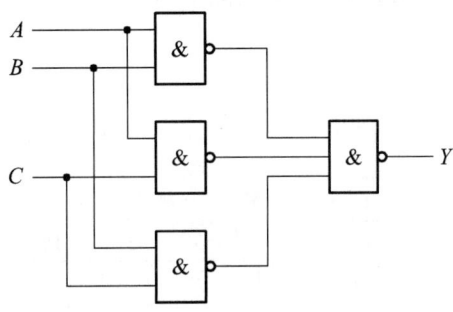

图 15-21　表决电路逻辑图

2. 用实验验证逻辑功能

在实验装置适当位置选定 2 个 14P 插座,按照集成块定位标记插好集成块 74LS00。

按图 15-21 接线,输入端 A、B、C 接至逻辑开关输出插口,输出端 Y 接逻辑电平显示输入插口,按真值表(自拟)要求,逐次改变输入变量,测量相应的输出值,验证逻辑功能,与表 15-14 进行比较,验证所设计的逻辑电路是否符合要求。

任务二:

设计一个奥运裁判表决电路(使用 74LS00、74LS20)[具体要求参见教材]。

15.7.3　实验设备与器件

(1)+5 V 直流电源。(2)逻辑电平开关。
(3)逻辑电平显示器。(4)直流数字电压表。
(5)CC4011×2(74LS00) CC4012×3(74LS20)、CC4030(74LS86)、CC4081(74LS08)、74LS54×2(CC4085)、CC4001(74LS02)。

15.7.4　实验内容

要求按本实验所述的设计步骤进行,直到测试电路逻辑功能符合设计要求为止。
(1)设计一个三人表决器。

（2）设计一个奥运裁判表决器。

15.7.5　实验预习要求

（1）根据实验任务要求设计组合电路，并根据所给的标准器件画出逻辑图。
（2）如何用最简单的方法验证"与或非"门的逻辑功能是否完好？
（3）"与或非"门中，当某一组与端不用时，应作如何处理？

15.7.6　实验报告

（1）列写实验任务的设计过程，画出设计的电路图，其管脚排列及逻辑图见图15-22。
（2）对所设计的电路进行实验测试，记录测试结果。
（3）组合电路设计体会。

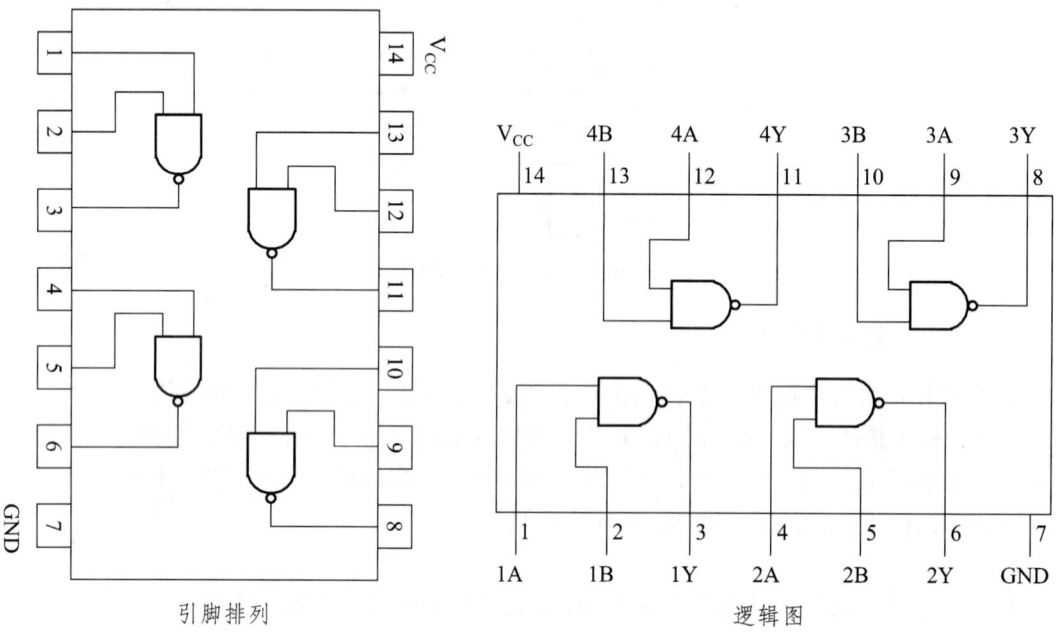

图 15-22　管脚排列及逻辑图

第 16 章 综合扩展提高实验

16.1 有源滤波器

16.1.1 实验目的

（1）学习由集成运放组成的有源滤波电路。
（2）学习测量有源滤波器的幅频特征。

16.1.2 实验设备与器件

（1）函数信号发生器。　（2）双踪示波器。
（3）交流毫伏表。　　　（4）数字万用表。
（5）元件自选。

16.1.3 实验内容

1. 低通滤波器

按图 16-1 接线。输入端加 1 V 左右的正弦信号，扳动频率选择开关，用示波器观察输出波形及幅度变化，选择频率，将测量的 V_0 值（包括 V_{0max}、$0.707V_{0max}$ 值），填入表 16-1 中。

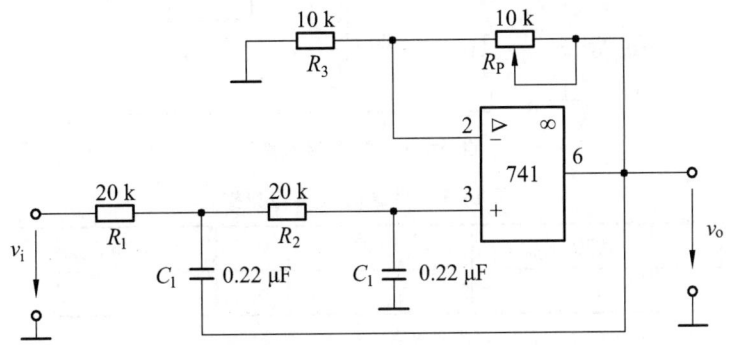

图 16-1　低通滤波器

表 16-1　低通滤波器实验数据

f/Hz							
V_0/V							

2. 高通滤波器

实验电路如图 16-2 所示。实验内容与要求同上。将实验结果填入表 16-2 中。

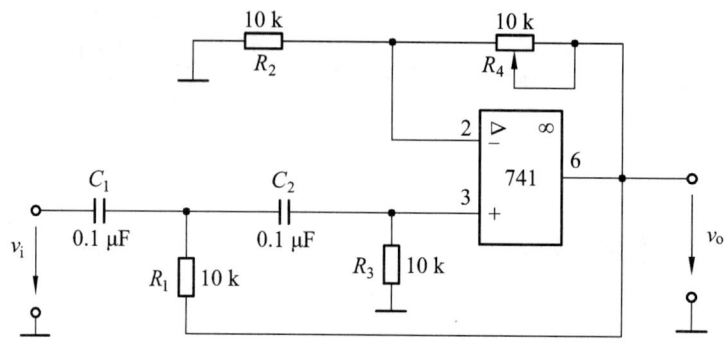

图 16-2 高通滤波器

表 16-2 高通滤波器实验数据

f/Hz									
V_0/V									

3. 带通滤波器

实验电路可有上述电路为参考设计，或采用图 16-3 电路，该电路是中心频率为 300 Hz、带宽为 200 Hz 的带通滤波器。

输入端加 1 V 左右的正弦信号，扳动频率选择开关，用示波器观察输出波形及幅度变化，选择频率，将测量的 V_0 值（包括 $V_{0\max}$、$0.707V_{0\max}$ 值），填入表 16-3 中。

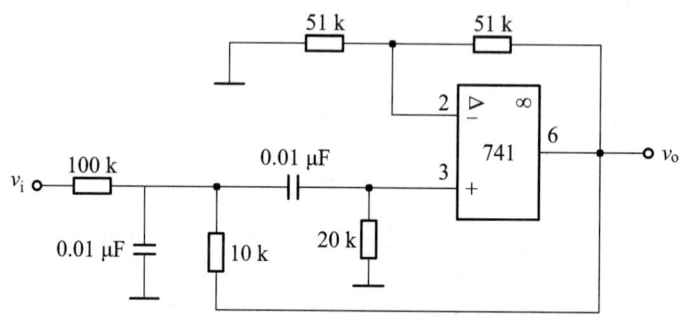

图 16-3 带通滤波器

表 16-3 带通滤波实验数据

f/Hz		$0.707V_{0\max}$		$V_{0\max}$		$0.707V_{0\max}$		
V_0/V								

16.1.4 实验报告

（1）以自拟的表格中测量的数据，画出曲线。
（2）总结设计电路的体会与误差分析。

16.2 水位控制及报警电路

16.2.1 实验目的

(1) 学习元件的选择及万用表检测电子器件。
(2) 学会电路调试技术。

16.2.2 实验设备与器件

(1) 函数信号发生器。　　(2) 双踪示波器。
(3) 交流毫伏表。　　　　(4) 数字万用表。
(5) 元件自选。

16.2.3 设计要求

1. 简要说明

由于某些设备对水位有严格要求,因此需要一个控制电路对水位进行检测。

2. 设计要求

(1) 设计一个水位检测电路。
(2) 检测水箱分高、中、低三个测试点。
(3) 检测结果通过发光二极管显示。

16.2.4 参考电路

水位控制及报警电路可由电源、水位测试及输出控制三个部分组成。参考电路如图 16-4 所示。

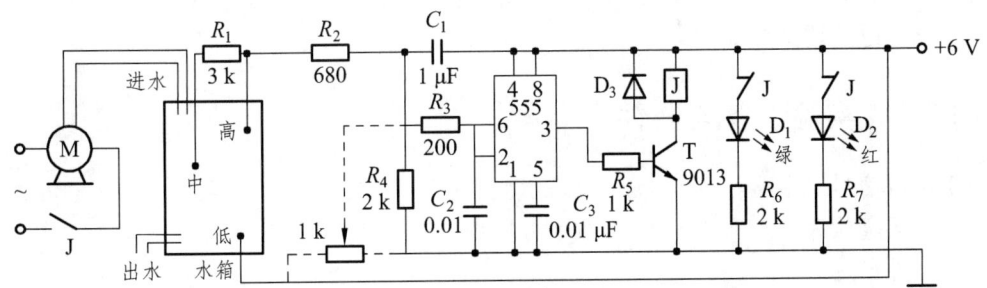

图 16-4　水位控制及报警电路

在图 16-4 所示电路中,水箱中高、中、低代表水位,也是三个测试点,水位发生变化时 555 时基电路的 2 脚(6 脚)电位发生变化,从而控制 3 脚输出电位的变化,使三极管 T 导通或截止,控制继电器 J 及水泵 M 启动或截止。

电路调试方法：

（1）将图 16-4 中低点分别接高点、中点及不接任何点，来模拟水箱水位情况（表 16-1）。

（2）图中器件可在实验台上选取，继电器为直流 5 V，所以电源电压选 6 V，D_1、D_2 发光二极管可用两种颜色（红、绿）显示工作状态。

（3）调试时可以直接改变 2 脚电位，例如用 1 kΩ 电位器组成分压器（图中虚线所示），改变电压，当 2 脚的电位低于 $1V_{CC}/3$ 时，即低于 2 V 时，其 3 脚输出为高电平（3.5 V 以上），当电位高于 $2V_{CC}/3$（高于 4 V）时，3 脚输出低电平，在上述情况下观察继电器动作情况。

用短路线模拟水箱工作状态：

表 16-4 水箱状态

水箱状态	V_3	指示灯亮
低	1	红
低接中	1	红
低接高	0	绿

（4）图中电阻均为参考值，可以在调试中加以确定。

16.2.5 实验报告

（1）独立设计、组装、调试水位检测电路。
（2）写出实验的心得、体会。

16.3 音频放大器

16.3.1 实验目的

（1）学习元件的选择及用万用表检测电子器件。
（2）了解音频控制及功率放大器的基本原理与方法。
（3）学会电路调试技术。

16.3.2 实验设备与器件

（1）函数信号发生器。　　（2）双踪示波器。
（3）交流毫伏表。　　　　（4）数字万用表。
（5）元件自选。

16.3.3 设计要求

（1）最大不失真输出功率：$P_{om} \geqslant 1 \text{W}$。
（2）负载阻抗：$R_l = 8 \Omega$。

（3）音频范围：20 Hz～20 kHz。
（4）音频控制范围：低音 100 Hz±12 dB；
高音 10 kHz±12 dB。
（5）输入信号电压：U_i≤100 mV。
（6）失真度：r≤2%。
（7）稳定度：电源在±5–±24 V 范围内变化时，输出零点漂移≤100 mV。

16.3.4 设计提示

音频放大器是一种通用性较强的应用电路，用它来将微弱音频信号进行放大，以获得足够的输出功率推动扬声器。它具有如下功能：
（1）对音频信号进行电压放大和功率放大，能输出较大的交流功率。
（2）具有很高的输入阻抗和很低的输出阻抗，带负载能力强。
（3）非线性失真和频率失真要小（高保真）。
（4）能对输入信号种的高频和低频分别进行调节，具有音频控制能力。
（5）具有音量控制能力。

为了实现音频放大电路的上述功能，构成电路时可用多种方案，比如采用全方位立元件组装，也可采用运算放大器和部分分立元件实现，还可以采用集成音频功率放大电路制作。无论采用哪种形式，音频放大器的基本组成如图 16-5 所示。

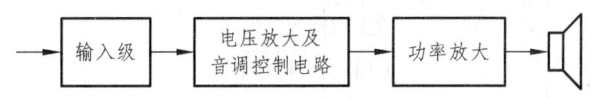

图 16-5　音频放大器的基本组成

16.3.5 实验报告

（1）分析电路的组成。
（2）各单元电路设计。
（3）各单元电路元件调试参数计算及选择。
（4）说明电路调试的基本方法。
（5）完成总体电路的设计。

16.4　简易数字电压表的设计

16.4.1 实验目的

（1）掌握数字电压表的设计、组装与调试方法。
（2）熟悉集成电路 MC14433、MC1413、CD4511 和 MC1403 的使用方法，并掌握其工作原理。

16.4.2 实验设备与器件 a

（1）MC14433 或（5G14433）×1。　　（6）74LS194（或CC40194）×1。
（2）CD4511 或（5G4511）×1。　　（7）LM324 ×1。
（3）MC1413 或（5G1413）×1。　　（8）七段显示器×4。
（4）MC1403 或（5G1403）×1。　　（9）电阻、电容、导线等。
（5）CC4501 或（CC4502）×1。

16.4.3 实验原理

数字电压表的基本原理，是对直流电压进行模数转换，其结果用数字直接显示出来。数字电压表按基本工作原理可分为积分式和比较式两大类。

数字电压表是将被测模拟量转换为数字量，并进行实时数字显示的数字系统。

该系统如图 16-6 所示，可由 MC14433——$3\frac{1}{2}$ 位 A/D 转换器、MC1413 七路达林顿管驱动器阵列、CD4511BCD 到七段锁存-译码-驱动器、能隙基准电源 MC1403 和共阴极 LED 发光数码管组成。

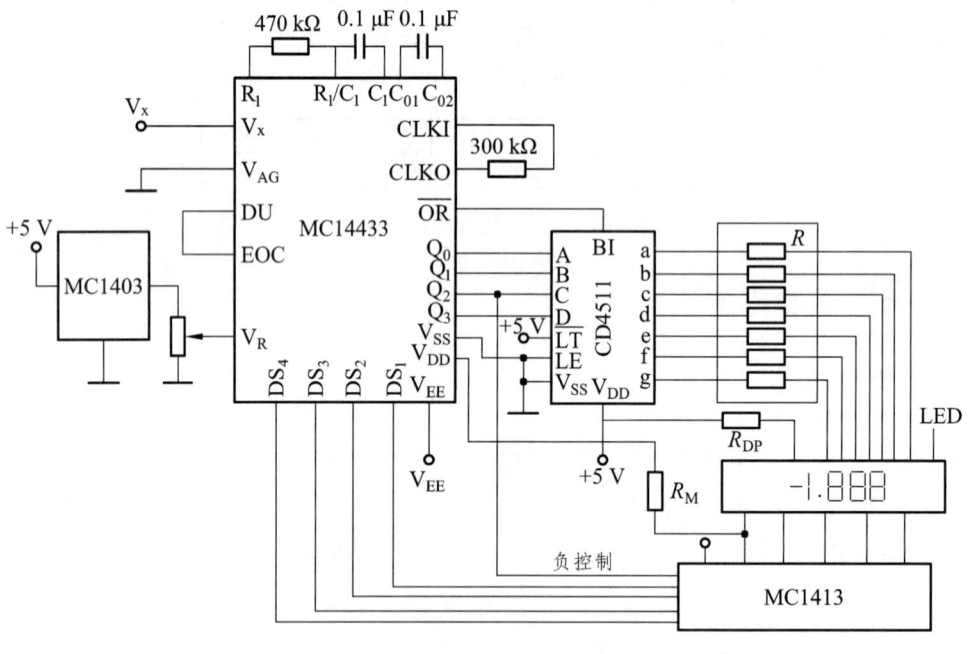

图 16-6　$3\frac{1}{2}$ 位数字电压表

本系统是 $3\frac{1}{2}$ 位数字电压表，$3\frac{1}{2}$ 位是指十进制数 0 000～1 999，所谓 3 位是指个位、十位、百位，其数字范围均为 0～9。而所谓半位是指千位数，它不能从 0 变化到 9，而只能由 0 变到 1，即二值状态，所以称为半位。

各部分的功能如下：

① $3\frac{1}{2}$ A/D 转换器：将输入的模拟信号转换成数字信号。
② 基准电源：提供精密电压，供 A/D 转换器作参考电压。
③ 译码器：将二—十进制（BCD）码转换成七段信号。
④ 驱动器：驱动显示器的 a、b、c、d、e、f、g 七个发光段，推动发光数码管（LED）进行显示。
⑤ 显示器：将译码器输出的七段信号进行数字显示，读出 A/D 转换结果。

工作过程如下：

$3\frac{1}{2}$ 数字电压通过位选信号 $DS_1 \sim DS_4$ 进行动态扫描显示，由于 MC14433 电路的 A/D 转换结果是采用 BCD 码多路调制方法输出，只要配上一块译码器，就可以转换结果以数字方式实现四位数字的 LED 发光数码管动态扫描显示。$DS_1 \sim DS_4$ 输出多路调制选通脉冲信号，DS 选通脉冲为高电平，则表示对应的数位被选通，此时该位数据在 $Q_0 \sim Q_3$ 端输出。每个 DS 选通脉冲高电平宽度为 18 个时钟脉冲周期，两个相邻选通脉冲之间间隔 2 个时钟脉冲周期。DS 和 EOC 的时序关系是在 EOC 脉冲结束后，紧接着是 DS_1 输出正脉冲，以下依次为 DS_2、DS_3 和 DS_4 对应高电位（MSD），DS_4 则对应最低（LSD）。在对应 DS_2、DS_3 和 DS_4 选通期间，$Q_0 \sim Q_3$ 输出 BCD 全位数据，即以 8421 码方式输出对应的数字 0～9。在 DS_1 选通期间，$Q_0 \sim Q_3$ 输出千位的半位数 0 或 1 及过量程、欠量程和极性标志信号。

在位选信号 DS_1 选通期间 $Q_0 \sim Q_3$ 的输出内容如下：

Q_3 表示千位数，Q_3 = "0" 代表千位数的数字显示为 1，Q_3 = "1" 代表千位数的数字显示为 0。

Q_2 表示被测电压的极性，Q_2 的电平为 "1"，表示极性为正，即 $V_x > 0$；Q_2 的电平为 "0"，表示极性为负，即 $V_x > 0$。显示数的负号（负电压）由 MC1413 中的一只晶体管控制，符号位的 "—" 阴极与千位数阴极接在一起，当输入信号 V_x 为负电压时，Q_2 端输出置 "0"，Q_2 负号控制使得驱动器不工作，通过限流电阻 R_M 使显示器的 "—"（即 g 段）点亮；当输入信号 V_x 为正电压时，Q_2 端输出置 "1"，负号控制位使达林顿驱动器导通，电阻 R_M 接地，使 "—" 旁路而熄灭。

小数点显示是由正电源通过限流电阻 R_{DP} 供电燃亮小数点。若量程不同则选通对应的小数点。

过量程是当输入电压 V_x 超过量程范围时，输出过量程标志信号 $\overline{OR}$。

当 $\begin{cases} Q_3 = \text{"0"} \\ Q_0 = \text{"1"} \end{cases}$ 时，表示 V_x 处于过量程状态。

当 $\begin{cases} Q_3 = \text{"1"} \\ Q_0 = \text{"1"} \end{cases}$ 时，表示 V_x 处于欠量程状态。

当 $\overline{OR} = 0$ 时，$|V_x| > 1999$，则溢出。$|V_x| > V_R$，则 $\overline{OR}$ 输出低电平。

当 $\overline{OR} = 1$ 时，表示 $|V_x| < V_R$。平时 $\overline{OR}$ 为高电平，表示被测量在量程内。

$MC14433$ 的 $\overline{OR}$ 端与 MC4511 的消隐端 $\overline{BI}$ 直接相连，当 V_x 超出量程范围时，$\overline{OR}$ 输出低电平，即 $\overline{OR} = 0 \rightarrow \overline{BI} = 0$，MC4511 译码器输出全 0，使发光数码管显示数字熄灭，而负号和小数点依然发亮。

16.4.4 实验内容

（1）设计数字电压表电路。
（2）测量范围：直流电压 0～1.999 V，0～19.99 V，0～199.9 V，0～1 999 V。
（3）组装调试 $3\frac{1}{2}$ 位数字电压表。
（4）画出数字电压表电路原理图，写出总结报告。
（5）选做内容：自动切换量程。

16.4.5 实验报告

（1）总结电路整个测试过程。
（2）分析调试中发现的问题及故障排除方法。
（3）在设计与调试电路的过程中，把值得思考与深入的问题记录下来，并进行独立或协同探讨的分析与解答。

16.5 数控音量高效功率放大器

16.5.1 实验目的

（1）学会数控音量高效功率放大器的设计方法和调试方法。
（2）掌握脉宽调制功率放大器的基本原理，掌握各类功率放大器的特点及电路形式。

16.5.2 实验设备与器件

（1）设备：数电实验箱、示波器、万用表。
（2）元器件：根据自行设计方案自拟实验元器件清单。

16.5.3 实验原理

1. 数字电位器

实现数字电位器功能的方法很多，现介绍一种可逆计数器来控制模拟开关数字电位器，如图 16-7 所示。

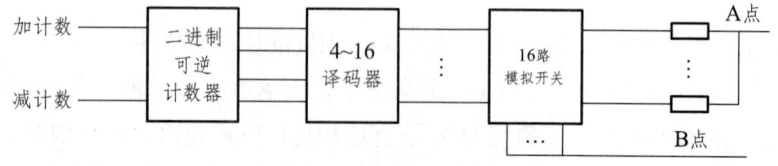

图 16-7 数字电位器

由图 16-7 可见，选择模拟开关的接通状态（16 种状态），即可改变 A、B 两端的电阻阻值，而模拟开关的接通与否直接由二进制可逆计数器的输出决定。

2. 参考电路

图 16-8 是一种音量控制的实际电路,下面简要介绍其电路原理和主要芯片功能。

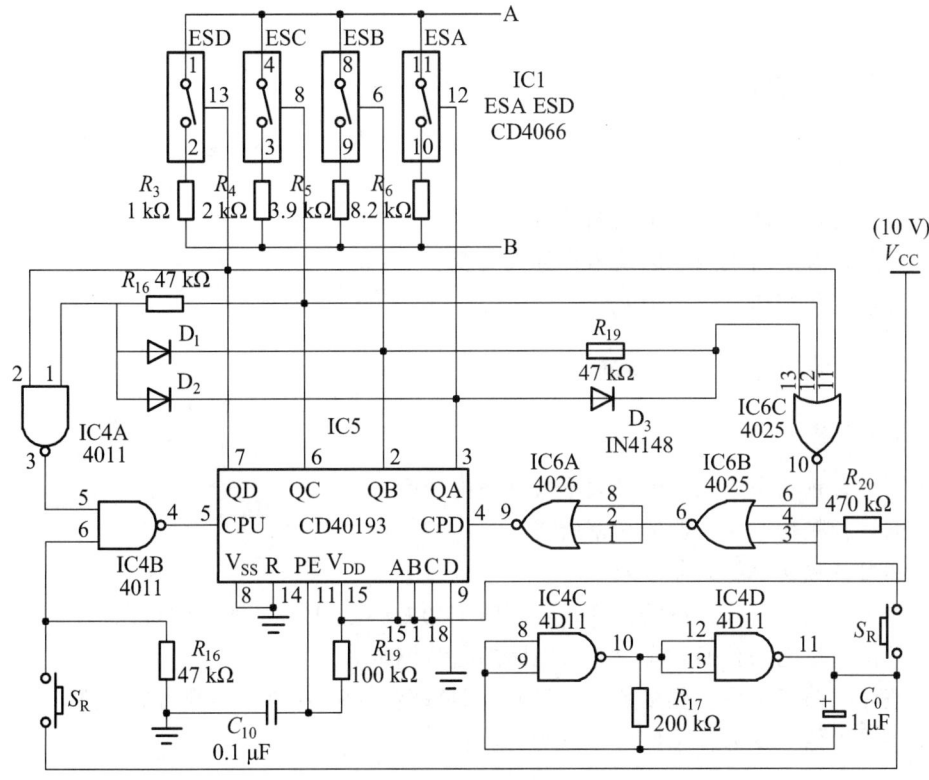

图 16-8 音量控制实际电路

（1）电路原理。

此电路主要由时钟发生器、二进制可逆计数器 CD40193 和 4 位模拟开关 CD4066 组成。选择模拟开关 ESA~ESD 的接通与否由一个二进制可逆计数器 CD40193 决定。当按下 S_1 时,作加法计数器,R_2 与 A、B 两端电阻的分压系数下降,音量减轻；反之,按下 S_2,音量增高。

R_{18}、C_{10} 及 IC_5 的 A、B、C、D 端组成开机预置电路。因 A、B、C 接"1",D 接"0",开机时,PE 为低电平,将 A、B、C、D 的状态置于 Q_A、Q_B、Q_C、Q_D 上。这时 ESA~ESD 接通,ESD 断开,R_2 与 A、B 两端电阻的分压系数为 18%,从而使得开机后放大器处于柔和的小音量状态,避免给人以突然的大音量冲击感。以后,随着 C_{10} 的充电,PE 断上升为高电平,电路进入正常的记数状态。

IC_4 的 A、B、IC_6 及 D_1、D_2、D_3、R_{15}、R_{19} 组成电子限位器,使 IC_5 加法器计数到（1111）时,不能跳到（0000）,而减法计数到（0000）时,不能跳变到（1111）,防止音量调至最响后突然降到最低,以及降到最低后突然升到最高。IC_4 的 C、D 及 R_{17}、R_9 组成 2 Hz 的时钟发生器,使得音量电位器每 0.5 s 变化一挡,这样调整时音量变化比较均匀。

（2）CD40193 功能简介。

CD40193 为一四位二进制可逆计数器,其管脚排列如下：其中,DP_4~DP_1 为 4 位预置端

（D～A），Q_D～Q_A 为 4 位二进制输出。$\overline{\text{PRESET}}$ 为预置允许端，低电平有效，当此端为低电平时，将 DP_4～DP_1 的状态置于 Q_D～Q_A 上。CLEAR 为清零端，高电平有效。$\overline{\text{BORROW}}$ 和 $\overline{\text{CARRY}}$ 分别为错位和进位端，低电平有效。CP_U、CP_D 分别为加、减计数脉冲输入端，当作加计数时，CP_D 接高电平，作减法计数时，CP_U 接高电平。

（3）CD4066 为 4 位模拟开关，控制端接高电平时，开关接通，接低电平时，开关断开。

16.5.4　实验内容

1. 设计要求

（1）音量可均匀递增，也可均匀递减。
（2）可防止音量由大至小以及由小到大突变。
（3）音量变化均匀，每挡为 0.5 s。

2. 选件组装电路，进行调试

3. 测试内容

（1）测量音频功率放大器的最大不失真输出功率。
（2）测量音频功率放大器的功率增益。
（3）测量音频功率放大器的效率。
（4）测量音频功率放大器的在音频范围内（40 Hz～50 kHz）的幅频特性。
（5）数控音量电路转换状态分析及电路的组装调试。
（6）整体电路连接后，测量数控音量放大器每挡（1～16 挡）的输出电压值。
（7）将输入信号变为音乐信号，试听音响效果。

16.5.5　实验报告

（1）写出本实验的总结报告，包括测试内容中所测得的各种数据及各关键点的实际电压波形。
（2）分析调试中发现的问题及故障排除方法。
（3）总结本实验后的收获、体会及合理建议。
（4）在设计与调试电路的过程中，把值得思考与深入的问题记录下来，并进行独立或协同探讨的分析与解答。

16.6　省电防骚扰门铃

16.6.1　实验目的

（1）了解防骚扰电子门铃的组成及工作原理。
（2）了解 555 和 HT2811 音乐卡的工作原理。

（3）学会用万用表检测电子器件。
（4）学会电路调试技术。

16.6.2 实验设备与器件

（1）函数信号发生器。　　（2）双踪示波器。
（3）交流毫伏表。　　　　（4）数字万用表。
（5）元件自选。

16.6.3 设计要求

（1）电子叮咚门铃在每次被按响之后都进入暂时休止状态，每次休止的时间可在 2～60 s 范围内调定。在休止期间，无论怎样按动门铃按钮，门铃都不予理睬，直到休止器结束，才能再次按响门铃。这样，主人就不再受乱按门铃的骚扰。
（2）用万用表测量电阻的阻值，并用万用表检测电容、三极管的好坏。
（3）组成并调试门铃。

16.6.4 参考电路

图 16-9 所示是电子叮咚门铃的电路图。IC_2 是产生叮咚声的音乐 IC，当它的①脚电位瞬时变高时，⑤脚就输出 2 个间隔很短的"叮咚"声的音频信号。此信号经 T_1、T_2 组成的高增益放大器后，驱动扬声器发出"叮咚"声。如果①脚持续保持高电平，则扬声器重复发出"叮咚"声，直到①脚变成低电平为止。

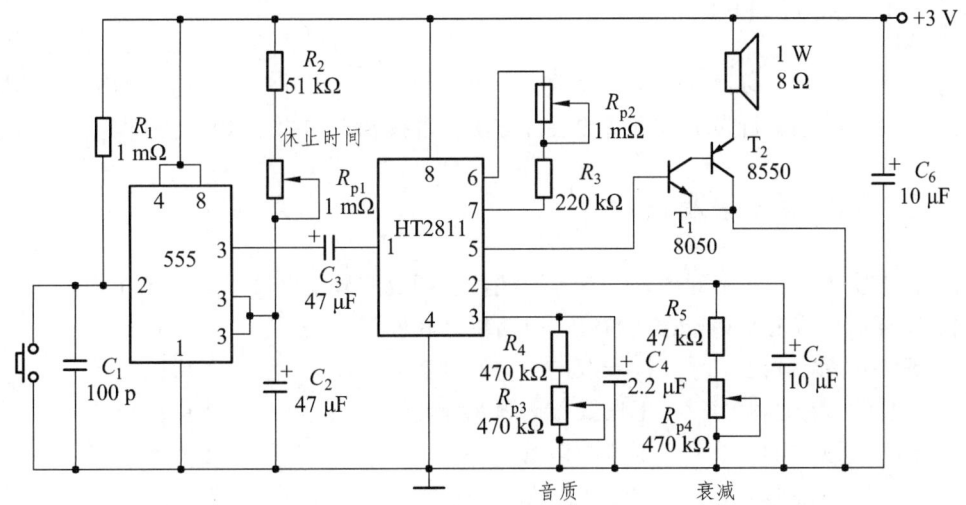

图 16-9　电子叮咚门铃的电路图

电位器 R_{P1} 把 555③脚输出的正向单稳态脉冲，调到 2～60 s 的某一数值（如：20 s）；R_{P2} 用来调节"叮咚"声调的高低和重复发快慢；R_{P3} 用来调节音质；R_{P4} 调节"叮咚"声的衰减时间。555 及其周边元件组成单稳触发器。

当按下门铃按钮 SW_1 时，555②脚被加上低电平触发信号，其③脚就输出 1 个高电平的平稳态脉冲，此脉冲的持续时间由 R_2、R_{P1} 和 C_2 的时间常数来决定，并可用 R_{P1} 把它调到 2-60 s 的某一数值。

此脉冲的前沿经 C_3 触发 HT2811，使后者产生 1 次"叮咚"声。由于 C3 的隔直流作用，在 555 的其余单稳态时间内，HT7811 不能再次触发，而且无论怎么样按动 SW_1，555③脚仍然持续输出高电平，即门铃处于暂时休止期。当单稳态时间结束时，555③脚变成低电平，C_3 通过 555③脚和 HT2811①脚的电位迅速放完电，门铃的休止期结束，电路又做好响应下次按钮触发的准备。平时未按下 SW_1 时，电源经 R_1 使 555 的②脚保持高电平，以免 555 被误触发。C_1 滤除门铃按钮长电缆可能感染的干扰信号，使它不能触发本电路。由于整个电路的静态电流很小，故可省去电源开关。

器件使用说明：

555 时基电路可适用各种厂家生产的产品，HT2811 是"叮咚"声的音乐卡，T_1 和 T_2 选用合适的二极管。

16.6.5 实验报告

（1）分析该电路的基本原理与各元件的作用。
（2）写出本实验的心得、体会。

16.7 交通灯控制电路的设计

16.7.1 实验目的

（1）学习触发器、时钟发生器及计数、译码显示、控制电路等单元电路的综合应用。
（2）进一步熟悉进行大中型电路的设计方法，掌握基本的原理及设计过程。

16.7.2 实验设备及器件

（1）数电实验箱、数字万用表、双踪示波器、函数信号发生器　　各 1 台。
（2）计算机（带 EWB 或 MULTISIM 电路仿真软件）。
（3）元件：74LS192　　同步双向十进制计数器　　4 片；
　　　　　　74LS248　　七段式数码显示译码器　　2 片；
　　　　　　LC5011　　　七段数码管　　　　　　2 个；
　　　　　　74LS74　　　双 D 触发器　　　　　　1 片；
　　　　　　74LS32　　　四-2 输入或门　　　　　4 片；
　　　　　　74LS08　　　四-2 输入与门　　　　　2 片；
　　　　　　74LS04　　　非门　　　　　　　　　　1 片；
　　　　　　NE555　　　　定时器　　　　　　　　1 片；

红、黄、绿发光二极管	各 2 个；
电阻：510 Ω	6 个；
电阻：10 kΩ	1 个；
电容：0.01 μF、0.1 μF	各 1 个；
电位器：100 kΩ	1 个；
面包板	1 块。

16.7.3 知识点及预习要求

本实验的知识点为任意进制数加减计数器、D 触发器、555 定时电路的工作原理、控制逻辑电路的设计等单元电路的设计方法和参数计算、检测、调试。

（1）复习数字电路中 D 触发器、时钟发生器及计数器、译码显示器等部分内容。
（2）分析交通灯控制电路的组成、各部分功能及工作原理。
（3）列出交通灯控制电路的测试表格和调试步骤，标出所用芯片引脚号。
（4）用 EWB 或 MULTISIM 设计电路并进行仿真。

16.7.4 设计任务

（1）设计一个十字路口交通灯控制电路，要求主干道与支干道交替通行。主干道通行时，主干道绿灯亮，支干道红灯亮，时间为 60 s。支干道通行时，主干道绿灯亮，主干道红灯亮，时间为 30 s。
（2）每次绿灯变红时，要求黄灯先闪烁 3 s（频率为 5 Hz）。此时另一路口红灯也不变。
（3）在绿灯亮（通行时间内）和红灯亮（禁止通行时间内）均有倒计时显示。

16.7.5 实验原理

图 16-10 所示为交通灯控制电路的逻辑图。按功能分成 5 个单元电路进行分析。

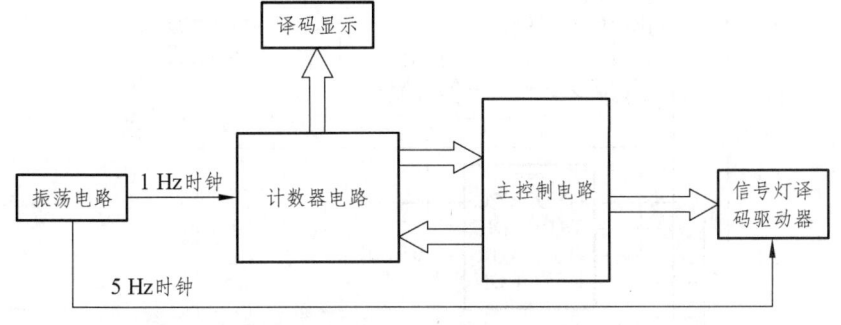

图 16-10 交通灯控制电路逻辑图

设计提示：（1）秒振荡电路应能输出频率分别为 1 Hz 和 5 Hz、幅度为 5 V 的时钟脉冲，要求误差不超过 0.1 s。为提高精度，可用 555 设计一个输出频率为 100 Hz 的多谐振荡器，再通过 100 分频（100 进制计数器）而得到 1 Hz 的时钟脉冲，通过 20 分频得到 5 Hz 的时钟脉冲。

（2）计数器电路应具有 60 s 倒计时（计数范围为 60～1 减计数器）、30 s 倒计时（计数范围为 30～1 减计数器）以及 3 s 计时功能。此三种计数功能可用 2 片十进制计数器组成，再通过主控制电路实现转换。

（3）各个方向的倒计时显示可共用一套译码显示电路，需 2 片 BCD 译码器和 2 个数码管。

（4）主控制电路和信号灯译码驱动由各种门电路和 D 触发器组成，应能实现计时电路的转换、各方向信号灯的控制。

（5）用 EWB5.0C 设计的整体电路如图 16-11 所示，其中部分单元子电路如图 16-12～图 16-15 所示。

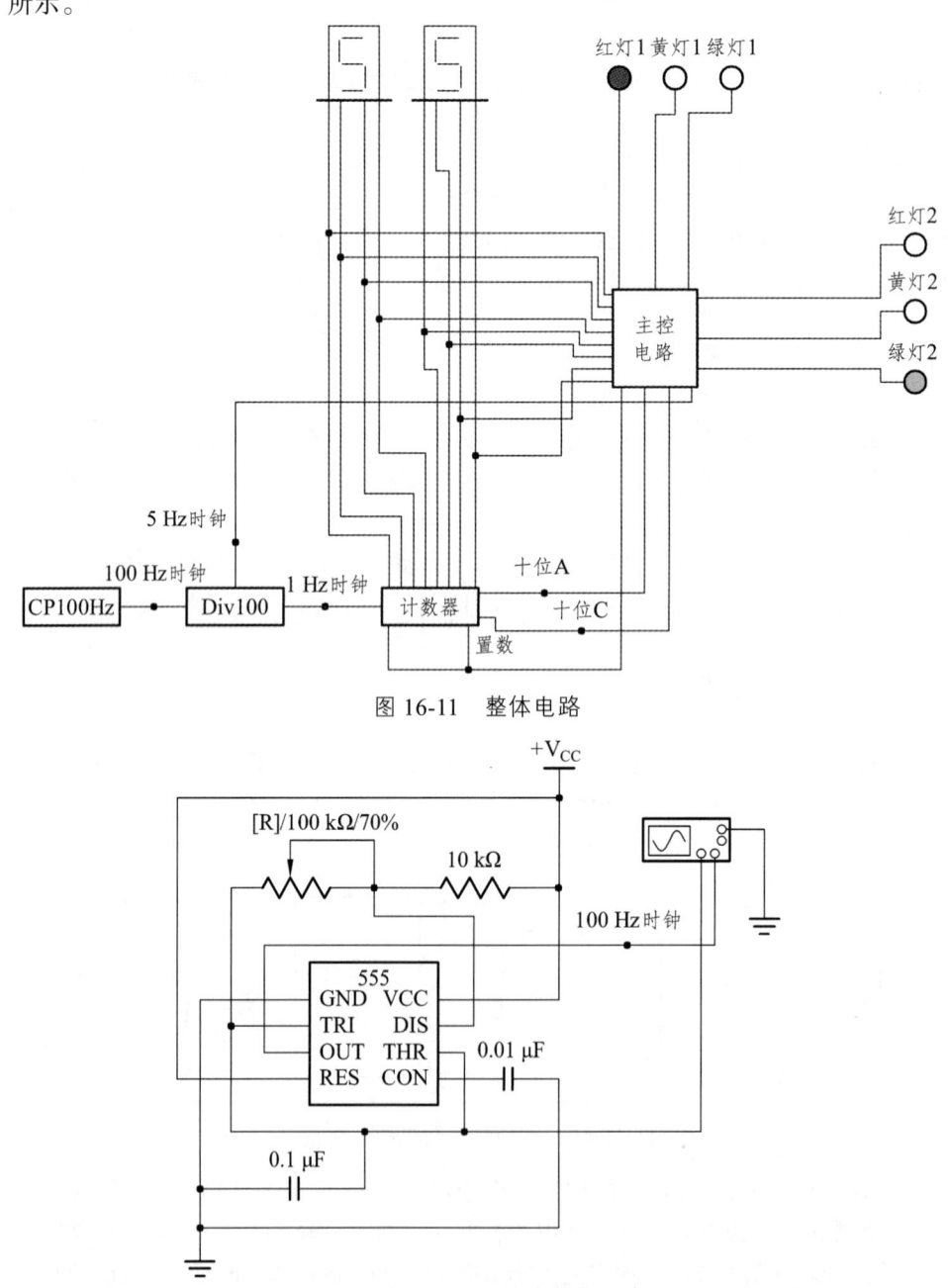

图 16-11 整体电路

图 16-12 100 Hz 时钟产生电路

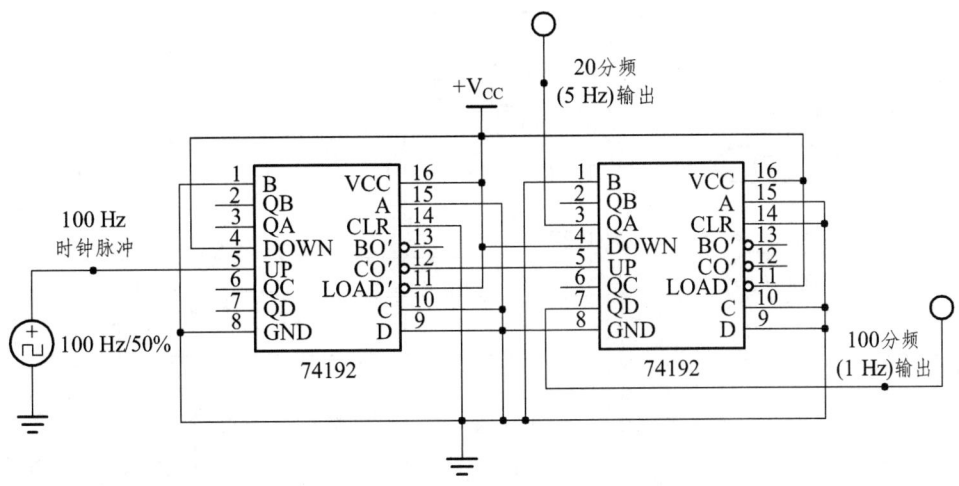

图 16-13 100 分频和 20 分频电路

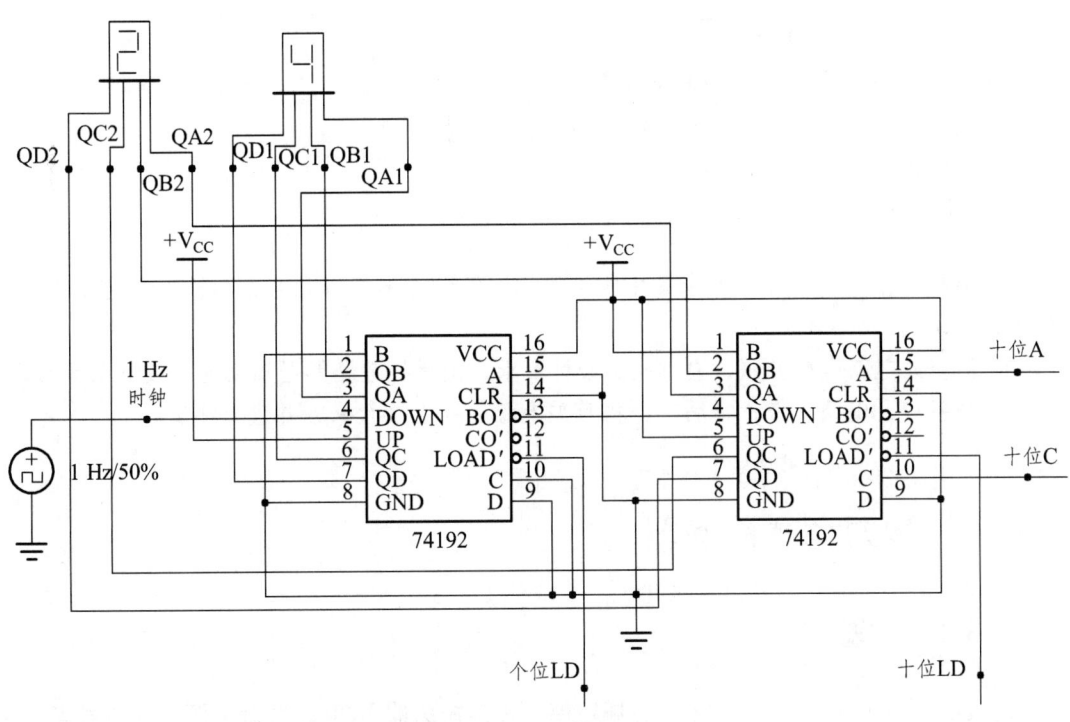

图 16-14 计数器电路

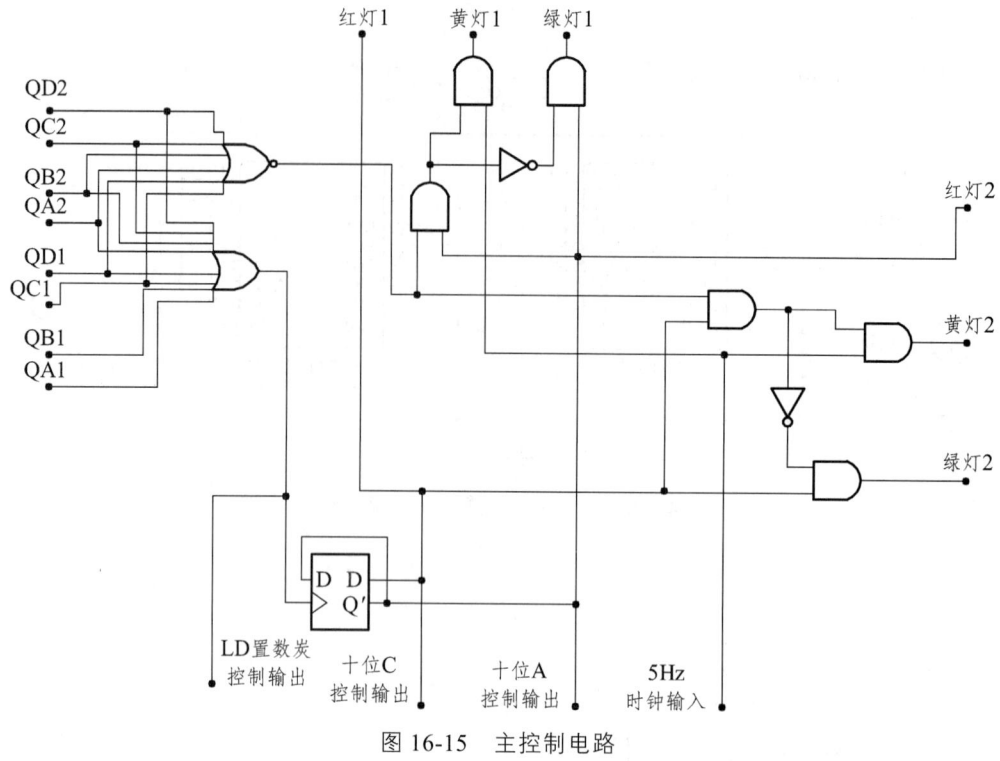

图 16-15 主控制电路

16.7.6 实验报告

（1）分析每个单元的设计要求并用所给的元器件设计出各单元电路和整体电路，并在计算机上进行仿真。

（2）对单元电路进行调试，直到满足设计要求，记录各电路等逻辑功能、波形图等参数。

（3）待各单元电路工作正常后，再将有关电路逐级连接起来，并进行测试。

16.8 智力竞赛抢答器

16.8.1 实验目的

（1）学习数字电路中 D 触发器、分频电路、多谐振荡器、CP 时钟脉冲源、计数器等单元电路的综合运用。

（2）熟悉智力竞赛抢答器的工作原理。

（3）了解简单数字系统实验、调试及故障排除方法。

16.8.2 实验设备及器件

（1）数电实验箱、数字万用表、双踪示波器、函数信号发生器　　各1台。

（2）计算机（带 EWB 或 MULTISIM 电路仿真软件）。
（3）元件：

74LS00	四 2 输入与非门	1 片；
74LS20	二 4 输入与非门	1 片；
74LS32	四 2 输入或门	1 片；
74LS123	双可重触发单稳态触发器	1 片；
74LS175	四 D 触发器	1 片；
74LS192	十进制计数器	5 片；
NE555	定时器	1 片；
CD4078	8 输入或/或非门	1 片；
CD4511	七段式数码显示译码器	2 片；
74LS248	七段式数码显示译码器	2 片；
电阻	10 k	1 支；
电阻	1 k	7 支；
电阻	510	18 支（或 4 支）；
电容	0.1 μ	3 支；
电容	0.01 μ	1 支；
电位器	5 K	1 支；
按钮	4 PIN	5 个；
发光二极管	GREEN	4 支；
面包板		1 块。

16.8.3 知识点及预习要求

本实验的知识点为任意进制数加减计数器、D 触发器、555 定时电路的工作原理、控制逻辑电路的设计等单元电路的设计方法和参数计算、检测、调试。

（1）复习数字电路中 D 触发器、时钟发生器及计数器、译码显示器等部分内容。
（2）分析抢答器电路的组成、各部分功能及工作原理。
（3）列出抢答器电路的测试表格和调试步骤，标出所用芯片引脚号。
（4）用 EWB 或 MULTISIM 设计电路并进行仿真。

16.8.4 设计任务

（1）设计一个供四人用的智力竞赛抢答器电路，用以判断抢答优先权，用发光二极管代表相应的选手。
（2）有抢答计时功能，要求计时电路显示时间精确到秒，最多限制为 60 s，一旦超出限时，则取消抢答权。

16.8.5 实验原理

图 16-16 为智力抢答器电路的逻辑图。按功能分成 4 个单元电路进行分析。

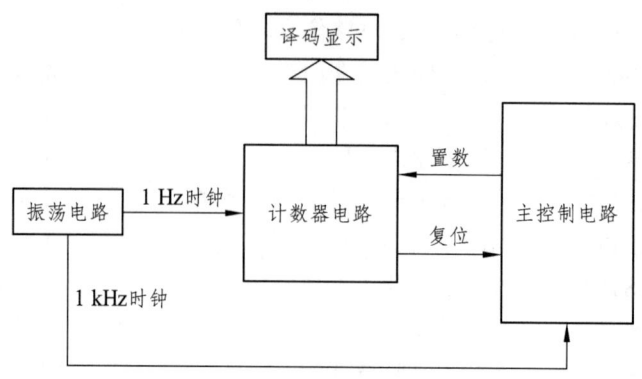

图 16-16　智力抢答器电路的逻辑图

设计提示：（1）振荡电路应能输出频率分别为 1 kHz 和 1 Hz、幅度为 5 V 的时钟脉冲，秒信号要求误差不超过 0.1 s。可用 555 设计一个输出频率为 1 kHz 的多谐振荡器，再通过 1000 分频（1000 进制计数器）而得到 1 Hz 的秒脉冲。

（2）计数器电路应具有 60 s 倒计时（计数范围为 60～0 减计数器）的计时功能，计数到 0 时停止计数。可用 2 片十进制计数器组成，通过检 0 信号控制秒脉冲输入。

（3）译码显示电路，需 2 片 BCD 译码器和 2 个数码管。

（4）主控制电路用各种门电路和 D 触发器组成，当信号灯某一个输出为 1 时，封锁 D 触发器的 CP 脉冲输入并通过单稳态触发器实现计数器的置数功能。另外，计数器的检 0 通过单稳态触发器使 D 触发器复位，信号灯全部熄灭，表示抢答失效。

（5）用 EWB5.0C 或 MULTISIM 8 设计电路，并实现单元电路的调试。其参考电路如图 16-17～图 16-19 所示。图 16-17 所示为振荡电路部分，图 16-18 所示为主控制电路部分，图 16-19 所示为计数译码显示部分。

16.8.6　实验报告

（1）分析每个单元的设计要求并用所给的元器件设计出各单元电路和整体电路，并在计算机上进行仿真。

（2）对单元电路进行调试，直到满足设计要求，记录各电路的逻辑功能、波形图等参数。

（3）待各单元电路工作正常后，再将有关电路逐级连接起来，并进行测试。

附：74LS123 双可重触发单稳态触发器。

74LS123 是一个可重触发单稳态触发器，有清零功能和互补输出端，其芯片管脚图及功能表如图 16-20 所示。

图 16-17 振荡电路

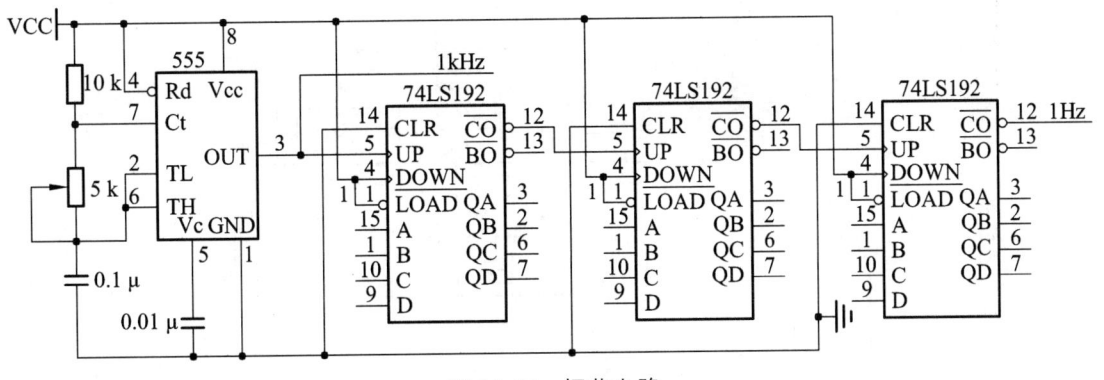

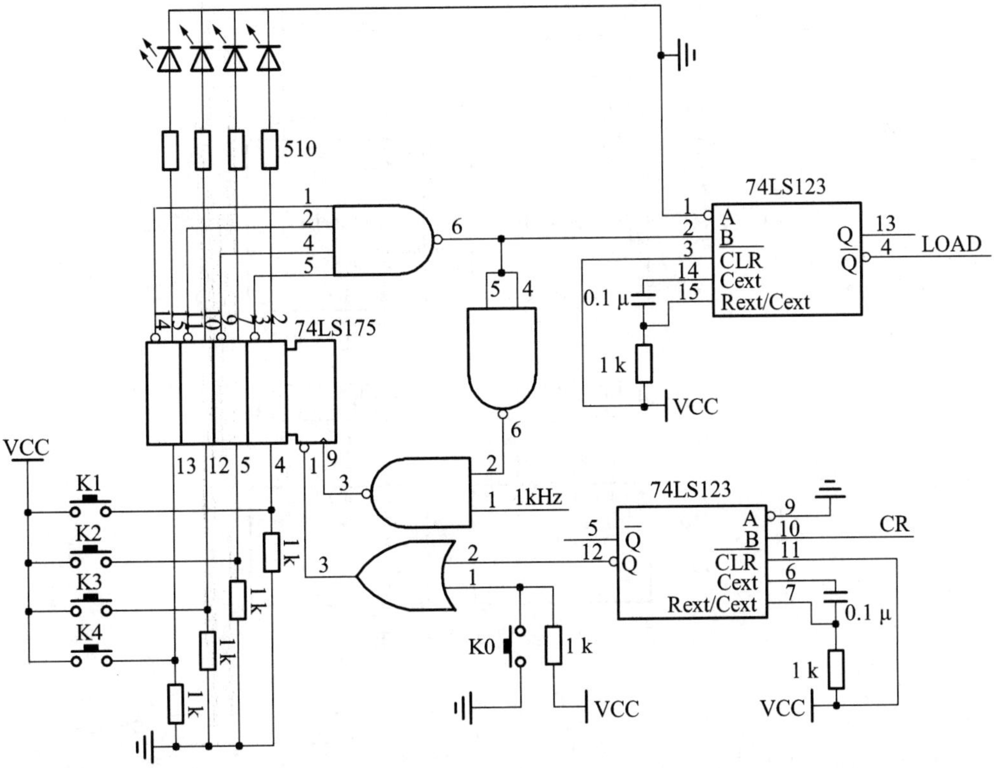

图 16-18 主控制电路

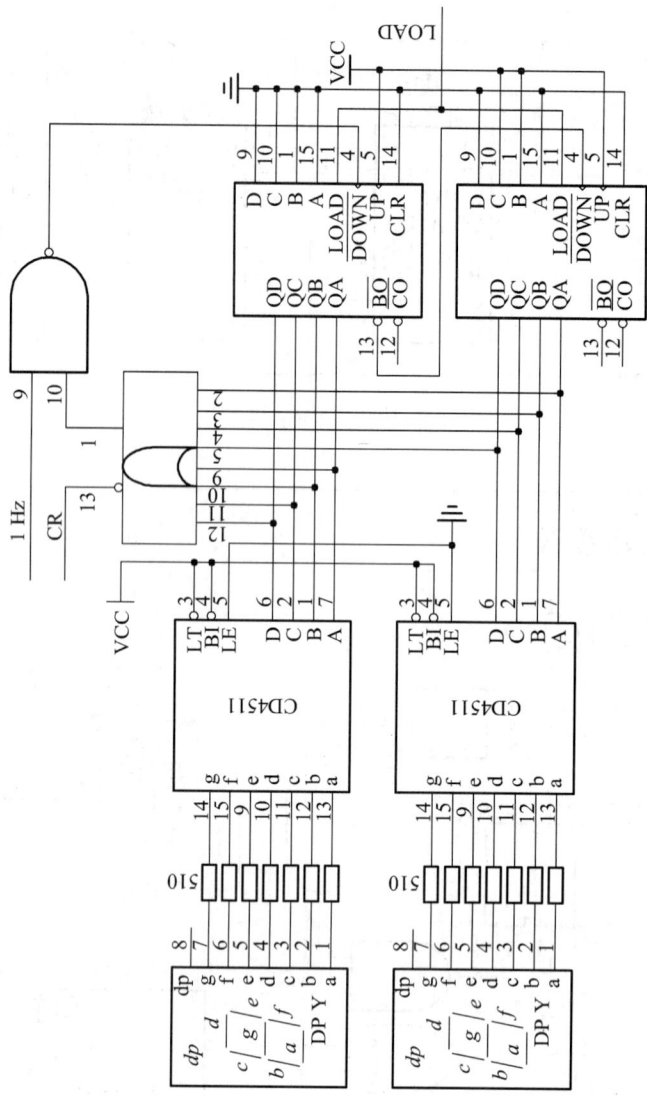

图 16-19　计数译码显示电路

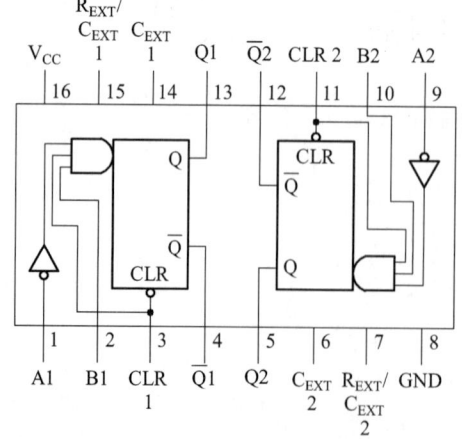

图 16-20　74LS123 芯片管脚图及功能表

其单稳态时间由外围电阻电容决定，其电路连接如图 16-21 所示，如果 C_x 是有极性电解电容，则正极接在 R_{EXT}/C_{EXT} 端。暂态时间 $T_w=KR_xC_x$。R_x 的单位是 kΩ，C_x 的单位是 pF，T_w 的单位是 ns。K 值与电容有关，如图 16-22 所示，当 $C_x \gg 1000\text{pF}$ 时，$K \approx 0.37$。

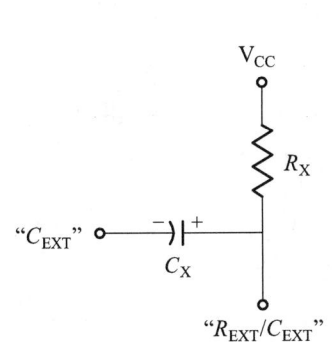

图 16-21　74LS123 外围元件的连接

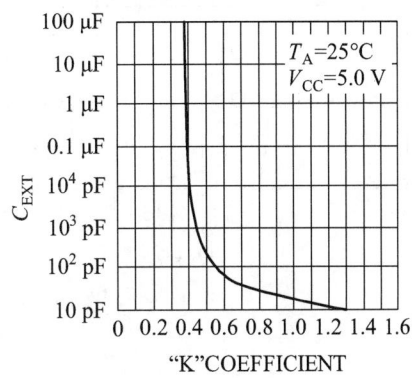

图 16-22　K 值与电容的关系

当 $C_x<1\,000$ pF 时，其暂态时间 t_w 与参数 C_x 及 R_x 的关系如图 16-23 所示。

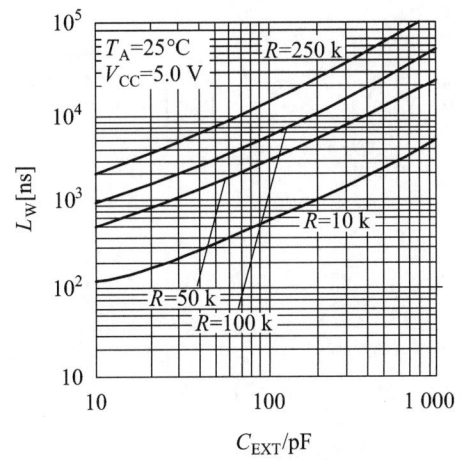

图 16-23　暂态时间 t_w 与参数 C_x 及 R_x 的关系图

74LS175：四 D 触发器，具有公共清零端和公共 CP 输入端，其管脚图如图 16-24 所示，逻辑符号如图 16-25 所示，内部框图如图 16-26 所示。

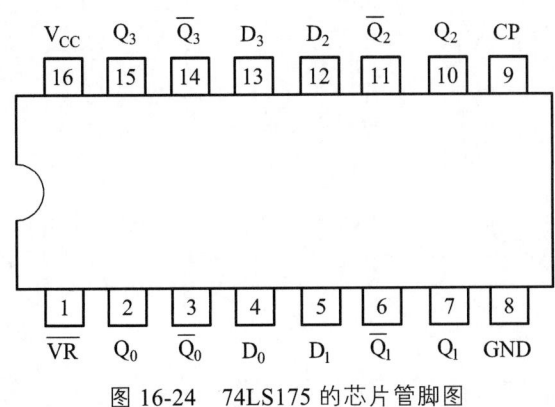

图 16-24　74LS175 的芯片管脚图

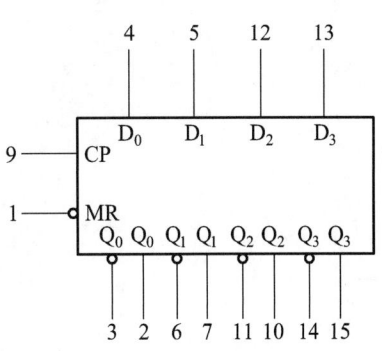

图 16-25　74LS175 的逻辑符号

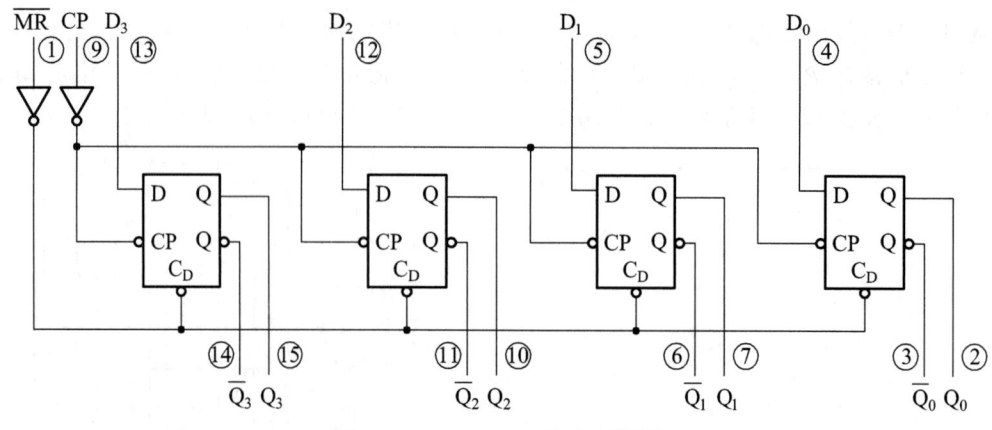

图 16-26　74LS175 的内部框图

参考文献

[1] 周敏,唐永强. 电子技术[M]. 3版. 北京:电子工业出版社,2011.
[2] 王欣. 电工电子技术基础及技能训练[M]. 北京:电子工业出版社,2012.
[3] 范次猛. 电子技术基础与技能训练[M]. 北京:电子工业出版社,2013.
[4] 叶谦. 电子技术与技能训练[M]. 北京:电子工业出版社,2013.
[5] 李乃夫. 电工与电子技术及技能训练[M]. 2版. 北京:电子工业出版社,2013.
[6] 常志文. 电工电子技术基础及技能训练[M]. 北京:电子工业出版社,2015.
[7] 牛百齐,王永东,马栎. 电工电子技术基础与应用[M]. 北京:机械工业出版社,2015.
[8] 库锡树,刘菊荣. 电子技术工程训练[M]. 北京:电子工业出版社,2015.
[9] 李双喜. 电工电子技术工程训练实用教程[M]. 重庆:重庆大学出版社,2016.
[10] 邢江勇. 电工电子技术技能训练[M]. 北京:科学出版社,2017.
[11] 黄世瑜. 电子技术基础与技能训练[M]. 北京:电子工业出版社,2017.
[12] 杨雪,李福军,章建群. 电子技术技能训练 M]. 北京:电子工业出版社,2015.